中美科技竞争力评估报告
(2025)

杜德斌　段德忠　编著

上海科学技术出版社

图书在版编目（CIP）数据

中美科技竞争力评估报告. 2025 / 杜德斌，段德忠编著. -- 上海 : 上海科学技术出版社, 2025. 7.
ISBN 978-7-5478-7260-4

Ⅰ. G322；G327.12

中国国家版本馆CIP数据核字第20259KE795号

中美科技竞争力评估报告（2025）
杜德斌　段德忠　编著

上海世纪出版（集团）有限公司
上海科学技术出版社　出版、发行
（上海市闵行区号景路159弄A座9F-10F）
邮政编码201101　　www.sstp.cn
上海雅昌艺术印刷有限公司印刷
开本787×1092　1/16　印张 20
字数 250千字
2025年7月第1版　2025年7月第1次印刷
ISBN 978-7-5478-7260-4/G·1388
定价：129.00元

本书如有缺页、错装或坏损等严重质量问题，请向印刷厂联系调换

前言

当前,中美"崛起大国"与"守成大国"之间的战略博弈持续加剧。同以往大国竞争相比,中国与美国的矛盾不仅有利益、制度和意识形态之争,更多了一层异质文明间的价值观冲突。因此,中美关系更加复杂,竞争将更加激烈。在当今全球化和"核恐怖平衡"时代,大国之间的竞争形态更多从"热战"转向"冷战",竞争场所从战场转向实验室。科学技术是大国竞争的核心支撑,科技领先成为决定大国竞争胜负的关键。经过40多年的高速发展,中国已在航空航天、现代运输和新能源等技术领域取得显著进步,在科学与工程论文发表量、PCT专利申请量、高科技产品出口额等一些规模指标上已经超越美国,但在许多关键指标和整体科技实力上仍然明显落后于美国。同时,中国科技资源投入的产出效率在逐步递减,一些根植于历史文化和制度设计的结构性障碍逐步显现,人口老龄化也在一定程度上侵蚀着中国科技发展的人力资源基础。

自知者明,知人者智。2019年,本研究团队首度研发并发布了《中美科技竞争力评估报告(2019)》,从科技人力资源、科技财力资源、科学研究、技术创新和科技国际化五个方面客观评估了中美两国科技竞争力的发展差异。首版报告甫一问世便引发学界与政界的高度关注,其核心内容被《人民日报》新媒体平台"思想界"连续 9 期转载报道。继首版报告问世后,研究团队持续深入研究,于 2021 年推出 *China-U. S. Science and Technology Competitiveness Assessment Report* (2020)。该报告由新加坡世界科技出版公司(World Scientific Publishing Company)出版,并作为标志性成果在第 23 届中国科协年会区域协调发展论坛暨第二届中国城市群发展论坛上隆重发布,为国际社会认知中美科技发展格局提供了重要学术参照。2022 年,研究团队推出迭代升级版《中美科技竞争力评估报告(2022)》,由上海科学技术出版社出版,并作为重磅成果在首届世界地理大会上隆重发布,引起了广泛的社会讨论。同年底,在南京大学中国智库研究与评价中心组织的 2022 年度智库优秀成果评选中,《中美科技竞争力评估报告》系列报告荣获中国智库索引(CTTI)2022 年度智库优秀成果特等奖。

《中美科技竞争力评估报告(2025)》延续 2022 版报告的国家科技竞争力评价体系与方法,从科技人力资源、科技财力资源、科学研究、技术创新和科技国际化五大维度系统对比分析中美科技创新发展态势及趋势。相较于 2022 版,2025 版报告在评价体系构建、研究深度拓展和研究框架完善三方面实现显著提升。

一是评价指标体系的优化升级。基于数据的国际可比性、可获得性及指标间独立性要求,报告对科技人力资源、科学研究、技术创新和科技国际化四个维度的部分指标实施动态调整。例如:针对数据统计口径变化,科技人力资源维度将原指标"研发人员数量"及"百万人中研发人员数"调整为"全时当量研究人员数量"与"每百万居民全时当量研究人员数";因部分数据更新停滞,技术创新维度将"知识与技术密集型产业增加值"及其"占 GDP 比重"指标替换为"中高技术制造业增加值占制造业增加值的比重"等指标。

二是研究内容的深度拓展。① 深化了科技经费投入分析:报告在原有框架基础上,从支出规模、来源结构、活动类型、执行主体和部门分配五大层面系统比较中美政府科技经费配置差异,并以此逻辑延伸至中美大学研发经费配置结构的对比研究。②加强了科技企业竞争力分析强化:报告新增对企业数量、研发投入、层次结构、行业分布及销售额的多维度对比,重点聚焦中美高研发投入企业的差异化发展特征。

三是研究体系专题化扩容。针对新一代人工智能技术引领的全球科技变革,新增第七章"中美人工智能技术发展比较"。该章基于世界知识产权组织(WIPO)专利检索策略,从专利申请视角解析两国人工智能技术创新水平及其行业应用差异。基于对全球140个城市的科技创新发展水平的评估,新增第九章"中美全球科技创新中心发展比较"。该章通过构建包含创新要素全球集聚力、科学研究全球引领力、技术创新全球策源力、产业变革全球驱动力及创新环境全球支撑力的"五力模型",对中美科技创新中心的发展水平进行了对比分析。

本报告的完成和出版得到教育部科学技术委员会和科学技术与信息化司、上海市科学技术委员会、上海市教育委员会、华东师范大学等单位的大力支持,华东师范大学全球创新与发展战略研究院的博士研究生张强、于英杰、李希雅、江紫薇、石志浩、李海乔、王浩然,硕士研究生王凯欣、黄洁等同学参与了相关章节的数据收集、分析整理和文稿撰写,刘承良、张仁开、马亚华、黄丽等老师和专家参与了报告的讨论,贡献了很多智慧。

本报告可供各级领导干部、有关决策部门、科技管理部门、科技政策研究工作者、企业管理人员和高等院校师生参阅。由于编写时间较短,难免存在缺陷,敬请读者谅解。

目录

第一章 中美科技竞争力整体评价　　1
一、中美科技竞争力评价方法　　2
二、中美科技竞争力比较　　4
（一）综合比较　　4
（二）科技人力资源竞争力比较　　6
（三）科技财力资源竞争力比较　　7
（四）科学研究竞争力比较　　10
（五）技术创新竞争力比较　　11
（六）科技国际化竞争力比较　　13
三、本章小结　　15

第二章 中美科技人力资源比较　　17
一、研究人员　　18
（一）全时当量研究人员　　18
（二）每百万居民全时当量研究人员数量　　19
二、高被引科学家　　21
（一）高被引科学家数量　　22

（二）高被引科学家全球占比　　　　　　　　　　23
　　（三）高被引科学家的学科分布　　　　　　　　　25
　三、诺贝尔奖获得者　　　　　　　　　　　　　　　26
　　（一）诺贝尔奖获得者总数　　　　　　　　　　　27
　　（二）不同领域诺贝尔奖获得者数量　　　　　　　28
　四、科学与工程领域毕业生　　　　　　　　　　　　29
　　（一）学士学位授予数　　　　　　　　　　　　　29
　　（二）博士学位授予数　　　　　　　　　　　　　33
　五、国际留学生　　　　　　　　　　　　　　　　　34
　　（一）招收国际留学生规模　　　　　　　　　　　35
　　（二）派遣国际留学生规模　　　　　　　　　　　37
　　（三）国际留学生学历结构　　　　　　　　　　　38
　六、本章小结　　　　　　　　　　　　　　　　　　40

第三章　中美科技经费投入比较　　　　　　　　　　43
　一、研发经费总体情况　　　　　　　　　　　　　　44
　　（一）研发经费投入总额　　　　　　　　　　　　44
　　（二）研发经费投入强度　　　　　　　　　　　　44
　　（三）研发经费来源结构　　　　　　　　　　　　47
　　（四）研发经费分配结构　　　　　　　　　　　　51
　　（五）研发经费活动类型　　　　　　　　　　　　55
　二、政府研发经费配置结构　　　　　　　　　　　　62
　　（一）政府研发经费支出规模　　　　　　　　　　62
　　（二）政府研发经费来源结构　　　　　　　　　　64
　　（三）政府研发经费活动类型　　　　　　　　　　68
　　（四）政府研发经费执行主体　　　　　　　　　　70
　　（五）政府研发经费部门分配　　　　　　　　　　77

三、大学研发经费配置结构　　80
　　（一）大学研发经费支出规模　　80
　　（二）大学研发经费来源结构　　82
　　（三）大学研发经费活动类型　　85
　　（四）大学研发经费机构分配　　86
四、本章小结　　89

第四章　中美科研论文产出比较　　91
一、科研论文的数量与影响力　　92
　　（一）科研论文数量　　92
　　（二）科研论文影响力　　94
二、高水平科研论文　　96
　　（一）ESI高被引论文　　96
　　（二）N-S期刊论文　　97
　　（三）自然指数规模　　99
三、国际科研合作论文的数量与影响力　　102
　　（一）国际科研合作论文的数量　　102
　　（二）国际科研合作论文的影响力　　104
四、学科分布与影响力　　105
　　（一）科研论文的学科分布　　106
　　（二）国际科研合作论文的学科分布　　110
　　（三）高被引论文的学科分布　　115
　　（四）N-S期刊论文的学科分布　　118
　　（五）基于科研论文的学科影响力　　120
　　（六）基于学科领域的比较优势　　122
五、本章小结　　133

第五章　中美发明专利产出比较　　135
一、专利申请与授权　　136
　　（一）本国受理的居民与非居民专利申请量　　136
　　（二）每百万居民专利申请量　　139
　　（三）每千亿美元 GDP 居民专利申请量　　140
　　（四）申请人为本国国籍的专利申请与授权　　142
　　（五）申请人为本国国籍的有效专利拥有量　　145
　　（六）PCT 专利申请情况　　146
二、专利技术领域比较　　149
　　（一）技术领域大类的专利申请　　149
　　（二）技术领域小类的专利申请　　152
　　（三）基于技术领域小类的比较优势　　152
三、专利申请的国际化程度　　155
　　（一）国际合作数量　　155
　　（二）国际合作率　　156
　　（三）国际合作对象　　159
四、本章小结　　161

第六章　中美技术贸易发展比较　　163
一、高技术产品出口　　164
　　（一）高技术产品出口额　　164
　　（二）高技术产品出口占制成品出口比重　　166
二、知识产权贸易　　168
　　（一）整体比较　　169
　　（二）知识产权进口额　　171
　　（三）知识产权出口额　　174
三、本章小结　　177

第七章　中美人工智能技术发展比较　　179

- 一、人工智能专利申请量　　180
  - （一）发明专利申请量　　180
  - （二）PCT专利申请量　　181
- 二、人工智能专利国际合作　　184
  - （一）人工智能发明专利国际合作规模　　184
  - （二）人工职能发明专利国际合作强度　　185
- 三、人工智能技术行业比较　　188
  - （一）医疗健康行业　　188
  - （二）工业和制造业　　188
  - （三）交通运输行业　　190
  - （四）农业　　192
  - （五）金融行业　　193
  - （六）政府管理行业　　194
  - （七）教育行业　　195
  - （八）能源行业　　196
  - （九）信息通信行业　　198
  - （十）科学研究行业　　199
- 四、本章小结　　200

第八章　中美科技企业发展态势比较　　201

- 一、科技企业总体发展态势　　202
  - （一）企业数量　　202
  - （二）企业研发投入　　202
  - （三）企业层次结构　　205
  - （四）企业行业分布　　209
  - （五）企业销售额　　211

　　　　（六）企业 PCT 专利申请量　　　　212
　二、高研发投入企业发展态势　　　　215
　　　　（一）研发投入　　　　215
　　　　（二）研发投入强度　　　　218
　　　　（三）行业分布　　　　222
　三、案例比较：字母公司和华为　　　　225
　四、本章小结　　　　228

第九章　中美全球科技创新中心发展比较　　　　231
　一、全球科技创新中心的内涵与评价　　　　232
　　　　（一）全球科技创新中心的内涵界定　　　　232
　　　　（二）全球科技创新中心发展水平评价体系建构　　　　234
　二、综合评估结果　　　　237
　　　　（一）全球发展态势　　　　237
　　　　（二）中美发展对比　　　　239
　三、创新要素全球集聚力　　　　244
　　　　（一）集聚顶尖创新人才　　　　245
　　　　（二）集聚全球创新资金　　　　247
　四、科学研究全球引领力　　　　248
　　　　（一）顶尖科研主体　　　　249
　　　　（二）权威科研产出　　　　251
　五、技术创新全球策源力　　　　253
　　　　（一）创新引擎企业　　　　254
　　　　（二）前沿科技产出　　　　255
　六、产业变革全球驱动力　　　　257
　　　　（一）前沿产业发展　　　　258
　　　　（二）创新创业活力　　　　259

七、创新环境全球支撑力 　　261
（一）对外研发投资 　　261
（二）学术交流平台 　　261
八、本章小结 　　264

第十章　结论与建议 　　267
一、主要结论 　　268
二、对策建议 　　277

主要参考文献 　　280

附录1　主要指标解释 　　282

附录2　人工智能技术专利检索代码 　　289

附录3　表目录 　　293

附录4　图目录 　　298

第一章

中美科技竞争力整体评价

科技竞争力是国家竞争力的核心支撑。当前,中国已开启全面建设社会主义现代化国家新征程,进入加快建设科技强国,实现高水平科技自立自强的关键期。美国作为当今世界头号科技强国的地位在短时间内不会改变,其对中国的科技打压也愈演愈烈。本章基于科学的指标体系和统计数据,对中美两国的科技竞争力进行综合评价和分析。

一、中美科技竞争力评价方法

本报告继续沿用《中美科技竞争力评估报告(2019)》和《中美科技竞争力评估报告(2022)》从科技人力资源竞争力、科技财力资源竞争力、科学研究竞争力、技术创新竞争力和科技国际化竞争力五个维度建构国家科技竞争力评价体系的思路,在具体评价指标选取上也基本与前述报告一致,但也存在个别差异。具体如下:

(1) 在科技人力资源竞争力维度,基于数据的可获得性和可比较性,本报告将前述报告中的"研发人员数量"和"百万人中研发人员数"这两个指标替换为"全时当量研究人员数量"和"每百万居民全时当量研究人员数"。

(2) 在科学研究竞争力维度,前述报告中"科技论文篇均引用次数"这一指标与"科技期刊论文总数""被引次数排名前1%的论文比重"这两个指标相关性较高,同时前述报告在科学研究竞争力这一维度忽略了科学研究主体,特别是高水平研究型大学的重要性。因此,本报告在编写时,用"QS全球大学排名前500名数量"替换了前述报告中的"科技论文篇均引用次数"。

(3) 在技术创新竞争力维度,前述报告中"知识与技术密集型产业增加值"和"知识与技术密集型产业增加值占GDP比重"这两个指标受数据来源(美国国家科学基金会)所限,只更新至2018年。对此,本报告在编写时,用"中高技术制造业增加值占制造业增加值的比重"这一指标进行了替换。

(4) 在科技国际化竞争力维度,前述报告中"技术出口总额"和"技术出口额占进出口总额的比重"存在较大的相关性,同时"高技术产品出口额"和"高科技产品占制成品出口比重"之间也存在较大的相关性,对此,本报告在编写时,去除了"技术出口总额"和"高技术产品出口额"这两个指标,同时增加了"PCT专利国际合作率"这个指标。

综上,本报告从科技人力资源竞争力、科技财力资源竞争力、科学研究竞争力、技术创新竞争力和科技国际化竞争力五个维度,19个评价指标评价中美两国的科技竞争力大小(表1.1)。在评价方法上,继续采用熵值赋权法来对中美两国科技竞争力进行综合评价。

表1.1 国家科技竞争力评价指标体系

目标层	一级指标	二级指标	数据来源
国家科技竞争力	科技人力资源竞争力	全时当量研究人员数量(万人年)	WB. https://data.worldbank.org.cn
		每百万居民全时当量研究人员数(人年)	WB. https://data.worldbank.org.cn
		科学与工程学士学位授予数(千人)	UNESCO. http://data.uis.unesco.org/
		诺贝尔获奖者人数(人)	http://www.nobelprize.com/
	科技财力资源竞争力	研发投入总额(亿美元)	OECD
		研发投入占GDP比重(%)	UNESCO
		全社会风险资本总量(亿美元)	Wind数据库
	科学研究竞争力	科技期刊论文总数(篇)	http://www.webofscience.com/
		顶级期刊论文发文量(篇)	
		被引次数排名前1%的论文比重(%)	
		QS全球大学排名前500名数量(所)	英国QS全球大学排名

3

(续　表)

目标层	一级指标	二级指标	数据来源
国家科技竞争力	技术创新竞争力	PCT专利申请量(件)	WIPO
		有效发明专利数(件)	
		中高技术制造业增加值占制造业增加值的比重(%)	WB. https://data.worldbank.org.cn
		世界研发企业1 000强数量(家)	欧盟委员会世界研发1 000强企业排名
	科技国际化竞争力	PCT专利国际合作率(%)	WIPO
		技术贸易出口额占进出口总额的比重(%)	WB. https://data.worldbank.org.cn
		高科技产品占制成品出口比重(%)	
		论文国际合作率(%)	https://incites.thomsonreuters.com/ http://apps.webofknowledge.com/

二、中美科技竞争力比较

基于国家科技竞争力评价指标体系和熵权TPOSIS方法,本报告计算了2004—2022年中美两国科技竞争力及其五个子竞争力的得分值,从而能够直观了解中国科技发展与美国的差距。

(一)综合比较

中国科技竞争力快速追赶美国,双方差距持续缩小但仍较显著。

2004—2022年,中国科技竞争力指数快速增长,由初期较低水平的0.101增长到0.472,美国科技竞争力也呈现出在高位上的连续上升态势,由0.535上升到0.739。虽至2022年,中国科技竞争力发展指数还不及美国2004年的水平,但从中国与美国科技竞争力指数的比值来看,中国科技竞争力已由2004年美国的18.9%增长至2022年美国的63.9%,中国科技竞争力落后于美国的差距在持续缩小,但仍相当显著(表1.2和图1.1)。

表1.2 2004—2022年中美两国科技竞争力指数比较①

年 份	中 国	美 国	中美比值(%)
2004	0.101	0.535	18.9
2005	0.103	0.543	18.9
2006	0.108	0.543	19.9
2007	0.121	0.553	21.8
2008	0.138	0.561	24.6
2009	0.141	0.527	26.7
2010	0.160	0.548	29.3
2011	0.174	0.553	31.5
2012	0.199	0.553	36.0
2013	0.219	0.568	38.5
2014	0.226	0.621	36.5
2015	0.252	0.609	41.4
2016	0.279	0.610	45.8
2017	0.314	0.618	50.8
2018	0.347	0.638	54.5
2019	0.375	0.661	56.7
2020	0.426	0.684	62.2
2021	0.459	0.742	61.9
2022	0.472	0.739	63.9

① 由于指标体系变换以及部分二级指标数据存在统计口径差异,因此本章中历年中美科技竞争力指数会与《中美科技竞争力评估报告(2022)》中的结果略有差异,但不影响最终分析结果。表1.3—表1.7同。

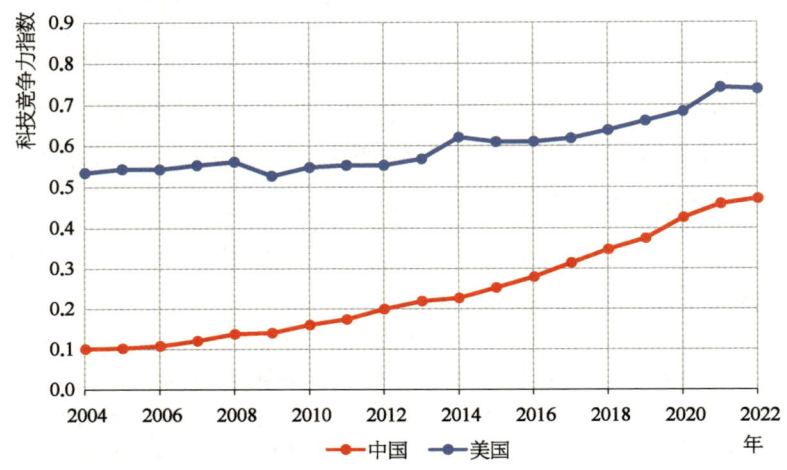

图 1.1　2004—2022 年中美两国科技竞争力指数比较

（二）科技人力资源竞争力比较

中国科技人力资源竞争力呈现快速发展态势，预计在未来数年内实现对美国的全面超越。2004—2022 年，中国科技人力资源竞争力呈现快速上升的态势，从 2004 年的 0.013 上升至 2022 年的 0.555[①]，同期美国科技人力资源竞争力则由 2004 年的 0.340 上升至 2022 年的 0.676，上升速度相对较缓慢。18 年间，中国在科技人力资源竞争力方面与美国的差距不断缩小，中国科技人力资源竞争力由 2004 年美国的 3.9% 上升至 2022 年美国的 82.0%，因此可以预见的是，如果中国科技人力资源竞争力继续保持高速增长态势，在未来几年将可能超越美国（表 1.3 和图 1.2）。中国科技人力资源竞争力的快速提升主要得益于中国在诸多科技人力资源规模指标上的飞速发展。如，在全时当量研究人员数量上，中国于 2010 年超越美国后，稳

---

① 中国科技人力资源竞争力在 2008—2009 年出现断层下跌的情形，是因为中国在 2009 年在"全时当量研究人员数量"这个指标的统计上采用了 OECD 的定义和标准，因而相较于 2008 年出现了较大的数据波动。

居世界首位。2022年,中国全时当量研究人员数量达到263.7万人年,远超美国的163.9万人年(2021年数据,美国2022年数据缺失);在科学与工程学士学位授予数量上,中国于2004年超越美国后,持续扩大领先优势。2020年,中国科学与工程领域学士学位授予数达到1 975.6千人,远超美国的890.0千人。

表1.3　2004—2022年中美两国科技人力资源竞争力指数比较

年　份	中　国	美　国	中美比值(%)
2004	0.013	0.340	3.9
2005	0.068	0.346	19.7
2006	0.103	0.362	28.5
2007	0.159	0.364	43.6
2008	0.207	0.387	53.5
2009	0.123	0.417	29.6
2010	0.143	0.385	37.0
2011	0.176	0.412	42.8
2012	0.207	0.421	49.1
2013	0.230	0.444	51.8
2014	0.249	0.466	53.4
2015	0.277	0.477	58.0
2016	0.299	0.482	62.0
2017	0.312	0.511	61.0
2018	0.340	0.553	61.4
2019	0.394	0.570	69.1
2020	0.443	0.607	73.0
2021	0.484	0.654	74.0
2022	0.555	0.676	82.0

(三)科技财力资源竞争力比较

中国科技财力资源竞争力呈现先扬后抑的演进轨迹,与美国的差距在2016年以前显著缩小后出现反弹。2004—2022年,中美两国

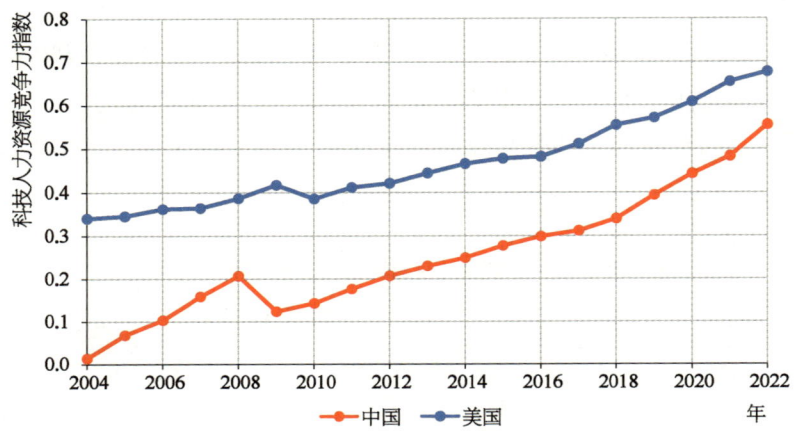

图 1.2 2004—2022 年中美两国科技人力资源竞争力指数比较

的科技财力资源竞争力总体上都呈现出上升趋势。其中,美国由 2004 年的 0.326 上升至 2022 年的 0.913,整体发展态势为波动上升,特别是 2016 年后增长迅速。这主要归因于美国的全社会风险资本总量从 2016 年的 280 亿美元快速增长至 2022 年的 2 350 亿美元。中国由 2004 年的 0 上升至 2021 年的 0.431 后下降至 2022 年的 0.411。虽然中美两国在科技财力竞争力上的差距有所缩小,但近年差距有所扩大,美国依然保持较强的优势(表 1.4 和图 1.3)。比如,在研发投入强度上,虽然中国的研发投入强度从 2020 年的 2.4% 提升到 2022 年的 2.6%,但与美国 2022 年 3.6% 的水平还相差甚远。另外,从全社会风险资本总量来看,中国的风险资本总量从 2020 年的 599 亿美元下降至 2022 年的 472 亿美元,仅为美国的 1/5。

表 1.4 2004—2022 年中美两国科技财力资源竞争力指数比较

年 份	中 国	美 国	中美比值(%)
2004	0.000	0.326	0.0
2005	0.019	0.337	5.6

（续　表）

年　份	中　国	美　国	中美比值(%)
2006	0.033	0.357	9.2
2007	0.039	0.381	10.2
2008	0.061	0.411	14.9
2009	0.106	0.409	25.9
2010	0.129	0.400	32.3
2011	0.159	0.416	38.3
2012	0.196	0.406	48.3
2013	0.225	0.419	53.7
2014	0.240	0.448	53.7
2015	0.257	0.477	53.9
2016	0.270	0.467	57.8
2017	0.289	0.537	53.8
2018	0.333	0.615	54.2
2019	0.307	0.667	46.1
2020	0.363	0.725	50.1
2021	0.431	0.949	45.4
2022	0.411	0.913	45.1

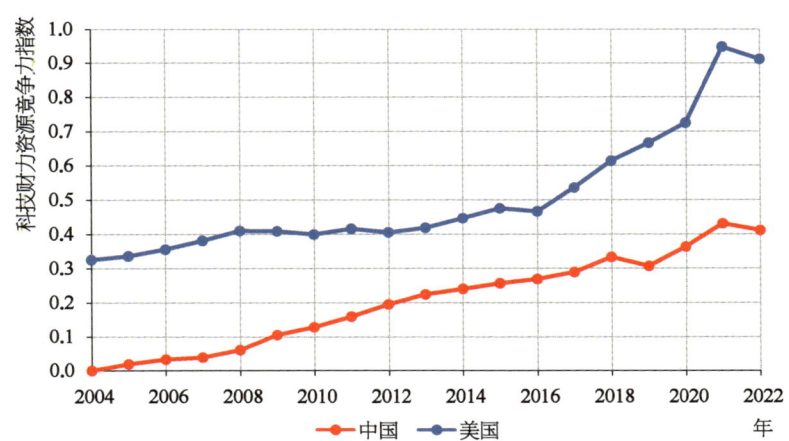

图1.3　2004—2022年中美两国科技财力资源竞争力指数比较

（四）科学研究竞争力比较

中国科学研究竞争力呈现加速追赶态势,但仍与美国存在显著层级差距。2004—2022 年,美国科学研究竞争力指数由 0.563 上升至 0.721,增幅为 28%;中国则呈现出较快的上升态势,由 0.001 上升至 0.443,增幅高达 442 倍(表 1.5 和图 1.4)。这飞跃主要得益于中国在科技期刊论文总数、ESI 高被引论文发表量上已领先美国。但总体上看,中美两国在科学研究竞争力上的差距虽然逐年缩小,但差距仍然较大,美国依然保持较强的优势。比如,2022 年美国顶级期刊论文发文量达到 1 219 篇,远超中国的 386 篇;2022 年美国进入 QS 全球大学前 500 强的大学多达 87 所,显著高于中国的 26 所。

表 1.5 2004—2022 年中美两国科学研究竞争力指数比较

年 份	中 国	美 国	中美比值(%)
2004	0.001	0.563	0.2
2005	0.009	0.569	1.5
2006	0.012	0.559	2.2
2007	0.025	0.552	4.5
2008	0.024	0.583	4.2
2009	0.037	0.576	6.4
2010	0.058	0.734	7.9
2011	0.083	0.733	11.3
2012	0.104	0.720	14.4
2013	0.120	0.720	16.7
2014	0.120	0.876	13.7
2015	0.150	0.731	20.5
2016	0.191	0.724	26.3

(续 表)

年 份	中 国	美 国	中美比值(%)
2017	0.215	0.734	29.3
2018	0.243	0.731	33.2
2019	0.295	0.753	39.2
2020	0.345	0.754	45.8
2021	0.390	0.754	51.7
2022	0.443	0.721	61.5

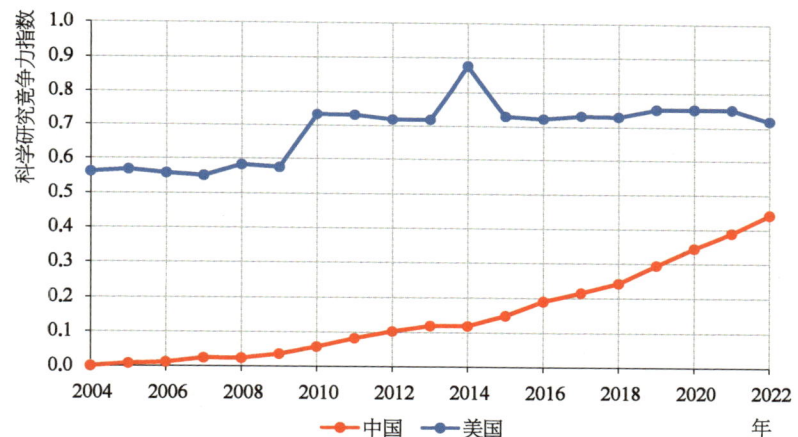

图1.4　2004—2022年中美两国科学研究竞争力指数比较

（五）技术创新竞争力比较

中国技术创新竞争力正以历史性速度逼近美国，有望在未来五年实现全面超越。2004—2022年，中美两国的技术创新竞争力均呈现上升趋势，其中美国由2004年的0.739上升至2022年的0.759，具有较强的竞争力；中国由2004年的0.028上升至2022年的0.669，上升速度较快，尤其是2009年后增长迅速。从指数数值的对比看，中美两国技术创新竞争力的差距正在逐渐缩小，在未来几年将很快超越美国(表 1.6 和图 1.5)。比如,从 PCT 专利申请量来看,中国在 2019 年超越美国后,逐年扩大领先优势,2022 年达到 74 410 件,大幅领先美国的 55 434 件;从有效发明专利数来看,中国在 2022 年超过美国后也迅速扩大领先优势,2023 年达到 458.1 万件,远超美国的 350.5 万件;但从全球研发 1 000 强企业数量来看,中国虽然从 2003 年的 2 家快速增加到 2023 年的 216 家,但仍显著低于美国的 349 家。

表 1.6　2004—2022 年中美两国技术创新竞争力指数比较

年　份	中　国	美　国	中美比值(%)
2004	0.028	0.739	3.8
2005	0.023	0.758	3.0
2006	0.020	0.769	2.6
2007	0.022	0.779	2.8
2008	0.044	0.764	5.7
2009	0.058	0.648	8.9
2010	0.083	0.657	12.7
2011	0.121	0.654	18.5
2012	0.142	0.672	21.2
2013	0.166	0.698	23.8
2014	0.222	0.748	29.6
2015	0.256	0.744	34.4
2016	0.332	0.732	45.3
2017	0.388	0.721	53.8
2018	0.444	0.710	62.6
2019	0.502	0.722	69.5
2020	0.589	0.728	81.0
2021	0.637	0.734	86.9
2022	0.669	0.759	88.1

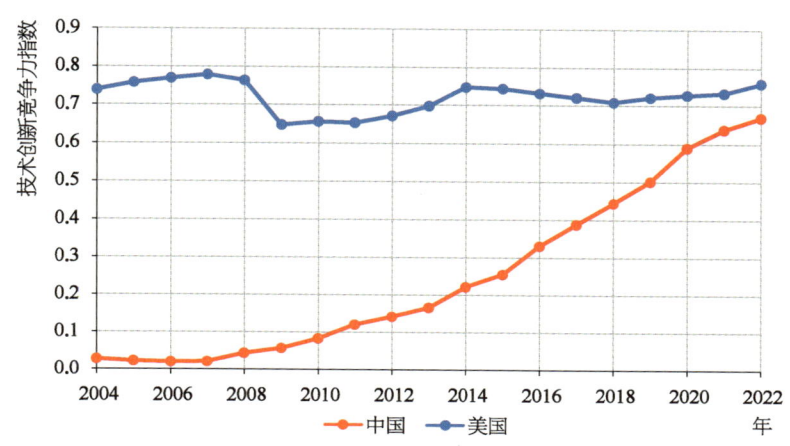

图 1.5　2004—2022 年中美两国技术创新竞争力指数比较

（六）科技国际化竞争力比较

中美科技国际化竞争力呈现显著分化趋势,两国差距呈现加速扩大特征。2004—2022 年,中美两国在科技国际化竞争力上呈现出不一致的发展趋势,其中美国科技国际化竞争力在这 18 年间经历了较大的波动过程,尤其在 2009—2010 年间有所下降,但之后指数恢复并从 2019 年起持续上升。而中国科技国际化竞争力虽在这 18 年间也出现频率较高的波动过程,但在 2010 年以后呈现明显的下降趋势,由 2010 年的 0.389 下降至 2022 年的 0.281。近年来,随着美国科技国际化竞争力指数的持续上升和中国指数的显著下降,中美科技国际化差距有所扩大(表 1.7 和图 1.6)。比如,从高科技产品占制成品出口比重来看,中国高科技产品占制成品出口比重从 2020 年的 31.3% 降至 2022 年的 27.8%,而美国却从 2020 年的 19.5% 增至 2022 年的 20.6%。从国际合作论文占世界本国论文的比重来看,中国的比重从 2020 年的 26.1% 下降到 2022 年的 20.7%。反观美国,这一比重从 2020 年的 40.4% 上升到 2022 年的 41.0%,显示其在国际学术合作方面的持续增强。

表 1.7　2004—2022 年中美两国科技国际化竞争力指数比较

年　份	中　国	美　国	中美比值(%)
2004	0.464	0.705	65.8
2005	0.396	0.707	56.0
2006	0.372	0.668	55.7
2007	0.359	0.687	52.3
2008	0.354	0.660	53.6
2009	0.380	0.585	64.9
2010	0.389	0.563	69.2
2011	0.331	0.548	60.4
2012	0.347	0.544	63.7
2013	0.353	0.560	63.0
2014	0.302	0.567	53.2
2015	0.321	0.617	52.0
2016	0.306	0.644	47.5
2017	0.365	0.587	62.2
2018	0.377	0.579	65.0
2019	0.376	0.592	63.5
2020	0.387	0.605	64.0
2021	0.353	0.619	57.0
2022	0.281	0.624	45.0

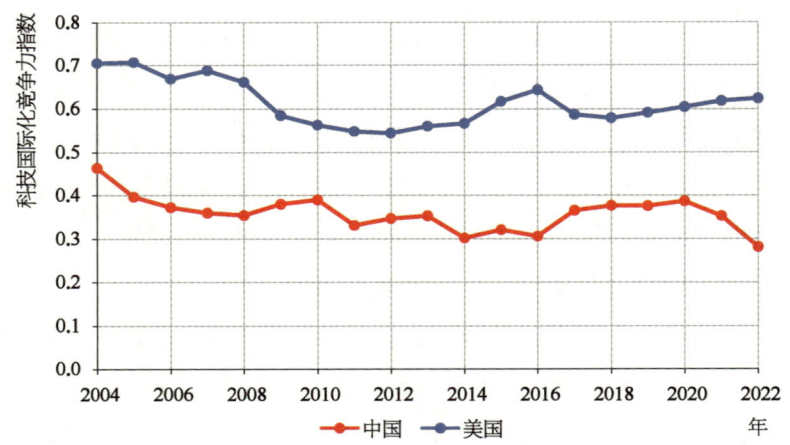

图 1.6　2004—2022 年中美两国科技国际化竞争力指数比较

三、本章小结

本报告从科技人力资源竞争力、科技财力资源竞争力、科学研究竞争力、技术创新竞争力和科技国际化竞争力五个维度构建中美科技竞争力评价体系,对两国2004—2022年科技发展态势进行系统比较。研究发现:

(1) 中国科技竞争力呈现显著追赶态势。整体竞争力水平从2004年相当于美国的18.9%提升至2022年的63.9%,差距持续收窄但绝对差距仍较为明显,反映中国科技发展仍处于爬坡过坎的关键阶段。

(2) 中国科技人力资源领域展现超车潜力。中国该项竞争力指数由2004年美国的3.9%快速攀升至2022年的82.0%。若保持当前增长动能,有望在近年实现反超,这为整体竞争力提升奠定重要人才基础。

(3) 中国科技财力资源呈现波动特征。中国该指标从2005年美国的5.6%持续增长至2016年的57.8%峰值后出现回调,2022年回落至45.1%。近年美国通过政策激励吸引全球风险资本集聚,导致中美在该领域的差距呈现扩大趋势。

(4) 中国科学研究竞争力持续突破。中国相关指数从2004年美国的0.2%跃升至2022年的61.5%,年均增长率达23.6%,体现基础研究领域的持续投入开始显现成效,但原始创新能力的代际差距仍需重视。

(5) 中国技术创新竞争力逼近临界点。中国该项指标由2004年美国的3.8%迅猛增长至2022年的88.1%,应用技术转化效率显著提升。按照当前发展速度,有望在未来3—5年形成赶超态势。

(6) 中国科技国际化面临新挑战。中国相关指数从2004年美国的 65.8% 震荡下行至 2022 年的 45.0%,凸显国际科技合作环境变化带来的现实压力,需警惕技术"脱钩"对创新生态的潜在影响。

　　总体而言,中国在科技人力资源、科学研究和技术创新领域形成显著追赶优势,但科技财力投入波动与国际化水平下滑构成主要制约。当前两国科技竞争力仍存在系统性差距,特别是在源头创新体系、全球资源配置、高端要素集聚等维度差距明显。这既反映出中国科技追赶的成效,也暴露出科技创新体系的结构性短板,凸显出科技强国建设的长期性和艰巨性。

第二章

中美科技人力资源比较

人才是实现民族振兴、赢得国际竞争主动的战略资源。中国的科技人力资源规模迅速扩大,但在人才质量方面与美国等发达国家仍然存在较大差距。美国始终处于国际科技人力资源金字塔的顶端,其人力资源规模和质量均处于较高水平,人才结构合理,人才开发率较高。本章采用联合国教科文组织(UNESCO)、科睿唯安(Clarivate Analytics)、美国国家教育统计中心(National Center for Education Statistics)、美国国家科学基金会(National Science Foundation)和中国教育部公布的相关数据,选择科技人力资源关键指标,对比分析中美两国科技人力资源的差异,力求清晰把握中国在科技人力资源竞争力的国际地位,明晰未来发展方向。

一、研究人员

研究人员是国家科技创新发展的主力,其规模大小直接反映一国科技人力资源的基础竞争力大小。本节将从全时当量研究人员数量和每百万居民全时当量研究人员数量两个指标,比较分析中美两国研究人员规模的差异。

(一)全时当量研究人员

中国全时当量研究人员数量稳居世界首位,且领先美国的优势持续扩大。 2010—2022 年,中国全时当量研究人员数量以年均 6.7% 的增长率由 121.1 万人年快速增长至 2022 年的 263.7 万人年,稳居世界首位。同期,美国全时当量研究人员数量以年均 3.7% 的增长率由 109.9 万人年增长至 2021 年的 163.9 万人年。由此可见,中国全时当量研究人员数量领先美国的优势在持续扩大,由 2010 年的 11.2 万人年扩大至 2021 年的 76.7 万人年。同时,相较于其他主要发达国家,中国在全时当量研究人员数量上也远远超过日本、德国、英国、法国等国,充分显示出中国在科技人力资源规模上的显著优势(表 2.1 和图 2.1)。

表 2.1　2010—2022 年中美两国全时当量研究人员数量比较

(单位:万人年)

年　份	中　国	美　国
2010	121.1	109.9
2011	131.8	114.4
2012	140.4	115.0
2013	148.4	118.7
2014	152.4	123.0

(续　表)

年　份	中　国	美　国
2015	161.9	125.2
2016	169.2	124.8
2017	174.0	130.0
2018	186.6	141.0
2019	210.9	143.5
2020	228.1	151.4
2021	240.6	163.9
2022	263.7	/

注：美国2022年数据缺失；数据来源于CEIC data。

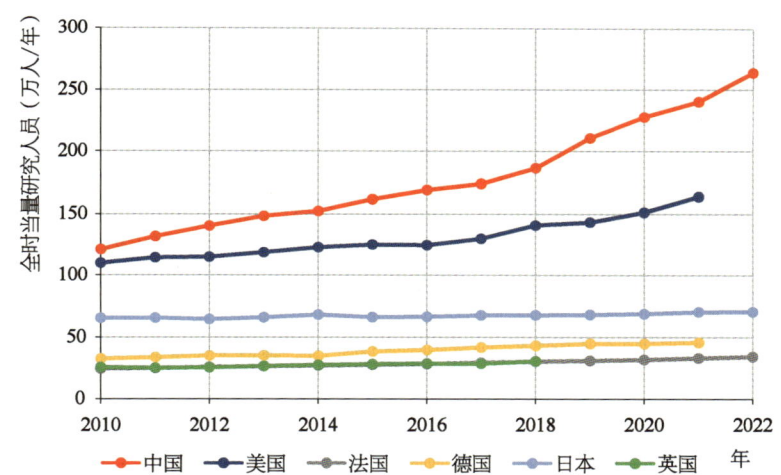

图 2.1　2010—2022 年中美两国及其他主要发达国家全时当量研究人员数量比较

(数据来源：CEIC data)

（二）每百万居民全时当量研究人员数量

中国每百万居民全时当量研究人员数量远低于美国，差距十分显著。2000—2022 年，中美两国每百万居民全时当量研究人员数量分别从2000年的585.5人和3515.5人增加到2022年的1849.5人和2021年的4871.6人(美国2022年数据缺失)。虽然中国年均增长率达到5.7%,远高于美国的1.6%,但中国每百万居民全时当量研究人员数量仍显著低于美国。同时,对比其他主要发达国家发现,2022年,韩国每百万居民全时当量研究人员数量达到9430.5人,位居全球第一;德国每百万居民全时当量研究人员数量为5811.4人,位居全球第十。而中国由于人口基数大,其每百万居民全时当量研究人员数量与这些国家差距十分明显,处于较低水平(表2.2和图2.2)。

表2.2 2000—2022年中美两国每百万居民全时当量研究人员数量比较

(单位:人)

年 份	中 国	美 国
2000	551.8	3 478.9
2001	585.5	3 515.5
2002	634.8	3 561.1
2003	670.9	3 762.7
2004	716.5	3 622.9
2005	860.0	3 546.1
2006	934.9	3 583.6
2007	1 080.6	3 531.8
2008	1 201.1	3 658.6
2009	863.4	3 782.8
2010	901.1	3 546.0
2011	974.4	3 660.5
2012	1 031.2	3 646.5
2013	1 082.0	3 732.6
2014	1 104.1	3 834.5
2015	1 164.9	3 873.3
2016	1 210.7	3 829.7

(续 表)

年 份	中国	美国
2017	1 237.7	3 957.7
2018	1 319.4	4 260.6
2019	1 485.8	4 306.7
2020	1 601.9	4 514.1
2021	1 687.1	4 871.6
2022	1 849.5	/

注：美国2022年数据缺失；数据来源于UNESCO。

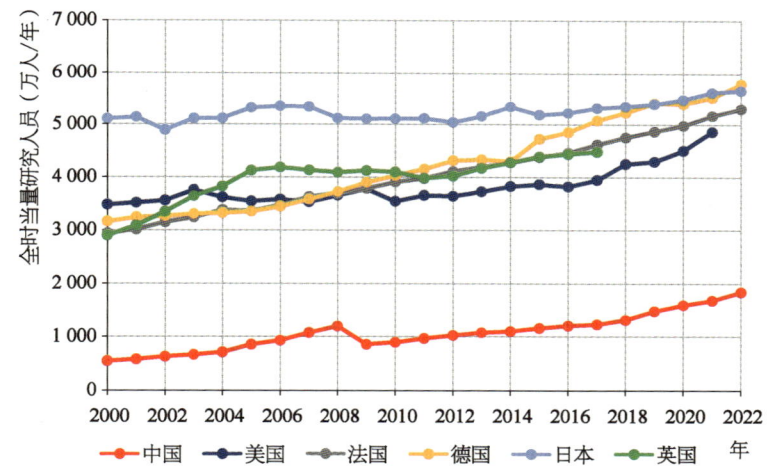

图 2.2　2000—2022 年中美两国及其他主要发达国家每百万居民全时当量研究人员数量比较

（数据来源：UNESCO）

二、高被引科学家

高被引科学家是具有世界级影响力的科学家，其数量是衡量一个国家科技发展水平和科技创新能力的最重要指标之一。本节从高被引科学家数量、高被引科学家数量全球占比和高被引科学家学科分布三个指标,比较分析中美两国高被引科学家的差异。

(一) 高被引科学家数量

中国高被引科学家数量迅速增长,与美国的差距快速缩小。2014年以来,中国高被引科学家数量呈现出快速增长态势,以年均25.7%的增长率由2014年的143人增长至2024年的1 405人,在2019年超越英国后,中国高被引科学家数量已连续六年位居全球第二,仅次于美国。同期,虽然美国高被引科学家数量年均增长率仅有4.0%,但其始终保持全球高被引科学家数量第一大国位置,且领先优势明显。从发展趋势上看,中国高被引科学家数量凭借较高的增长率,迅速缩小了与美国的差距,也逐渐拉大了与其他国家的领先优势(表2.3和图2.3),这一发展态势充分表征了中国在世界重要人才中心和人才强国建设征程中取得了突出进展。

表2.3 2014—2024年中美两国高被引科学家数量比较

(单位:人)

年 份	中 国	美 国
2014	143	1 696
2015	144	1 548
2016	175	1 465
2017	249	1 644
2018	482	2 639
2019	636	2 737
2020	770	2 650
2021	935	2 622
2022	1 169	2 764

(续　表)

年　份	中　国	美　国
2023	1 275	2 669
2024	1 405	2 507

注：中国数据仅为中国内地数据；数据来源：Clarivate Analytics。

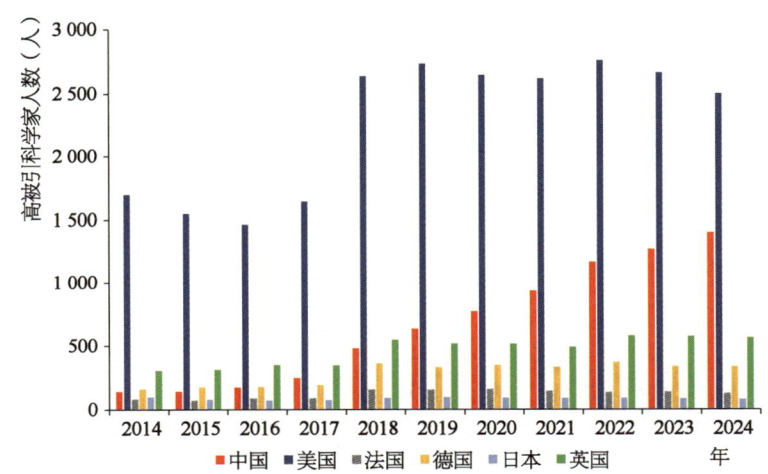

图 2.3　2014—2024 年中美两国及其他主要发达国家高被引科学家数量比较

（数据来源：Clarivate Analytics）

（二）高被引科学家全球占比

中国高被引科学家数量全球占比稳步上升，美国下降明显，中美差距快速缩小。 2014—2024 年，虽然美国高被引科学家数量整体增长，但其全球占比呈现持续下降态势，由 2014 年的全球一半以上（52.8%）下降至 2024 年的 1/3 左右（37.8%）。美国高被引科学家数量全球占比下降主要是由于中国占比上升，2014—2024 年，中国的占比由 4.4% 增长至 21.2%，超过 1/5。相较而言，法国、德国、日本和英国等发达国家高被引科学家数量全球占比在这 11 年间波动较小（表

2.4 和图 2.4）。这一发展动态表明，全球高端科研人才力量正从集中化向多极化转变，未来中美两国在高端人才上的竞争将更加激烈。

表 2.4　2014—2024 年中美两国高被引科学家数量全球占比比较

年　份	中　国	美　国
2014	4.4%	52.8%
2015	4.6%	49.5%
2016	5.4%	44.9%
2017	7.0%	46.5%
2018	7.9%	43.4%
2019	10.2%	44.0%
2020	12.5%	43.0%
2021	14.2%	39.7%
2022	16.8%	39.8%
2023	18.6%	39.0%
2024	21.2%	37.8%

数据来源：Clarivate Analytics。

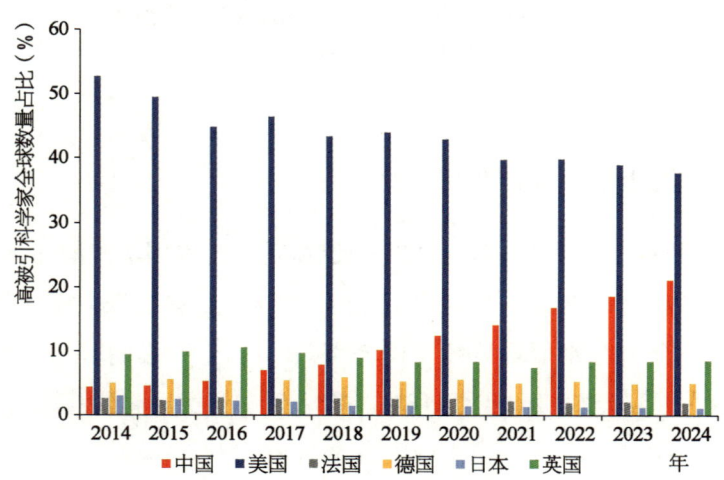

图 2.4　中美两国及其他主要发达国家高被引科学家全球占比比较

（数据来源：Clarivate Analytics）

（三）高被引科学家的学科分布

中美两国高被引科学家均高度集中于交叉学科，但美国在多数学科领域仍保持优势。 2024年，来自全球59个国家和地区1 200多家机构的6 636名科学家入选2024年度高被引科学家名单，其中3 326人次来自交叉学科，占比达到50.1%，充分说明交叉学科或交叉科学研究已成为引领全球科研发展的前沿。因而，不仅是中美两国，法国、德国、日本、英国等主要发达国家的高被引科学家皆高度集中于交叉学科领域，其中中国交叉学科高被引科学家占比高达59.1%，美国为46.2%。相较于美国及其他主要发达国家，中国在农业科学、化学、计算机科学、工程学、材料科学、植物与动物科学等6个学科领域优势明显，特别是化学和材料科学领域，中国高被引科学家数量占到全球一半左右，分别为50.5%和49.1%，展现出较强的应用导向和产业发展需求的驱动特征。相比之下，美国在生物与生物化学、临床医学、交叉学科、经济与商业、免疫学、微生物学、分子生物学与遗传学、神经科学与行为学、药理学与毒理学、物理学、精神病学与心理学、社会科学、空间科学等13个学科领域具有较大优势，特别是在经济与商业、生物学与遗传学、生物与生物化学和空间科学领域，美国高被引科学家数量占全球的比重分别高达73.2%、71.2%、62.8%和61.5%（表2.5）。美国在基础研究和前沿科学领域具有长期积累的优势，同时其科研体系在推动多学科均衡发展方面保持了较高的国际竞争力。

表2.5　2024年中美两国及其他主要发达国家不同学科领域高被引科学家数量比较　　　　（单位：人）

学 科 领 域	中国	美国	法国	德国	日本	英国
农业科学	44	13	3	1	0	5
生物与生物化学	11	155	3	25	4	16

(续　表)

学科领域	中国	美国	法国	德国	日本	英国
化学	110	45	2	12	3	4
临床医学	9	195	29	26	5	49
计算机科学	30	9	2	1	1	13
交叉学科	830	1 158	58	172	32	266
经济与商业	2	30	0	2	0	5
工程学	43	20	2	2	1	6
环境与生态学	28	36	2	9	1	14
地球科学	54	53	7	8	1	12
免疫学	7	94	10	10	5	11
材料科学	114	65	0	3	2	5
微生物学	28	84	2	6	0	12
分子生物学与遗传学	10	141	2	11	1	9
神经科学与行为学	5	124	3	10	2	36
药理学与毒理学	5	46	4	4	3	36
物理学	19	85	3	9	9	7
植物与动物科学	62	34	4	19	13	13
精神病学与心理学	1	67	0	10	1	47
社会科学	16	66	2	6	0	45
空间科学	0	40	0	8	1	8

数据来源：Clarivate Analytics。

三、诺贝尔奖获得者

诺贝尔奖三大自然科学奖（物理学奖、化学奖、生理学或医学奖）作为全球自然科学领域内的最高学术荣誉，其获奖情况已成为衡量国家基础科研实力的重要标尺。本节基于1980—2024年的统计数据,从获奖总数与学科分布两个维度,比较分析中国与美国及其他主要国家诺贝尔奖获得者的差异。

(一)诺贝尔奖获得者总数

美国是全球诺贝尔奖获得者人数最多的国家,中国自2015年实现"零"的突破以来尚未形成持续突破态势。1980年以来,美国几乎每年都有科学家获得诺贝尔奖(除1991年)。至2024年,美国已有193位科学家获得诺贝尔三大自然科学奖,年均获奖人数达到4.3人,尤其是在2017年,美国有7位科学家获得诺贝尔三大自然科学奖。而中国在诺贝尔三大自然科学奖上仅在2015年由屠呦呦获得诺贝尔生理学或医学奖,实现了"零"的突破,但在此后的9年时间里仍未有突破进展。此外,中国诺贝尔三大自然科学奖获得者人数不仅显著落后于美国,还落后于法国、德国、日本、英国等发达国家(表2.6)。

表2.6 1980—2024年中美两国及其他主要发达国家诺贝尔三大自然科学奖新增及累计人数比较　　　　　(单位:人)

年　份	中国		美国		法国		德国		日本		英国	
	新增	累计	新增	累计	新增	累计	新增	累计	新增	累计	新增	累计
1980—2000	0	0	85	85	5	5	19	19	4	4	9	9
2001	0	0	5	90	0	5	1	20	1	5	2	11
2002	0	0	4	94	0	5	0	20	2	7	2	13
2003	0	0	5	99	0	5	0	20	0	7	2	15
2004	0	0	6	105	0	5	0	20	0	7	0	15
2005	0	0	5	110	1	6	1	21	0	7	0	15
2006	0	0	5	115	0	6	0	21	0	7	0	15
2007	0	0	2	117	1	7	2	23	0	7	2	17
2008	0	0	3	120	2	9	1	24	4	11	0	17

(续　表)

年　份	中国		美国		法国		德国		日本		英国	
	新增	累计	新增	累计	新增	累计	新增	累计	新增	累计	新增	累计
2009	0	0	8	128	0	9	0	24	0	11	1	18
2010	0	0	2	130	0	9	0	24	2	13	3	21
2011	0	0	6	136	1	10	0	24	0	13	0	21
2012	0	0	3	139	1	11	0	24	1	14	1	22
2013	0	0	6	145	0	11	1	25	0	14	2	24
2014	0	0	4	149	0	11	1	26	3	17	1	25
2015	1	1	3	152	0	11	0	26	2	19	0	25
2016	0	1	3	155	1	12	0	26	1	20	4	29
2017	0	1	7	162	0	12	1	27	0	20	1	30
2018	0	1	4	166	1	13	0	27	1	21	1	31
2019	0	1	5	171	0	13	0	27	1	22	2	33
2020	0	1	4	175	1	14	1	28	0	22	2	35
2021	0	1	4	179	0	14	2	30	1	23	1	36
2022	0	1	3	182	1	15	0	30	0	23	0	36
2023	0	1	5	187	3	18	0	30	0	23	0	36
2024	0	1	5	192	0	18	0	30	0	23	2	38

数据来源：http://www.nobleprize.org/。

（二）不同领域诺贝尔奖获得者数量

从诺贝尔物理学奖、化学奖、生理学或医学奖获奖者国别分布来看，自1980年以来，美国在这三个领域的获奖人数均远超其他国家，至2024年分别达到62人、67人和63人。英国诺贝尔物理学奖、化学奖、生理学或医学奖获奖人数分别为10人、12人、16人，位居世界第二位。而中国仅有1人获得诺贝尔生理学或医学奖，在物理学奖和化学奖两个领域目前尚未实现"零"的突破（表2.7）。

表 2.7　1980—2024 年中美两国及其他主要发达国家分领域诺贝尔奖获得者数量比较　　　　　（单位：人）

国　家	物理学奖	化学奖	生理学或医学奖	总　计
中国	0	0	1	1
美国	62	67	63	192
法国	9	5	4	18
德国	14	9	7	30
日本	9	9	5	23
英国	10	12	16	38

数据来源：http://www.nobleprize.org/。

四、科学与工程领域毕业生

科学与工程领域毕业生作为科技研究人员的后备军和新生力量，是衡量一国科技发展潜力的重要指标。本节将从科学与工程领域学士学位授予数、博士学位授予数两个指标，对比分析中美两国在科学与工程领域毕业生方面的差异。

（一）学士学位授予数

中国科学与工程学士学位授予数量远超美国，领先优势持续扩大。 2000—2020年，虽然中美两国科学与工程领域学士学位授予数均呈现上升趋势，但增长率差别较大。中国以年均8.9%的增长率由2000年的359.5千人快速增长至2020年的1 975.6千人。同期，美国则以年均2.9%的增长率由2000年的503.5千人缓慢增长至2020年的890.0千人。中国在科学与工程领域的学士学位由2000年略低于美国，在2004年实现反超，至2020年已领先美国1 085.6千人，超过美国总量的2倍（表2.8和图2.5）。

表 2.8　2000—2020 年中美两国科学与工程领域学士学位授予数比较

(单位：千人)[1]

年　份	中　国	美　国
2000	359.5	503.5
2001	337.4	507.9
2002	384.5	529.5
2003	533.6	536.8
2004	672.5	520.9
2005	796.4	552
2006	911.8	561
2007	1 031.9	568.4
2008	1 143.3	579.7
2009	1 225.6	589.3
2010	1 289	611.5
2011	1 387.4	653.3
2012	1 500.7	687.2
2013	1 559.8	712.4
2014	1 653.6	733.7
2015	1 716.4	751.2
2016	1 772.8	768.3
2017	1 802.8	790.3
2018	1 822.0	811.2
2019	1 855.4	830.6
2020	1 975.6	890.0

[1] 科学与工程领域学士学位、博士学位授予数均出自美国科学工程指标数据库(Science & engineering indicators 2024)，该数据每两年进行一次更新，每次更新均会对往年数据进行动态调整，因此部分数据可能与《中美科技竞争力评估报告(2022)》中的数据有所不同。

中美两国科学与工程学士学位授予的专业差异仍较显著。20年间，中国学位授予数最多的专业是工程学，其次是物理、生物科学、数学和统计学，而社会/行为科学和农业科学所占比例较少。美国科

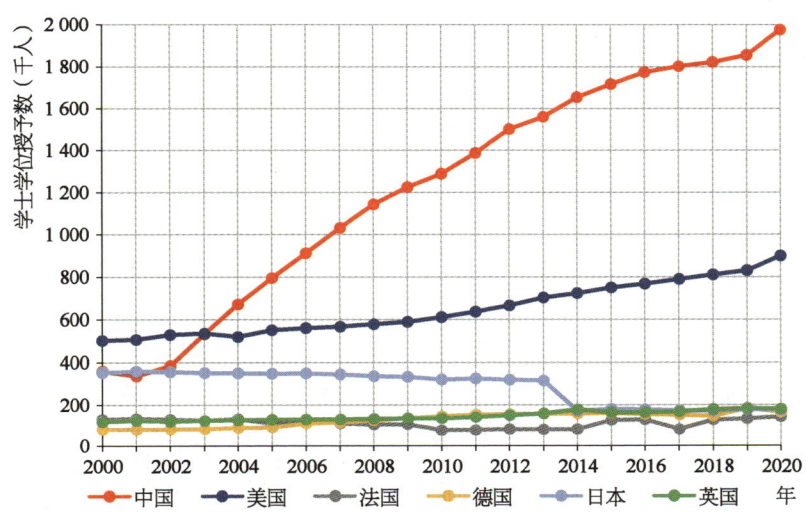

图 2.5　2000—2020 年中美两国及其他主要发达国家科学与
工程领域学士学位数授予数比较

(数据来源：Science & engineering indicators 2024)

学与工程学位授予数最多的专业是社会/行为科学，其次是物理、生物科学、数学和统计学，工程学和农业科学所占比例相对较低。从各学科的增长趋势来看，中国工程学的学位授予数增长最为显著，从2000年的212.91千人增至2020年的1283.06千人，年均增长率为9.4%；其次是物理、生物科学、数学和统计学，农业科学和社会/行为科学整体呈现稳定增长，年均增长率分别为8.6%、6.4%和5.6%。相比之下，美国增长最快的是物理、生物科学、数学和统计学，从2000年的93.99千人增至2020年的216.07千人，年均增长率为4.3%；其次是工程学，年均增长率为3.5%；社会/行为科学和农业科学呈现出较低的年均增长（图2.6和图2.7）。综上所述，中美两国科学与工程学士学位授予的专业分布展现出各自的战略重点。中国科学与工程学士学位授予数量整体保持高速增长，特别是工程学领域增长尤为显著，体现了对科技基础设施建设和产业技术支持的高度重视；美国则更注重基础学科的稳步推进，彰显其在全球科技竞争中的战略前瞻性。

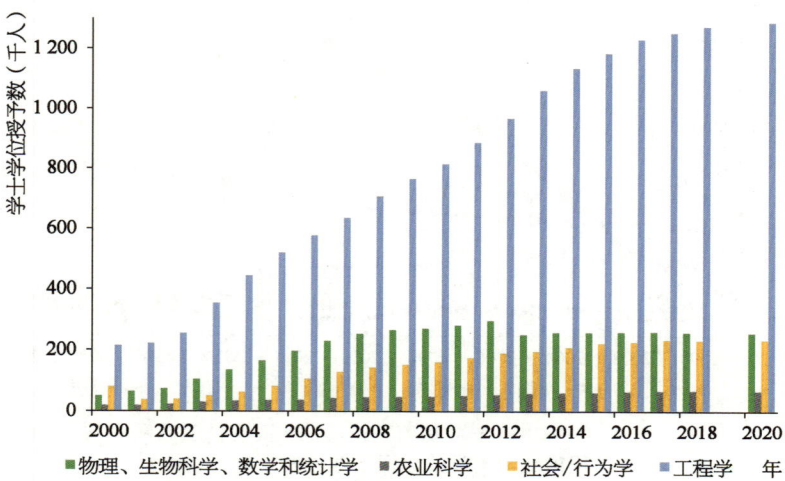

图 2.6　2000—2020 年中国科学与工程领域各专业学士学位授予数

注：中国 2019 年数据缺失，数据来源于 Science & engineering indicators 2024 和《中国统计年鉴》。

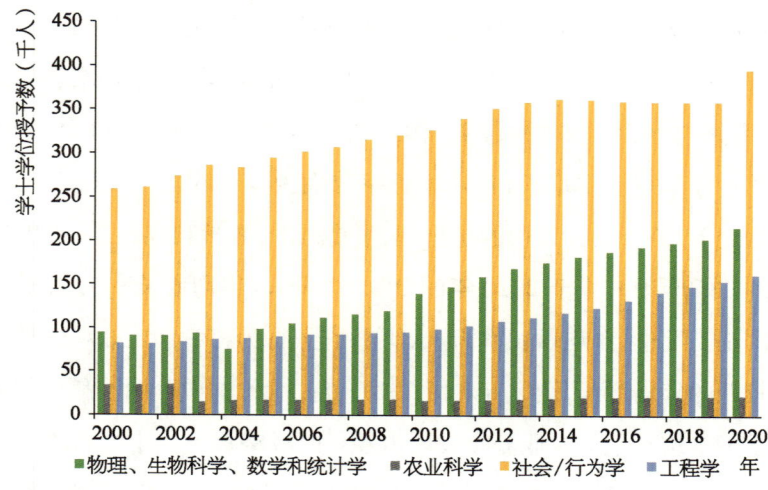

图 2.7　2000—2020 年美国科学与工程领域各专业学士学位授予数

（数据来源：Science & engineering indicators 2024 和 OECD data）

（二）博士学位授予数

中国科学与工程领域博士学位授予数快速增长，已超越美国。 2000—2020 年，中国科学与工程领域博士学位授予数由 2000 年的 7.8 千人快速增长至 2020 年的 43.4 千人，年均增长率达到 9.0%；美国则由 2000 年的 26.1 千人缓慢增长至 2020 年的 41.8 千人，年均增长率仅为 2.4%。中国在 2019 年超越美国，至 2020 年，中国科学与工程领域博士学位授予数已比美国多出 1.6 千人（表 2.9 和图 2.8）。中国博士学位授予数的快速增长，体现了近年来深入实施科教兴国战略和人才强国战略的成效，是国家持续加大高层次人才培养投入的重要成果。

表 2.9 2000—2020 年中美两国科学与工程领域博士学位授予数比较

（单位：千人）

年 份	中 国	美 国
2000	7.8	26.1
2001	8.2	26.1
2002	9.5	25
2003	12.2	26
2004	14.9	22.8
2005	17.6	28.5
2006	23	30.3
2007	26.6	32.4
2008	28.4	33.4
2009	31.4	34
2010	31.4	34.6
2011	32.2	36
2012	32.3	37.3
2013	33.5	37.8

(续 表)

年 份	中 国	美 国
2014	34.1	39.5
2015	34.4	39.9
2016	35.1	39.7
2017	37.5	40.3
2018	39.8	41.1
2019	41.9	41.3
2020	43.4	41.8

数据来源：Science & engineering indicators 2024。

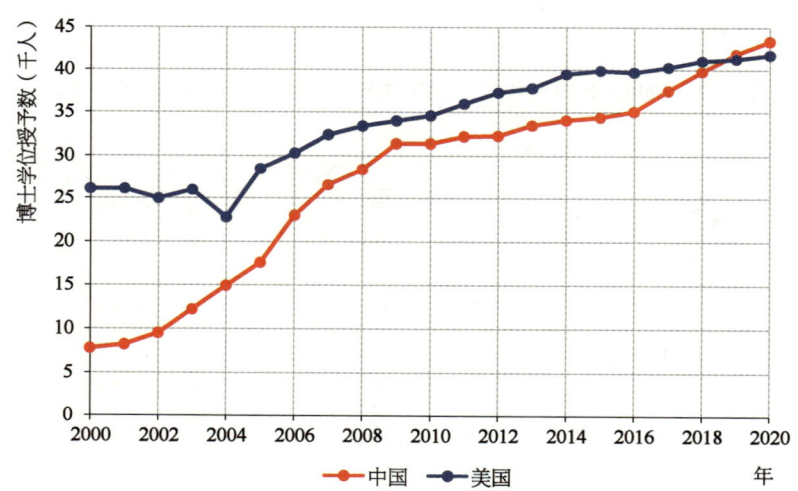

图 2.8　2000—2020 年中美两国科学与工程领域博士学位授予数比较

（数据来源：Science & engineering indicators 2024）

五、国际留学生

国际留学生是衡量一国对外科技交流和科技人员国际化的重要指标，在招收国际留学生规模、派遣留学生规模、国际留学生学历结构等方面,中美两国都存在显著差异。

(一)招收国际留学生规模

美国作为全球最大的留学目的地,其招收的国际留学生规模远超中国,但近年来差距有所缩小。2000—2022 年,美国招收的国际留学生规模从 47.5 万人增长至 87.4 万人,整体上呈增长趋势。但受国际环境和疫情影响,美国招收的国际留学生数量在 2018—2021 年间出现了明显的下降态势,2022 年开始复苏。相比之下,中国招收的国际留学生规模从 2001 年的 0.95 万人快速增长至 2022 年的 29.3 万人,年均增长率高达 17.7%,远高于美国,且疫情期间来华留学生规模仍保持稳定增长态势,这表明中国作为国际留学目的地的吸引力显著提升。然而,尽管中美之间的差距逐步缩小,但由于初始基数较大,美国招收国际留学生的数量仍显著高于中国(表 2.10 和图 2.9)。

表 2.10 2000—2022 年中美两国招收国际留学生规模比较

(单位:万人)[①]

年　份	中　国	美　国
2000	/	47.5
2001	0.95	47.5
2002	1.5	58.3
2003	2.0	58.6
2004	1.8	57.3
2005	1.7	59.0
2006	5.3	58.5
2007	6.0	59.6
2008	7.1	62.4
2009	8.5	66.1
2010	9.6	68.5
2011	11.2	71.0

(续表)

年份	中国	美国
2012	11.8	74.0
2013	13.2	78.4
2014	14.9	84.2
2015	16.7	90.7
2016	18.3	97.1
2017	20.6	98.5
2018	23.2	98.7
2019	26.2	97.7
2020	29.3	95.7
2021	29.2	83.3
2022	29.3	87.4

数据来源：UNESCO。

① 招收国际留学生规模、派遣国际留学生规模的数据来源为联合国教科文组织数据库(UNESCO)，该数据库更新时会对往年数据进行动态调整。基于以数据为准的原则，此处均采用最新数据进行分析，因此本书中图表数据来源为 UNESCO 的部分数据可能与《中美科技竞争力评估报告(2022)》中的数据有所不同。

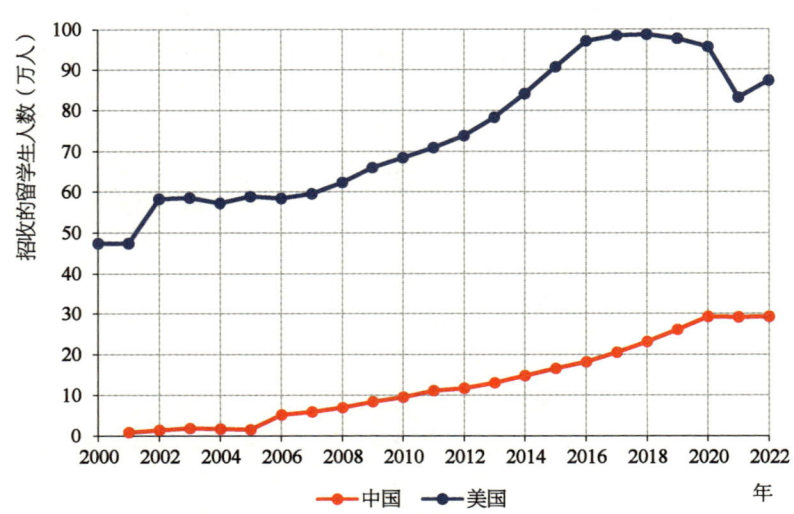

图 2.9 2000—2022 年中美两国招收国际留学生规模比较

(数据来源：UNESCO)

（二）派遣国际留学生规模

中国作为全球最大的留学生来源国，其向外派遣国际留学生规模远超美国。2000—2022 年，中国派遣留学生数量由 2000 年的 18.3 万人增长至 2022 年的 109.2 万人，年均增长率达到 8.5%。相比之下，美国派遣留学生数量增长较缓，由 2000 年的 4.5 万人增长至 2022 年的 11.5 万人，年均增长率仅为 4.4%。到 2022 年，中国派遣留学生的数量已接近美国的 10 倍（表 2.11 和图 2.10）。受疫情和国际形势影响，2021 年中国出国留学人数下降明显，但 2022 年又呈现明显回升态势。

表 2.11　2000—2022 年中美两国派遣国际留学生规模比较

（单位：万人）

年　份	中　国	美　国
2000	18.3	4.5
2001	21.4	5.0
2002	26.1	5.5
2003	32.3	5.5
2004	36.8	5.5
2005	40.1	5.8
2006	40.7	6.0
2007	44.7	6.4
2008	48.3	6.4
2009	54.3	6.6
2010	61.5	6.7
2011	66.9	7.0
2012	71.0	7.2
2013	75.3	7.6
2014	80.6	7.8

(续 表)

年 份	中 国	美 国
2015	85.8	8.1
2016	90.7	8.4
2017	96.8	8.7
2018	103.7	8.6
2019	109.9	10.2
2020	114.7	10.9
2021	107.6	10.3
2022	109.2	11.5

数据来源：UNESCO。

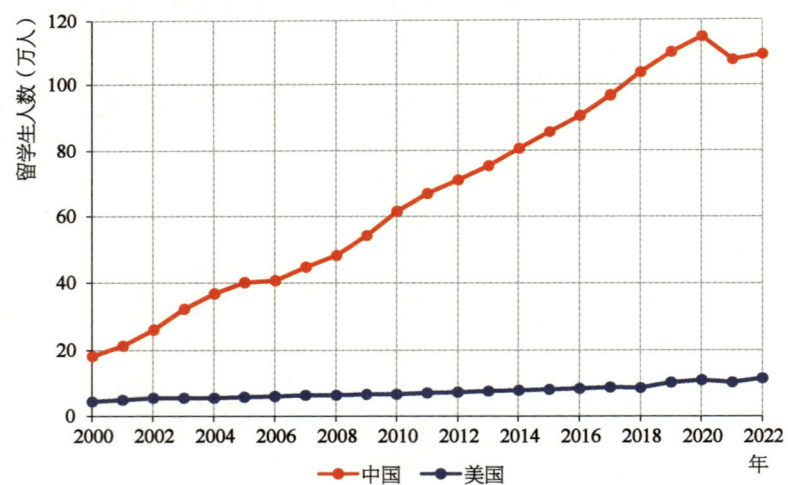

图 2.10　2000—2022 年中美两国派遣国际留学生规模比较
（数据来源：UNESCO）

（三）国际留学生学历结构

在本科生、硕士研究生和博士研究生三个学历阶段上，美国招收的国际留学生规模均显著高于中国。2002 年，美国招收的国际留学本科生、硕士研究生和博士研究生数量分别为 18.8 万人、13.9 万人和 9.2 万人，分别占其招收的国际学历留学生总数的 44.8%、33.1% 和 22.0%；同年，中国招收的国际留学生本科生、硕士研究生和博士研究生数量分别为 1.4 万人、0.3 万人和 0.1 万人，三者占其招收的国际学历留学生总数的比例分别为 78.6%、14.4% 和 7.0%。与美国相比，中国招收的本科留学生占比较高，而硕士留学生和博士留学生占比较低。2022 年，美国招收国际留学生本科生、硕士研究生和博士研究生数量分别为 30.5 万人、29.5 万人和 14.1 万人，三者占其招收的国际学历留学生总数的比例分别达到 41.1%、39.8% 和 19.1%，相较于 2002 年，本科留学生和博士留学生占比有所下降，硕士留学生占比显著升高。同年，中国招收的国际留学生本科生、硕士研究生和博士研究生分别快速增长至 12.1 万人、4.5 万人和 2.6 万人，三者所占其招收的国际学历留学生总数的比例分别为 62.9%、23.5% 和 13.7%，相较于 2002 年，本科国际留学生比重有所下降，而硕士留学生和博士留学生比重显著提升（图 2.11 和图 2.12）。

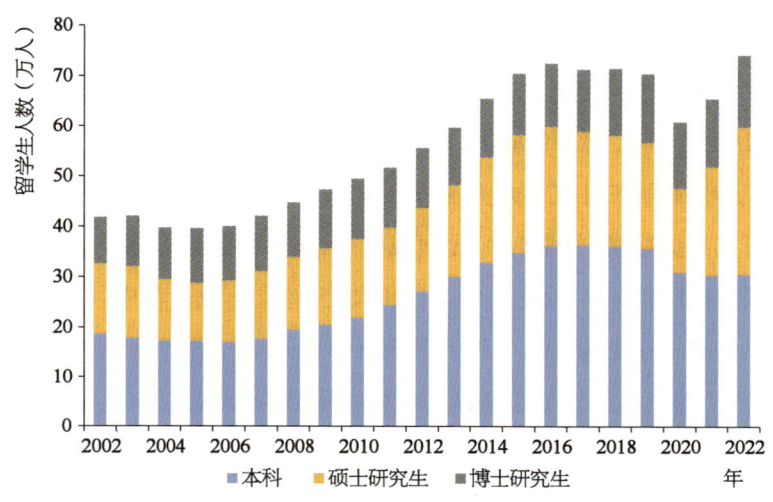

图 2.11　2002—2022 年美国招收留学生不同学历占比

［数据来源：国际教育协会（Institute of International Education）］

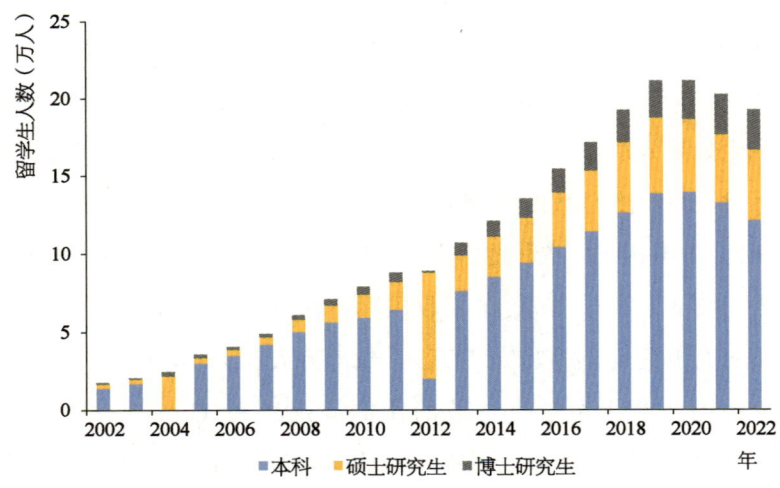

图 2.12 2003—2022 年来华留学生不同学历占比
（数据来源：中国教育统计年鉴）

六、本章小结

本章从研究人员、高被引科学家、诺贝尔奖获得者、科学与工程领域毕业生和国际留学生五个维度，对中美两国在科技人力资源进行对比分析，主要结论如下：

（1）中国在科技人力资源规模指标上全面领先。中国在全时当量研究人员数量、科学与工程领域学士学位和博士学位授予数量以及派遣国际留学生规模等多个方面均已超越美国。其中，中国全时当量研究人员数量自 2010 年以来以年均 6.7% 的增速稳居世界首位，科学与工程领域学士和博士学位授予数也分别在 2004 年和 2019 年先后超越美国，派遣国际留学生规模更是接近美国的 10 倍。这些指标充分印证了近年来中国深入实施科教兴国战略和人才强国战略的显著成效，为打造世界一流科技人才队伍奠定了坚实基础。

（2）中国在科技人力资源质量指标上，与美国的差距依然显著。美国在每百万居民全时当量研究人员数量、高被引科学家数量和诺贝尔奖获得者数量等核心指标上持续领跑全球。反观中国，尽管高被引学者数量增至1045人（2024年），但诺贝尔奖得主仅1人，反映出中国在顶尖科学家人才方面的严重不足。

第三章

中美科技经费投入比较

科技经费投入是衡量一个国家和地区科技活动规模与强度的重要指标,它既可测度和评价一个国家的研发规模和科技资源动员能力,也能反映一个国家的综合国力。科技经费投入水平可以通过政府和企业研发经费来衡量。本章采用经济合作与发展组织(OECD)和联合国教科文组织(UNESCO)数据库中的相关数据,对比分析中美两国研发经费投入总量、强度、来源、执行部门、活动类型等方面的差异,并基于中国财政科技支出和美国政府研发经费支出两个指标,对中美两国政府和大学研发经费的配置体系进行比较分析。

一、研发经费总体情况

研发经费的总体情况涉及投入总量、投入强度、投入来源、执行部门和活动类型这五方面。其中，投入总量是指研发经费的总金额。由于国家之间的规模差异，投入强度（研发经费/GDP）则能更好地反映国家的研发意愿和能力。投入来源和执行部门是研发经费的投入与被投入关系，活动类型则是考察研发经费在不同研发活动之间的分配。

（一）研发经费投入总额

美国研发经费投入规模领跑全球，特别是近年来呈现较高的增长幅度，领先中国的优势继续扩大。2000—2022年，虽然中国研发经费以年均18.5%的增长率由2000年的108.2亿美元上升至2022年的4 569.1亿美元，并于2013年超越日本后，一直保持研发经费投入全球第二的地位，但与美国的差距却呈现出波动扩大的趋势。从全球范围来看，美国长期位居研发经费投入全球第一的位置，其研发经费投入规模在2022年达到9 232.4亿美元，是中国的2倍之多（表3.1和图3.1）。特别是近年来，美国一反常态，迅速加大了研发经费投入力度，相较之下，中国研发经费投入增长趋势放缓明显。2022年，美国研发经费投入规模较2021年增长幅度高达12.3%，而中国仅有5.4%，中国研发经费投入规模相较于美国的比重虽在2021年达到历史最高水平的52.7%，但2022年快速下降至49.5%。

（二）研发经费投入强度

中国研发经费投入强度持续攀升，但仍显著落后于美国，且近年

表 3.1　2000—2022 年中美两国研发经费投入总额比较

（单位：亿美元）

年　份	中　国	美　国
2000	108.2	2 685.6
2001	125.9	2 790.6
2002	155.6	2 784.1
2003	186.0	2 921.6
2004	237.6	3 038.2
2005	299.0	3 262.3
2006	376.6	3 516.7
2007	487.7	3 785.2
2008	664.3	4 054.1
2009	849.3	4 042.0
2010	1 043.2	4 085.0
2011	1 344.4	4 271.3
2012	1 631.5	4 344.2
2013	1 912.0	4 550.9
2014	2 118.6	4 769.7
2015	2 275.4	5 073.7
2016	2 359.4	5 334.5
2017	2 604.9	5 655.3
2018	2 974.3	6 177.2
2019	3 205.3	6 772.9
2020	3 534.8	7 302.4
2021	4 335.0	8 218.1
2022	4 569.1	9 232.4

数据来源：OECD。

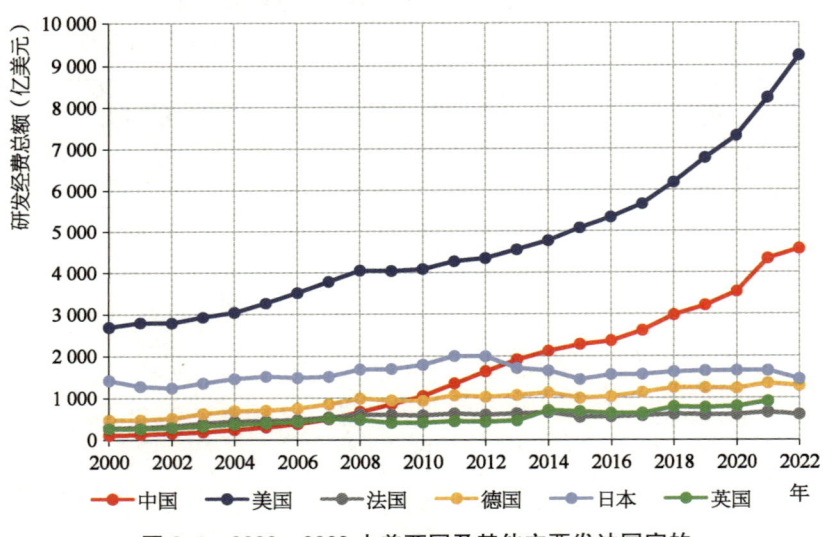

图 3.1　2000—2022 中美两国及其他主要发达国家的
研发经费投入总额比较

(数据来源：OECD)

来差距呈扩大趋势。2000—2022 年，中国研发经费投入强度稳步攀升，从 2000 年的 0.9% 上升至 2022 年的 2.6%，不仅实现了《国家中长期科学和技术发展规划纲要（2006—2020 年）》中设定的 2.5% 目标，还超过法国（2.4%）等创新型国家，位居全球第十二（表 3.2 和图 3.2）。但与美国相比，中国研发经费投入强度仍较低的现实特征仍未改变，且差距在快速扩大。美国作为全球研发经费投入第一大国，其一直保持着较高的研发经费投入强度，在 2018 年达到 3.0% 后，于 2022 年达到 3.6%，仅落后于以色列（6.0%）和韩国（5.2%）。这充分体现了在大国竞争时代，美国这一超级大国仍然在不遗余力地通过增加研发经费投入抢占科技制高点，试图赢得这场世纪科技博弈。这也从侧面体现出中国在研发经费投入上仍显不足的短板，特别是面向大国科技博弈，中国亟须大幅度提升研发经费投入强度。

表 3.2　2000—2022 年中美两国研发经费投入强度比较

(单位:%)

年　份	中　国	美　国
2000	0.9	2.6
2001	0.9	2.6
2002	1.1	2.5
2003	1.1	2.6
2004	1.2	2.5
2005	1.3	2.5
2006	1.4	2.5
2007	1.4	2.6
2008	1.4	2.7
2009	1.7	2.8
2010	1.7	2.7
2011	1.8	2.7
2012	1.9	2.7
2013	2.0	2.7
2014	2.0	2.7
2015	2.1	2.8
2016	2.1	2.8
2017	2.1	2.9
2018	2.1	3.0
2019	2.2	3.1
2020	2.4	3.4
2021	2.4	3.5
2022	2.6	3.6

数据来源:UNESCO。

(三) 研发经费来源结构

中美两国在研发投入体系上存在较大差异,中国研发经费投入

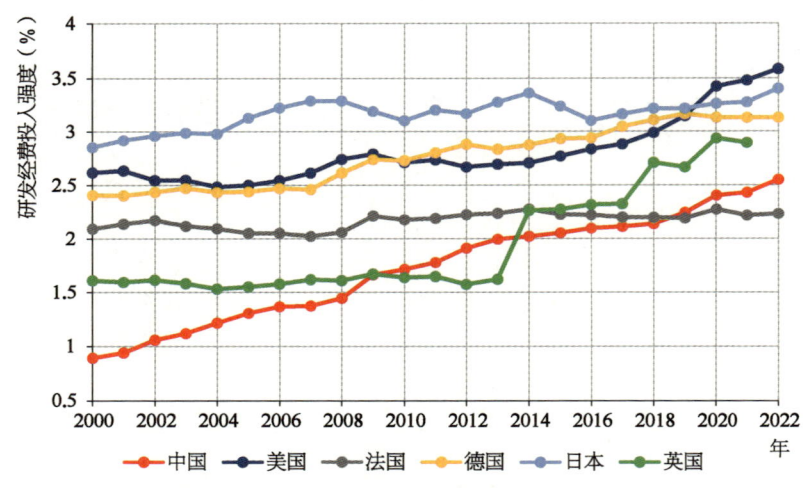

图 3.2 2000—2022 年中美两国及其他主要发达国家的研发经费投入强度比较

（数据来源：UNESCO）

来源相对单一，美国则更为多元。从相关统计来看，中国研发经费投入基本全部来自企业和政府，这两者加起来的投入占中国研发经费投入的 99.8% 左右，充分说明中国研发经费投入来源相对单一。而美国研发经费来源更显多元化，企业和政府虽然也是美国研发经费投入的主要来源，但高校、非营利组织和海外资本的参与使得美国的研发经费来源渠道更加多元。具体而言：

中国企业研发经费投入规模远低于美国，但在国家研发投入构成中的占比高于美国。2000—2022 年，中国企业研发经费投入规模虽然以年均 20.3% 的增长率由 62.3 亿美元增长至 3 610.3 亿美元，但仍显著低于美国 6 465.9 亿美元的企业研发经费投入。但从投入占比上看，中国研发经费中企业投入占比从 2000 年的 61.5% 快速上升至 2022 年的 81.5%，而美国仅由 69.3% 波动增长至 70.0%，这表明在国家研发经费投入体系中，中国企业的主体地位明显高于美国（表 3.3 和表 3.4）。值得注意的是，近年来美国企业研发投入增长迅速,其 2022 年的投入相较于 2021 年增长达到 14.1%,而中国仅为 6.8%。

表 3.3　2000—2022 年中美两国研发经费来源比较

（单位：亿美元）

年份	中国			美国				
	企业	政府	海外	企业	政府	海外	高校	非营利机构
2000	62.3	36.1	2.9	1 859.8	700.3	/	62.7	62.9
2001	/	/	/	1 884.1	766.6	/	68.7	71.2
2002	/	/	/	1 807.0	819.3	/	76.7	81.1
2003	111.8	55.6	3.6	1 861.7	887.1	/	82.9	89.9
2004	156.0	63.3	3.0	1 913.5	948.1	/	86.4	90.3
2005	200.4	78.8	2.8	2 077.8	993.3	/	93.5	97.7
2006	260.1	93.1	6.1	2 271.8	1 039.9	/	101.8	103.2
2007	343.2	120.1	6.6	2 468.2	1 093.6	/	109.3	114.2
2008	476.6	156.7	8.2	2 424.9	1 224.6	156.5	117.4	130.7
2009	609.3	198.8	11.4	2 351.5	1 313.3	115.9	120.6	140.8
2010	747.8	250.6	13.6	2 332.5	1 328.2	153.3	122.6	148.4
2011	993.7	291.4	18.0	2 507.0	1 323.1	163.0	131.0	147.1
2012	1 208.0	351.9	15.9	2 585.9	1 287.2	177.3	142.8	151.1
2013	1 426.4	403.6	17.1	2 780.0	1 252.3	203.4	153.4	161.8
2014	1 597.9	429.1	17.5	2 954.5	1 236.1	240.5	161.8	176.8
2015	1 700.3	483.9	16.9	3 211.8	1 252.2	248.5	172.6	188.6
2016	1 794.5	472.7	15.5	3 415.8	1 241.8	303.2	188.8	185.5
2017	1 992.2	516.0	16.8	3 589.1	1 286.2	393.8	199.7	186.2
2018	2 279.2	601.4	10.8	3 961.9	1 377.8	439.1	210.7	188.3
2019	2 444.4	656.8	3.5	4 450.7	1 427.4	482.7	219.4	192.7
2020	2 738.1	699.3	13.1	4 842.0	1 556.9	485.5	226.5	191.5
2021	3 381.7	821.8	9.1	5 664.9	1 543.4	571.1	238.7	200.0
2022	3 610.3	812.1	7.8	6 465.9	1 672.4	634.3	256.0	203.8

注：" / "为数据缺失,2001—2002 年中国研发经费来源数据缺失,2000—2008 年美国海外研发经费来源数据缺失,数据来源于 OECD。

表 3.4　2000—2022 年中美两国研发经费来源占比比较

（单位：％）

年份	中国			美国				
	企业	政府	海外	企业	政府	海外	高校	非营利机构
2000	61.5	35.6	2.9	69.3	26.1	/	2.3	2.3
2001	/	/	/	67.5	27.5	/	2.5	2.5
2002	/	/	/	64.9	29.4	/	2.8	2.9
2003	65.4	32.5	2.1	63.7	30.4	/	2.8	3.1
2004	70.2	28.4	1.4	63.0	31.2	/	2.8	3.0
2005	71.1	27.9	1.0	63.7	30.4	/	2.9	3.0
2006	72.4	25.9	1.7	64.6	29.6	/	2.9	2.9
2007	73.0	25.6	1.4	65.2	28.9	/	2.9	3.0
2008	74.3	24.4	1.3	59.8	30.2	3.9	2.9	3.2
2009	74.3	24.3	1.4	58.2	32.5	2.8	3.0	3.5
2010	73.9	24.8	1.3	57.1	32.5	3.8	3.0	3.6
2011	76.3	22.3	1.4	58.7	31.0	3.8	3.1	3.4
2012	76.7	22.3	1.0	59.5	29.6	4.1	3.3	3.5
2013	77.2	21.9	0.9	61.1	27.5	4.5	3.4	3.5
2014	78.1	21.0	0.9	61.9	25.9	5.1	3.4	3.7
2015	77.2	22.0	0.8	63.3	24.7	4.9	3.4	3.7
2016	78.6	20.7	0.7	64.0	23.3	5.7	3.5	3.5
2017	78.9	20.4	0.7	63.5	22.7	7.0	3.5	3.3
2018	78.8	20.8	0.4	64.1	22.3	7.1	3.4	3.1
2019	78.7	21.2	0.1	65.7	21.1	7.1	3.2	2.9
2020	79.4	20.3	0.4	66.3	21.3	6.7	3.1	2.6
2021	80.3	19.5	0.2	68.9	18.8	6.9	2.9	2.5
2022	81.5	18.3	0.2	70.0	18.1	6.9	2.8	2.2

注："/"为数据缺失，数据来源于OECD。

中国政府研发经费投入规模远低于美国，但在国家研发投入体系中的地位已与美国基本相当。2000—2022 年，中国研发经费政府投入规模虽然以年均15.2%的增长率从36.1亿美元增长至812.1亿美元,但也仅仅达到美国政府2002年的投入水平,远低于美国政府2022年1 672.4亿美元的研发经费投入规模。从投入占比上看,中国研发经费政府投入占比下降明显,由2000年的35.6%快速下降至2022年的18.3%,已基本与美国持平(2022年,美国政府研发经费投入占比为18.1%),说明在国家研发投入体系中,中国政府承担的压力已与美国基本相当(表3.3和表3.4)。同时,如果按照目前的下降速率,中国政府研发经费投入占比将很快低于美国,说明中国政府在国家研发投入体系中发挥的作用将低于美国政府,从而也从侧面表征中国政府研发投入需要大幅度提升。

中国研发经费投入中海外资本规模远低于美国,且近年衰减明显。 2000—2022年,中国研发经费投入中海外资本波动幅度较大,但始终未超过20亿美元,占中国研发经费投入的比重虽在2000年达到近3%的水平,但近年来受疫情和国际形势变化影响,已下跌至0.1%~0.2%的水平。相较而言,美国从海外获得了大量研发经费,且海外资本在其研发投入体系中的地位越来越高,近年来海外资本投入占比稳定保持在7%左右,已成为除企业和政府外,美国研发经费投入第三大来源,充分说明美国是全球科技创新资金的汇聚地(表3.3和表3.4)。

(四) 研发经费分配结构

中美两国研发经费分配体系存在结构性差异,美国研发经费支出部门占比为企业>高校>政府,中国则为企业>政府>高校。2000—2022年,中国研发经费分配体系中,企业地位不断上升,其支出占比由60.0%上升至77.6%;政府地位不断降低,其支出占比由31.5%下降至14.6%。此外,高校支出占比也呈现波动下降态势,由8.6%下降至7.8%。同期,美国研发经费分配体系中,企业地位也波动上升,其支出占比由 74.5% 波动上升至 79.0%;政府地位波动下降,其支出占比由 10.8% 波动下降至 8.2%;高校支出占比相对稳定,基本保持在 10%~14%(表 3.5)。

表 3.5 2000—2022 年中美两国研发经费支出部门占比

(单位:%)

年份	中国			美国			
	企业	政府	高校	企业	政府	高校	非营利机构
2000	60.0	31.5	8.6	74.5	10.8	11.1	3.6
2001	60.4	29.7	9.8	72.4	11.9	11.7	3.9
2002	61.2	28.7	10.1	69.6	12.9	13.2	4.3
2003	62.4	27.1	10.5	68.7	13.0	13.9	4.4
2004	66.8	23.0	10.2	68.6	12.7	14.3	4.5
2005	68.3	21.8	9.9	69.3	12.4	13.9	4.4
2006	71.1	19.7	9.2	70.4	12.1	13.5	4.0
2007	72.3	19.2	8.5	71.1	11.9	13.1	3.9
2008	73.3	18.3	8.5	71.7	11.5	12.8	3.9
2009	73.2	18.7	8.1	69.9	12.2	13.6	4.4
2010	73.4	18.1	8.5	68.3	13.0	14.2	4.5
2011	75.7	16.3	7.9	68.9	12.9	14.1	4.2
2012	76.2	16.3	7.6	69.6	12.3	14.0	4.1
2013	76.6	16.2	7.2	70.9	11.5	13.5	4.1
2014	77.3	15.8	6.9	71.4	11.3	13.1	4.2
2015	76.8	16.2	7.0	72.4	10.8	12.7	4.1
2016	77.5	15.7	6.8	73.2	9.8	12.7	4.3
2017	77.6	15.2	7.2	73.7	9.8	12.6	4.2
2018	77.4	15.2	7.4	74.1	9.7	12.1	4.0
2019	76.4	15.5	8.1	75.1	9.6	11.5	3.8
2020	76.6	15.7	7.7	76.0	9.2	11.1	3.7
2021	76.9	15.3	7.8	77.9	8.3	10.4	3.3
2022	77.6	14.6	7.8	79.0	8.2	9.9	3.0

数据来源:OECD。

中国的企业研发经费支出规模远低于美国,且与美国的差距仍在波动扩大。 2000—2022 年,中国企业研发经费支出规模虽然以 19.9%的年均增长率从 64.9 亿美元快速增长至 3 544.3 亿美元,但仍不及美国的一半。2022 年,美国企业研发经费支出规模达到 7 289.2 美元。特别是近年来,中美两国企业研发经费支出规模差距仍在波动扩大。2019 年,中美两国企业研发经费支出差距为 2 634.7 亿美元。到 2022 年,这一差距扩大至 3 744.9 亿美元(表 3.6 和图 3.3)。另外,值得注意的是,美国企业在美国研发经费分配体系中的地位要高于其在美国研发经费投入体系中的地位,即美国企业以相对较低的研发经费投入获得了较高的研发经费支出,如 2022 年,美国企业研发经费支出占到整体的 79.0%,但同年其研发经费投入占整体的比重为 70.0%,高出 9 个百分点。相较而言,中国企业以相对较高的研发经费投入获得了较低的研发经费支出,2022 年中国企业研发经费支出占到整体的 77.6%,但同年其研发经费投入占整体的比重为 81.5%,低近 4 个百分点。

表 3.6 2000—2022 年中美两国企业研发经费支出规模比较

(单位:亿美元)

年 份	中 国	美 国
2000	64.9	1 999.6
2001	76.1	2 020.2
2002	95.2	1 938.7
2003	116.0	2 007.2
2004	158.8	2 083.0
2005	204.3	2 261.6
2006	267.7	2 476.7
2007	352.5	2 692.7
2008	486.7	2 906.8
2009	621.9	2 823.9

(续表)

年份	中国	美国
2010	765.9	2 789.8
2011	1 018.2	2 940.9
2012	1 242.4	3 022.5
2013	1 464.8	3 225.3
2014	1 637.6	3 407.3
2015	1 747.3	3 673.1
2016	1 827.7	3 903.4
2017	2 021.1	4 166.0
2018	2 302.6	4 578.6
2019	2 449.5	5 084.2
2020	2 706.0	5 547.4
2021	3 334.5	6 402.9
2022	3 544.3	7 289.2

数据来源：OECD。

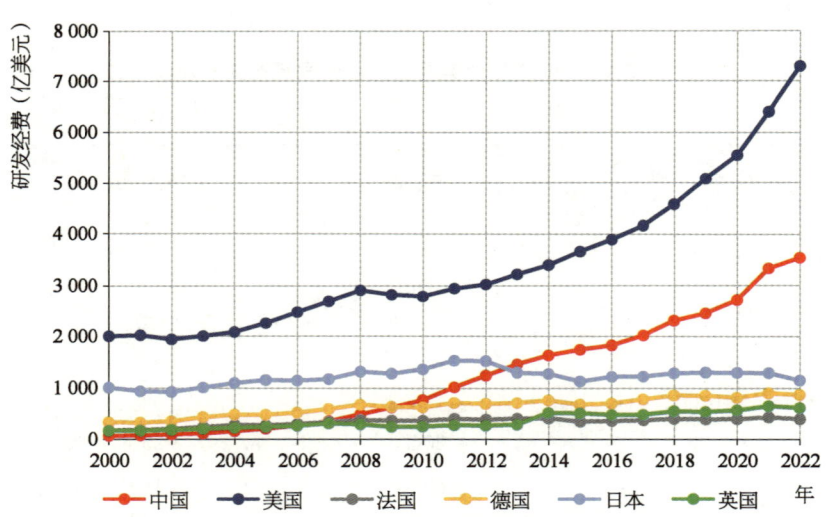

图 3.3 2000—2022 年中美两国及其他主要发达国家企业研发经费支出规模比较

（数据来源：OECD）

（五）研发经费活动类型

中美两国在研发重点和策略上存在差异，中国基础研究和应用研究研发经费占比低于美国，但试验发展研发经费占比高于美国，显示出中国更为强调短期内的经济效益和技术应用，美国则更为注重长远发展。2000—2022年，中国基础研究研发经费占比始终徘徊在6.0%左右；应用研究研发经费占比呈下降趋势，已下降至11.3%；试验发展研发经费占比呈增长态势，已达到82.1%。同期，美国基础研究研发经费占比呈下降趋势，2022年低至14.3%；应用研究研发经费占比也有所下降，2022年低至17.8%；试验发展研发经费投入占比保持上升，2022年达到67.9%，但远低于中国（表3.7和图3.4）。这一趋势反映中国的研发更多集中在产业化和技术转化阶段，而美国则注重通过深厚的基础研究支持创新能力，推动科技的长期突破和跨领域应用的长远战略。

表 3.7　2000—2022 年中美两国研发经费活动类型占比比较

（单位：%）

年份	中国			美国		
	基础研究	应用研究	试验发展	基础研究	应用研究	试验发展
2000	5.2	17.0	77.8	15.7	21.1	63.2
2001	5.3	17.7	76.9	16.6	23.0	60.3
2002	5.7	19.2	75.1	18.1	18.2	63.7
2003	5.7	20.2	74.1	18.8	20.9	60.3
2004	6.0	20.4	73.7	18.6	22.9	58.5
2005	5.4	17.7	76.9	18.4	21.4	60.1
2006	5.2	16.3	78.5	17.5	21.8	60.7
2007	4.7	13.3	82.0	17.6	22.1	60.3
2008	4.8	12.5	82.8	17.4	18.5	64.1
2009	4.7	12.6	82.7	18.5	18.0	63.5

(续 表)

年份	中国			美国		
	基础研究	应用研究	试验发展	基础研究	应用研究	试验发展
2010	4.6	12.7	82.8	18.8	19.4	61.8
2011	4.7	11.8	83.4	17.3	19.2	63.5
2012	4.8	11.3	83.9	17.1	20.0	63.0
2013	4.7	10.7	84.6	17.4	19.4	63.2
2014	4.7	10.7	84.5	17.4	19.2	63.3
2015	5.1	10.8	84.2	16.8	19.5	63.7
2016	5.2	10.3	84.5	16.5	20.9	62.6
2017	5.5	10.5	84.0	16.1	20.3	63.6
2018	5.5	11.1	83.3	16.0	19.5	64.5
2019	6.0	11.3	82.7	15.6	19.5	64.9
2020	6.0	11.3	82.7	15.4	18.4	66.2
2021	6.5	11.3	82.2	14.7	18.0	67.3
2022	6.6	11.3	82.1	14.3	17.8	67.9

数据来源：OECD 和《中国科技统计年鉴(2023)》。

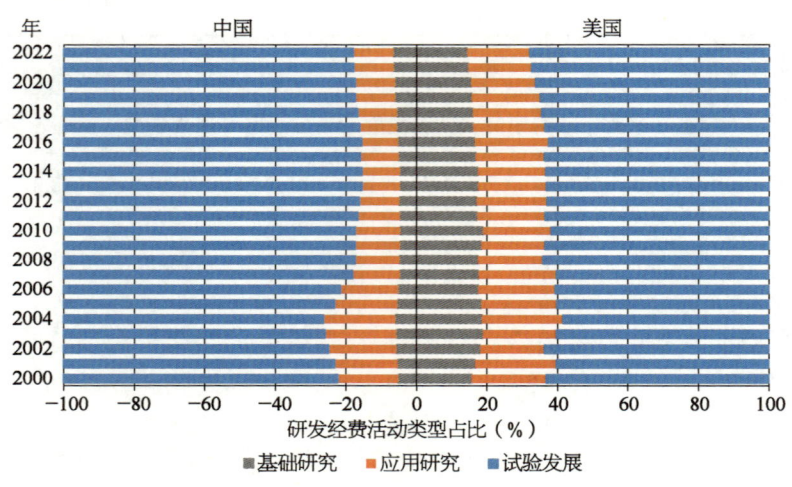

图 3.4 2000—2022 年中美两国研发经费活动类型占比比较

[数据来源：OECD 和《中国科技统计年鉴(2023)》]

美国基础研究研发经费投入大幅领先中国,尽管中国基础研究研发经费一直保持增长,但与美国的绝对差距仍在持续扩大。2000—2022年,中美两国基础研究研发经费均呈增长趋势,分别由2000年的5.6亿美元和420.3亿美元增长至2022年的300.3亿美元和1 320.9亿美元。中国的年均增长率达到19.8%,远高于美国的5.3%。但从近年数据看,中美基础研究研发经费差距从2019年的862.4亿美元扩大至2022年的1 020.6亿美元,绝对差距还在不断扩大,2022年中国基础研究研发经费仍只有美国1/4左右(表3.8和图3.5)。这表明中国在基础研究领域的研发投入还需大幅度提升。

表 3.8　2000—2022 年中美两国基础研究研发经费比较

(单位:亿美元)

年　份	中　国	美　国
2000	5.6	420.3
2001	6.7	463.6
2002	8.9	504.0
2003	10.6	548.2
2004	14.2	563.8
2005	16.0	599.0
2006	19.5	615.5
2007	22.9	664.9
2008	31.8	704.7
2009	39.6	744.1
2010	47.9	764.8
2011	63.7	736.9
2012	79.0	739.9
2013	89.6	792.6
2014	99.9	828.9
2015	115.0	850.0

(续 表)

年 份	中 国	美 国
2016	123.8	880.9
2017	144.3	906.5
2018	164.8	985.3
2019	193.3	1 055.7
2020	212.6	1 124.2
2021	281.8	1 204.9
2022	300.3	1 320.9

数据来源：OECD 和《中国科技统计年鉴（2023）》。

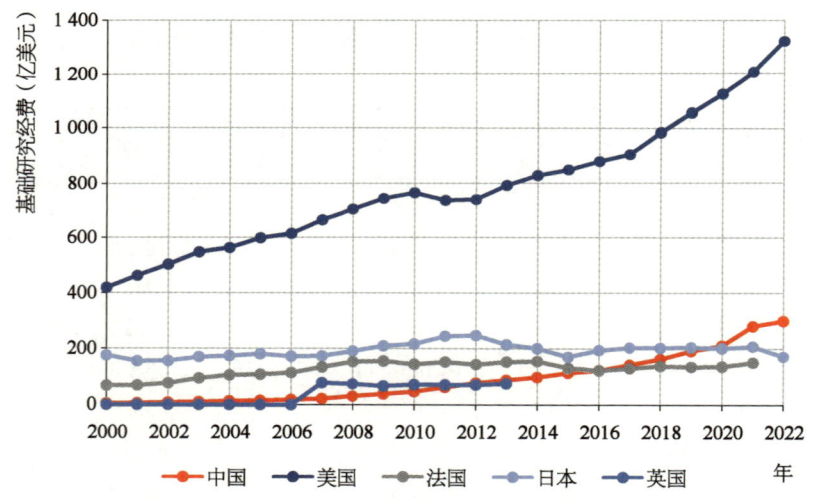

图 3.5　2000—2022 年中美两国及其他主要发达国家的基础研究研发经费比较

［数据来源：OECD 和《中国科技统计年鉴（2023）》］

中国应用研究研发经费投入规模远低于美国，与美国的绝对差距持续存在。2000—2022 年，中美两国应用研究研发经费投入均呈上升趋势，中国年均增长率高达 16.4%，由 18.3 亿美元增长到 516.9 亿美元；美国年均增长率为 5.0%，由 565.0 亿美元增长到

1 636.2亿美元。中国在2015年超过英国、法国,2018年超过日本,但与美国依然存在较大的差距,2022年仍不及美国的1/3(表3.9和图3.6)。这表明,美国在技术商业化、科研成果转化及产业应用方面的深厚积累,使其在全球科技竞争中保持领先地位;中国在提升应用研究竞争力方面仍需加大投入和改善政策支持。

表3.9 2000—2022年中美两国应用研究研发经费比较

(单位:亿美元)

年 份	中 国	美 国
2000	18.3	565.0
2001	22.3	642.0
2002	29.8	505.4
2003	37.6	609.8
2004	48.4	693.2
2005	52.9	697.7
2006	61.3	765.0
2007	64.8	836.6
2008	82.8	747.3
2009	107.0	725.8
2010	132.0	788.9
2011	159.2	817.2
2012	184.1	866.3
2013	204.8	879.8
2014	227.6	916.0
2015	245.5	987.4
2016	242.4	1 110.6
2017	273.6	1 147.9
2018	331.1	1 199.9
2019	361.7	1 315.0
2020	399.6	1 337.8
2021	487.7	1 477.9
2022	516.9	1 636.2

数据来源:OECD和《中国科技统计年鉴(2023)》。

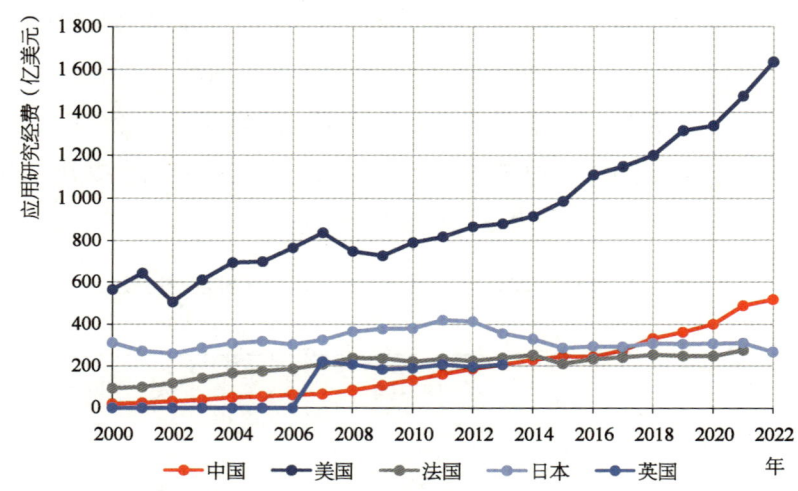

图3.6 2000—2022年中美两国及其他主要发达国家的
应用研究研发经费比较

[数据来源：OECD和《中国科技统计年鉴(2023)》]

中国试验发展研发经费增长迅猛，但与美国差距依旧明显。 2000—2022年，中国试验发展研发经费年均增长率高达18.8%，而美国仅为6.1%。2000年，中国试验发展研发经费投入为84.2亿美元，远低于美国的1 694.7亿美元。自2012年中国试验发展研发经费超过法国、日本、英国等世界主要国家后，领先优势持续扩大。从近年数据看，2019—2022年期间中美两国试验发展研发经费增速相近，但美国绝对规模大幅领先，且两国差距由2019年的1 737.1亿美元扩大到2022年的2 508.4亿美元（表3.10和图3.7）。

表3.10 2000—2022年中美两国试验发展研发经费比较

（单位：亿美元）

年份	中国	美国
2000	84.2	1 694.1
2001	96.9	1 679.8
2002	116.9	1 769.7
2003	137.8	1 755.6

(续　表)

年　份	中　国	美　国
2004	175.0	1 770.3
2005	230.1	1 956.2
2006	295.8	2 128.6
2007	400.0	2 277.4
2008	549.8	2 595.8
2009	702.8	2 559.5
2010	863.2	2 512.4
2011	1 121.5	2 708.0
2012	1 368.4	2 730.8
2013	1 617.6	2 870.0
2014	1 791.1	3 014.4
2015	1 914.9	3 222.2
2016	1 993.1	3 333.4
2017	2 187.0	3 589.8
2018	2 478.4	3 978.1
2019	2 650.3	4 387.4
2020	2 922.7	4 821.9
2021	3 565.5	5 524.6
2022	3 751.9	6 260.3

数据来源：OECD 和《中国科技统计年鉴(2023)》。

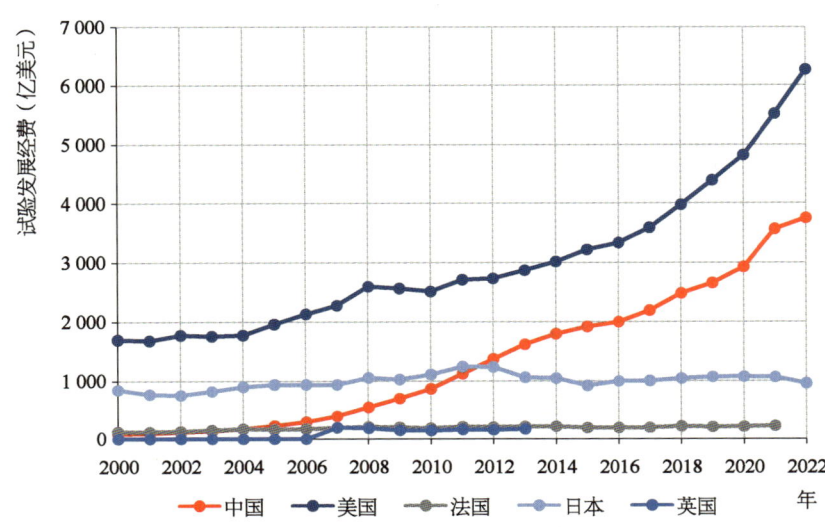

图 3.7　2000—2022 年中美两国及其他主要发达国家的试验发展研发经费比较

［数据来源：OECD 和《中国科技统计年鉴(2023)》］

二、政府研发经费配置结构

解析政府研发经费配置结构，不仅能测度政府对研发活动的投资意愿和投资规模，还能发现政府研发经费的分配方式和使用途径。关于美国政府研发经费配置结构，可从美国国家科学基金会（National Science Foundation）发布的《2021—2022年国家研发资源格局》[National Patterns of R&D Resources（2021—2022）]和《2022—2023年联邦研发基金调查》[Survey of Federal Funds for Research and Development（2022—2023）]中的相关数据分析得出；关于中国政府研发经费配置结构，目前还未有直接的研究报告、统计年鉴或统计公报来测度，而《中国财政年鉴》和中央预决算公开平台（https://www.mof.gov.cn/zyyjsgkpt/）中关于中央财政科技支出和地方财政科技支出的统计数据可以从一定程度上分析中国政府科技经费的配置结构。对此，本节以中国财政科技经费配置结构来表征中国政府研发经费配置结构，从而比较分析了中国与美国在政府研发经费支出规模、来源结构、配置方向、配置方式等上的差异。

（一）政府研发经费支出规模

中国政府研发经费支出规模增长迅速，与美国的差距在整体缩小。2000—2022年，中国政府研发经费支出规模以年均14.5%的增长率从34.1亿美元增长至666.7亿美元，在较高的增长率下，中美政府研发经费支出规模间的差距由2000年的256.7亿美元波动缩小至2022年的87.2亿美元（其中2021年为21.7亿美元）（表3.11和图3.8）。另外，也值得注意的是，虽然中美两国政府在其国家研发经费分配体系中的地位都要低于其在国家研发经费投入体系中的地位，但相对而言，中国政府在国家研发经费分配体系中地位要高于美国政府。如,2022年,中国政府以18.3%的研发经费投入占比,支出了14.6%的研发经费;而美国政府以18.1%的研发经费投入占比,仅支出了8.2%的研发经费。这说明,相较于中国政府同时兼任研发经费提供者和执行者的角色,美国政府则更多扮演研发经费支持者的角色。

表3.11 2000—2022年中美两国政府研发经费支出规模比较

(单位:亿美元)

年 份	中 国	美 国
2000	34.1	290.8
2001	37.5	333.1
2002	44.6	359.5
2003	50.4	379.3
2004	54.5	386.2
2005	65.1	403.8
2006	74.2	425.6
2007	93.8	450.9
2008	121.5	467.1
2009	158.9	492.7
2010	189.0	531.7
2011	219.6	549.7
2012	265.5	533.4
2013	308.9	523.7
2014	334.8	541.1
2015	367.7	546.7
2016	370.3	525.1
2017	396.5	541.3
2018	451.4	602.2
2019	495.8	648.0
2020	556.0	675.0
2021	662.4	684.1
2022	666.7	753.9

数据来源:OECD。

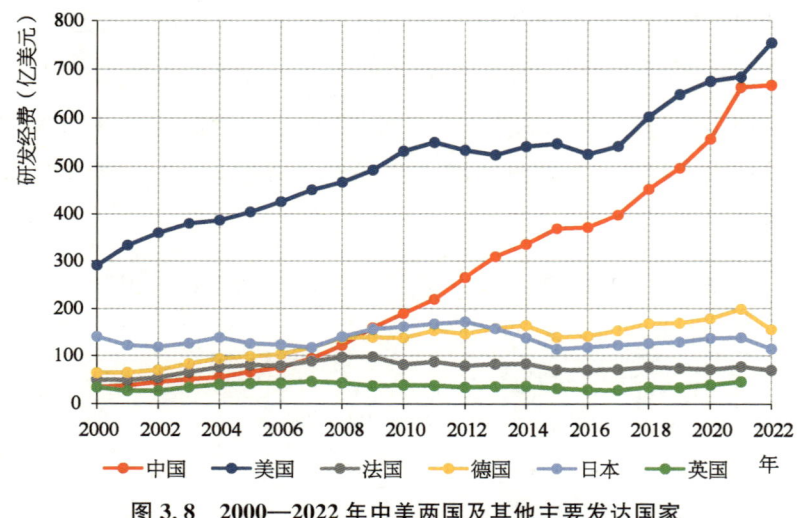

图 3.8 2000—2022 年中美两国及其他主要发达国家
政府研发经费支出规模比较

(数据来源:OECD)

(二) 政府研发经费来源结构

地方财政是中国财政科技支出的主要来源。1985 年以来,中国财政科技支出规模以年均 13.1% 的增长率快速扩大,在 2019 年首次突破万亿大关以来,2022 年已达到 11 128.4 亿元,是 1985 年 575.6 亿元的 108.5 倍。但从财政支出占比视角来看,中国财政科技投入占中国财政总支出的比重整体呈现出波动下降态势,由 1985 年的 5.1% 下降至 2022 年的 4.3%(图 3.9)。另外,从财政科技支出来源来看,地方财政是中国财政科技支出的主要来源。1990 年以来,虽然中央和地方财政科技投入分别以年均 11.7% 和 17.0% 的增长率快速增长,分别由 1990 年的 97.6 亿元和 41.6 亿元增长至 2022 年的 3 803.4 亿元和 7 325 亿元,但从中央和地方的分配来看,地方财政科技投入因更高的年均增长率,从而在全国财政科技支出中的比重快速上升,由 1990 年的 29.9% 增长至 2022 年的 65.8%,而中央财政科技投入占比却由 70.2% 下降至 34.2%。其中,"十一五"的开局之年

2006年是一个显著的分水岭,即中央财政科技投入和地方财政科技投入以2006年为"分水岭"呈现出此消彼长的变化态势(图3.10)。

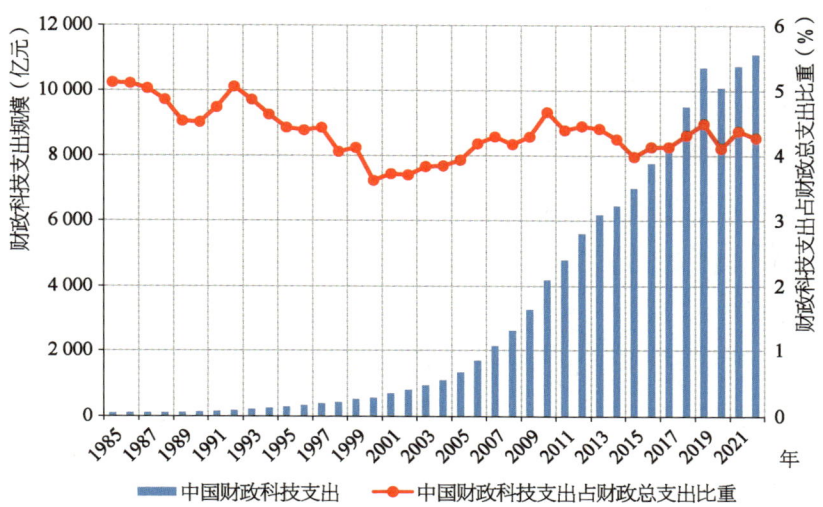

图 3.9　1985 年以来中国财政科技支出规模及占财政总支出比重的年度变化态势

[数据来源:《中国科技统计年鉴(2023)》]

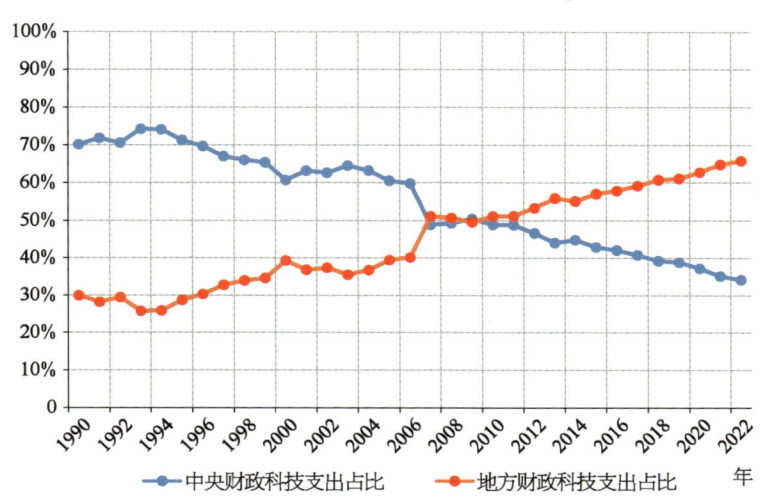

图 3.10　1990 年以来中国财政科技支出中中央和地方占比的年度变化态势

[数据来源:《中国科技统计年鉴(2023)》]

联邦政府是美国政府研发经费的主要来源。 自20世纪50年代以来,政府(包括联邦政府、州及地方政府)在美国研发经费投入中一直扮演着重要角色。1953—1979年,美国政府研发投入占美国全部研发投入的比例一直在50%以上,在1964年政府研发投入的占比曾高达67.5%。此后,由于企业研发投入的快速增长,政府研发投入占比持续下降,直到2011年政府研发投入占比仍然超过30%。2022年,美国全部研发投入达8 855.6亿美元,其中政府研发投入为1 657.4亿美元,占美国全部研发投入的比例为18.7%,接近20%(图3.11)。从投入来源来看,虽然州及地方政府研发资金支出以7.5%的年均增长率快速增长,显著高于同期联邦政府研发资金6%的年均增长率,但至2022年,美国州及地方政府研发支出总额也仅有59.0亿美元,仅相当于联邦研发资金在1955—1956年的投入水平。反观联邦政府研发投入,虽然其占美国政府整体研发投入的比重呈下降趋势,但至2022年仍达到97%左右,这充分说明了联邦政

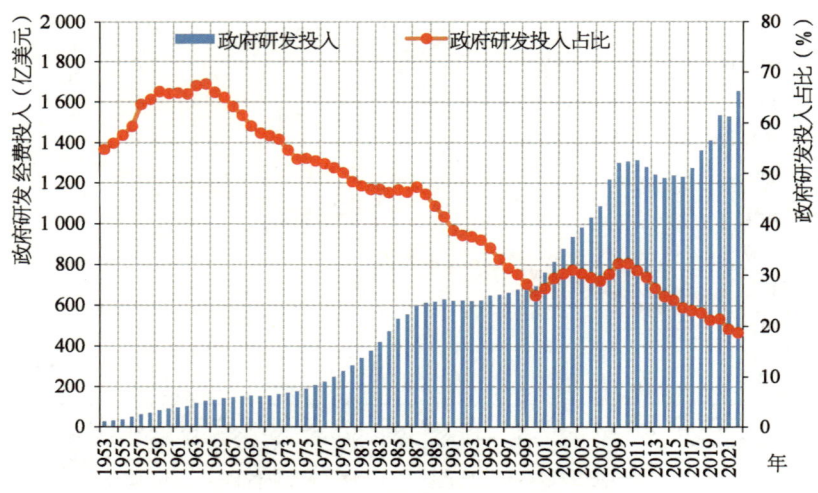

图3.11 1953年以来美国政府研发投入总额及其占
美国全部研发投入的比重

[数据来源:National Patterns of R&D Resources (2021—2022),NCSES,NSF]

府是美国政府研发投入的核心来源,甚至可以说美国政府研发投入近乎全部来自联邦政府(图 3.12)。

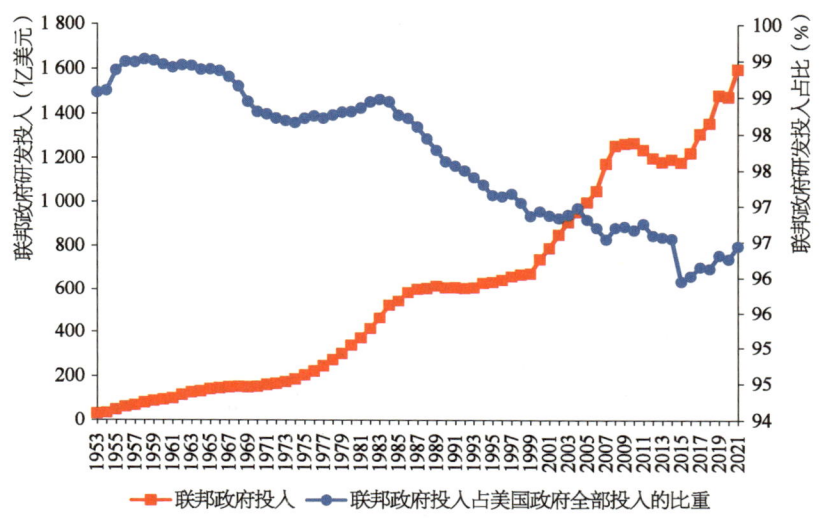

图 3.12 1953 年以来美国联邦政府研发投入及其占美国政府全部研发投入的比重

(数据来源:Survey of State Government Research and Development 2022,NCSES,NSF)

与美国相比,中国财政科技投入来源结构中,中央投入力度明显不够。自 2006 年以来,中国形成了显著的地方为主型的财政科技投入结构,且从发展趋势上看,地方投入占比还在逐年上升,中央投入占比逐年下降,地方与中央财政科技投入之比达到 7∶3。而美国则形成了联邦政府主导型的政府研发投入结构,其政府研发投入基本全部来自联邦政府。2022 年,美国联邦财政支出为 6.48 万亿美元,其中联邦研发资金支出 1 904.2 亿美元,占比约为 2.94%。同年,中国中央一般公共预算支出(包括中央本级支出和中央对地方转移支付)为 132 512.65 亿元,其中科技支出 3 803.4 亿元,如按中国 2022 年研发经费占财政科技支出 49.2%的比重计算,则中央财政科技支出中的研发经费仅有 1 871.3 亿元,占中央财政支出的比重仅有

1.4%。地方为主型的财政科技投入结构一方面反映出中央财政科技投入力度不够,另一方面也凸显出地方在科技投入上积极作为。2022年,中国地方一般公共预算支出为225 039.25亿元,其中科技支出7 325亿元,占比为3.25%。而同期美国州政府财政支出为2.84万亿美元,其中研发支出仅有59亿美元,占比仅为0.2%。

(三) 政府研发经费活动类型

中国中央财政科技支出以应用研究为主。 从使用类型来看,中国中央财政科技支出主要用于科学技术管理事务、基础研究、应用研究、技术研究与开发、科技条件与服务、社会科学、科学技术普及、科技交流与合作以及其他科学技术支出等九个方面。2008年以来,中央财政科技支出以应用研究与基础研究为主,这两部分的支出占到整个中央财政科技支出的70%左右,其中应用研究支出占比更是接近一半。但从增长趋势上看,中央财政科技支出中基础研究支出由2008年的163.8亿元快速增长至2023年的866.5亿元,年均增长率达到11%,其占中央财政科技支出的比重也由2008年的15.1%增长至2023年的25.7%;应用研究支出虽然也以5.3%的年均增长率由651.4亿元增长至1 494.1亿元,但其占中央财政科技支出的比重却从60.2%波动下降至44.3%(图3.13),这表明中央财政科技资源对于基础研究的投入愈发重视。

中国地方财政科技支出以技术研究与开发为主。 2012年以来,中国地方财政科技支出中近八成用于技术研究与开发、其他科技支出这两项,但从时序发展来看,技术研究与开发支出占比呈现出逐年下降态势,由2012年的44.0%下降至2021年的24.5%;而其他科技支出的占比则整体上升,由2012年的34.9%上升至2021年的44.7%(图3.14)。相较而言,地方财政科技支出中基础研究、应用研究、科技条件与服务、社会科学、科学技术普及等支出

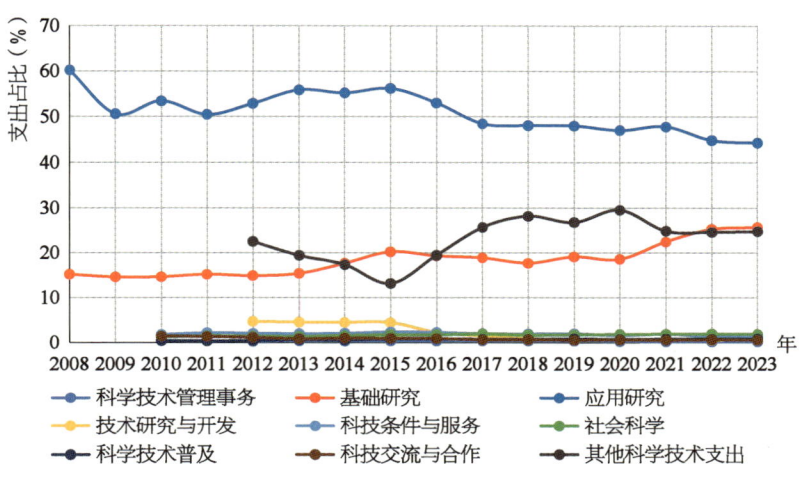

图 3.13　2008 年以来中央财政科技支出结构

［数据来源：《2016～2024 年中央财政预算》和《中国财政年鉴(2009～2015)》］

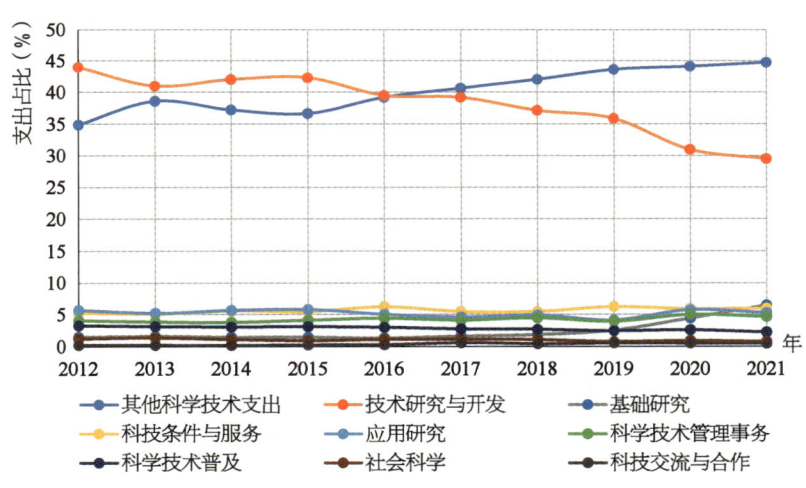

图 3.14　2012 年以来地方财政科技支出结构

（数据来源：《2013～2021 年地方财政预算》）

比重都较低。

美国联邦政府研发资金主要用于资助试验发展活动。美国联邦政府研发资金用于资助基础研究和应用研究的比重不断上升,但至

2022年,联邦政府研发资金用于试验发展的支出比重仍达到50.7%,超过研究支出(包括基础研究和应用研究)(图3.15)。实际上,自二战以来,美国联邦政府一直将绝大部分研发资金投入到试验发展活动上,试验发展支出占比在1959年一度达到80%。当然,在2006—2020年间,美国联邦政府研发资金用于资助研究的部分短时超过试验发展,但2020年后,试验发展支出又快速超过研究支出,并逐年拉大两者间的差距。从基础研究、应用研究和试验发展三者间发展态势来看,美国联邦研发资金中试验发展支出比重呈波动下降态势,基础研究支出比重稳步上升,已基本与应用研究呈同频共振趋势。

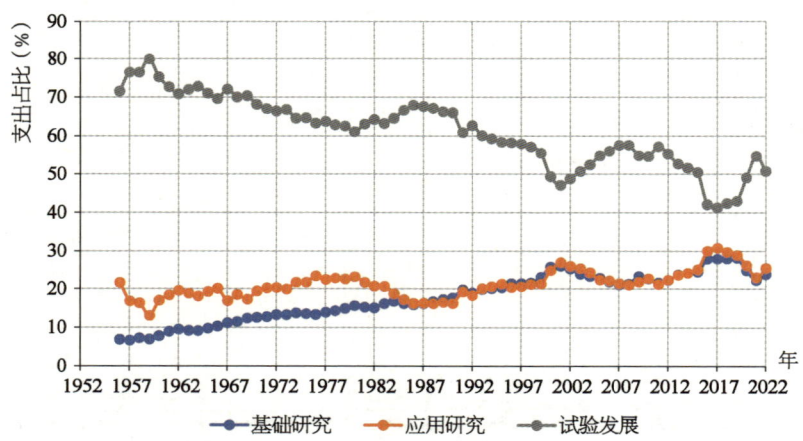

图3.15 1956年以来美国联邦研发资金在不同研发活动上的支出情况

[数据来源:《Survey of Federal Funds for Research and Development (2021—2022)》,NCSES, NSF]

(四)政府研发经费执行主体

中国政府研发经费主要由政府支出,支出结构较为单一;美国政府研发经费由政府、企业和高校等多方承担,支出结构相对均衡。2003年,中国政府研发经费中由政府部门支出的比例高达70.7%,

此后这一比例虽有所下降，但直到2022年，仍然高达64.2%；而由企业和高校支出的比例分别基本维持在10.3%~16.4%和24%左右。由此可见，中国政府研发经费主要由政府部门执行。相比之下，美国政府研发经费投入中由政府部门支出的比例基本保持在43%左右，这一比例远低于中国；而由企业和高校支出的比例分别维持在16%~20%和30%左右，两者均明显高于中国（表3.12和图3.16）。

表3.12　2003—2022年中美两国政府研发经费支出结构比较

（%）

年份	中国			美国			
	企业	政府	高校	企业	政府	高校	非营利机构
2003	10.3	70.7	19.0	20.1	42.3	30.8	6.8
2004	12.0	67.2	20.8	21.4	40.4	31.1	7.1
2005	11.9	67.5	20.6	22.1	40.3	30.9	6.7
2006	13.0	66.5	20.4	23.4	40.6	30.1	5.9
2007	14.1	66.5	19.5	24.3	40.9	29.3	5.5
2008	13.4	65.9	20.7	29.9	37.8	27.1	5.1
2009	13.5	67.2	19.3	30.3	37.2	27.0	5.5
2010	14.0	64.9	21.2	25.9	39.7	28.9	5.5
2011	15.3	63.2	21.5	23.9	41.3	29.7	5.1
2012	16.3	62.3	21.3	23.9	41.2	29.9	5.0
2013	16.4	63.0	20.7	23.6	41.5	29.9	4.9
2014	16.0	63.6	20.4	21.6	43.5	29.8	5.1
2015	15.4	63.5	21.1	21.7	43.4	29.8	5.1
2016	14.3	63.8	21.9	19.6	42.0	31.1	7.2
2017	13.5	63.5	23.1	19.5	41.8	31.1	7.6
2018	12.3	63.2	24.4	18.4	43.4	30.5	7.7
2019	14.3	62.6	23.1	16.0	45.1	30.7	8.1
2020	10.9	65.7	23.4	19.3	43.1	29.5	8.1
2021	11.8	64.7	23.6	16.2	44.0	31.9	7.8
2022	10.5	64.2	25.3	16.6	44.8	31.4	7.3

数据来源：OECD。

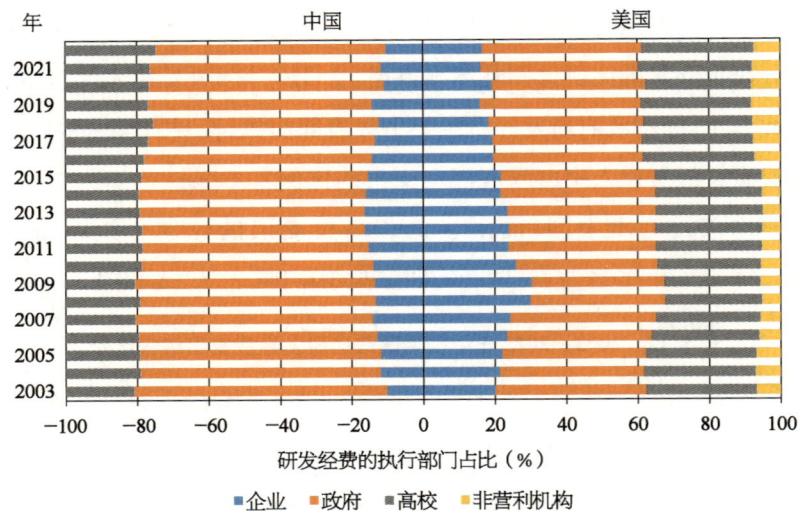

图3.16 2003—2022年中美两国政府研发经费的支出结构比较

(数据来源：OECD)

中国政府研发经费中政府支出的规模增长迅速，与美国差距不断缩小。 2000—2022年，中美两国政府研发经费中政府支出规模均呈上升趋势，其中，中国以年均14.5%的增长率由26.3亿美元快速增长至521.6亿美元。美国以年均4.4%的增长率由290.8亿美元增长至748.4亿美元，中国由不及美国的1/10，发展为美国的69.7%（表3.13和图3.17）。

表3.13　2000—2022年中美两国政府研发经费中政府支出规模比较

（单位：亿美元）

年　份	中　国	美　国
2000	26.3	290.8
2001	/	329.5
2002	/	355.4
2003	39.3	375.5
2004	42.5	383.3
2005	53.2	400.6

(续 表)

年 份	中 国	美 国
2006	61.9	421.9
2007	79.8	446.9
2008	103.3	463.0
2009	133.5	488.7
2010	162.6	527.9
2011	184.1	546.1
2012	219.3	529.8
2013	254.2	520.3
2014	273.0	537.5
2015	307.1	543.2
2016	301.5	521.7
2017	327.5	537.6
2018	380.2	598.3
2019	411.2	644.2
2020	459.7	671.2
2021	531.5	679.8
2022	521.6	748.4

注:"/"为数据缺失,数据来源于 OECD。

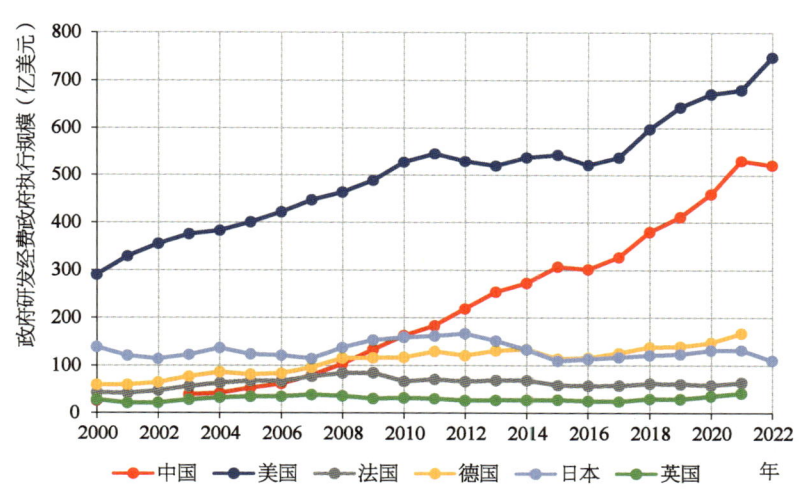

图 3.17　2000—2022 年中美两国及其他主要发达国家
政府研发经费政府执行规模比较

(数据来源:OECD)

中国政府研发经费中企业支出的规模虽整体呈上升趋势，但仍显著落后于美国。 2000—2022年，中国企业执行的政府研发经费的年均增长率高达14.4%，而美国则有所波动，但整体呈现"先增长后下降"的走势，年均增长率仅为2.2%。2000年，中国企业执行的政府研发经费（4.4亿美元）远低于美国（171.2亿美元），美国企业执行的政府研发经费在2009年达到最高值（397.7亿美元），此后快速跌落，在2022年下降至277.4亿美元，虽经历大幅下降，但仍远高于中国（85.0亿美元）及其他发达国家（表3.14和图3.18）。

表3.14 2000—2022年中美两国政府研发经费企业执行规模比较

（单位：亿美元）

年 份	中 国	美 国
2000	4.4	171.2
2001	/	169.0
2002	/	164.0
2003	5.7	178.0
2004	7.6	202.7
2005	9.3	219.1
2006	12.1	243.0
2007	16.9	265.9
2008	20.9	366.7
2009	26.9	397.7
2010	35.0	343.6
2011	44.6	316.3
2012	57.5	307.8
2013	66.0	295.6
2014	68.7	266.9
2015	74.4	271.2
2016	67.7	243.5

(续　表)

年　份	中　国	美　国
2017	69.5	251.2
2018	74.3	253.1
2019	93.9	228.2
2020	76.1	300.1
2021	96.6	249.8
2022	85.0	277.4

注："/"为数据缺失，数据来源于OECD。

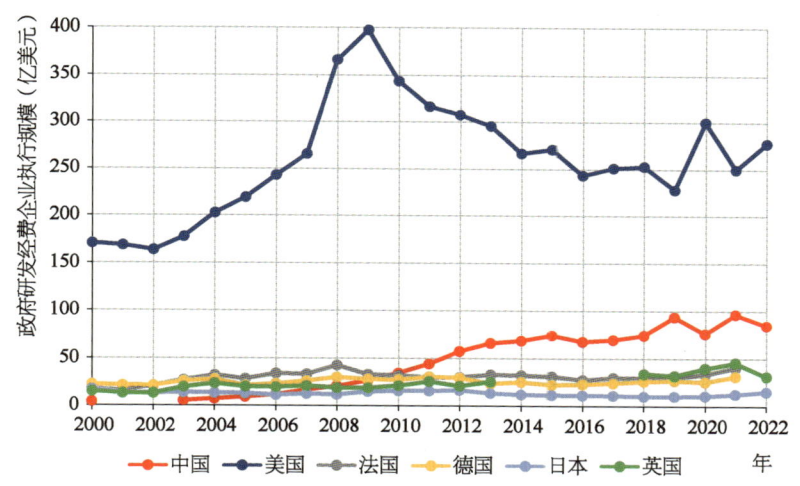

图 3.18　2000—2022 年中美两国及其他主要发达国家
政府研发经费企业执行规模比较

（数据来源：OECD）

中国政府研发经费中高校支出的规模显著低于美国。2000—2022 年，中国高校执行的政府研发经费呈上升趋势，年均增长率为 18.0%，远高于美国的 5.0%。中国高校执行的政府研发经费在 2000 年仅为 5.4 亿美元，远低于美国的 192.8 亿美元。中国高校执行的政府研发经费分别于 2012 年超越英国（72.4 亿美元），2015 年超越日本(93.0亿美元)和法国(98.3亿美元),但与美国仍有较大差距,2022年尚不及美国的1/2(表3.15和图3.19)。

表3.15 2000—2022年中美两国政府研发经费高校执行规模比较

(单位:亿美元)

年 份	中 国	美 国
2000	5.4	192.8
2001	/	213.0
2002	/	241.8
2003	10.6	273.2
2004	13.1	295.2
2005	16.2	306.9
2006	19.0	313.4
2007	23.4	320.3
2008	32.5	332.0
2009	38.4	354.2
2010	53.0	383.6
2011	62.7	393.6
2012	75.1	385.3
2013	83.4	374.8
2014	87.3	368.4
2015	102.3	373.5
2016	103.5	386.2
2017	119.0	400.6
2018	147.0	419.7
2019	151.8	438.9
2020	163.5	459.1
2021	193.7	493.0
2022	205.5	525.0

注:"/"为数据缺失,数据来源于OECD。

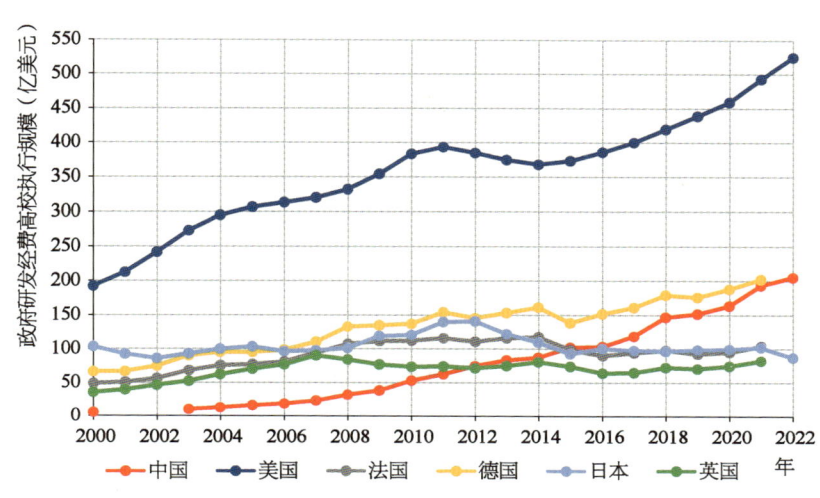

图 3.19　2000—2022 年中美两国及其他主要发达国家
政府研发经费高校执行规模比较

（数据来源：OECD）

（五）政府研发经费部门分配

中国中央财政科技支出分配较为分散，且部门间差异较大。根据 2024 年中央一般公共预算支出预算表，2024 年中央本级支出预算中科技支出为 3 708.3 亿元，作为中国科技事业统筹的科技部财政拨款预算中的科技支出只有 227.4 亿元，占比不到 7％（表 3.16）。即使加上中国科学院、中国工程院和国家自然科学基金委员会，这四个部门财政拨款预算中的科技支出总和也仅占中央财政科技支出的 36％。从决算来看，2022 年中央本级支出决算中科技支出为 3 212.52 亿元，科技部财政拨款支出中科技支出为 449 亿元，占比也仅为 14％，加上中国科学院、中国工程院和国家自然科学基金委员会也仅有 1 191.6 亿元，占中央财政科技支出的比重也仅有 37.1％。由此可见，中国中央财政科技支出部门间分配较为分散。此外，从部门间对比来看，中国中央财政科技支出部门间差异较大（表 3.16）。

如国家自然科学基金委员会和中国工程院 2024 年的财政拨款预算几乎全部用于科技支出,分别为 612.6 亿元和 7.3 亿元;中国科学院 2024 年 572.3 亿元的财政拨款预算,有 489 亿元用于科技支出,占比为 85.5%;科技部 2024 年财政拨款中科技支出预算为 227.4 亿元,占比达 98.7%。此外,工信部和卫健委 2024 年财政拨款中科技支出预算占比也超过 1/3。而教育部、交通部、财政部、公安部等部门科技支出占财政拨款预算的比例较低,仅为 2%~3%。

表 3.16 2024 年中国中央主要部门预算中关于科技支出预算的比较

部门	部门支出预算(亿元)			财政拨款预算(包括上年结余;单位:亿元)		
	总计	其中科技支出预算	科技支出预算占比	总计	其中科技支出预算	科技支出预算占比
教育部	6 333.9	41.6	0.7%	1 557.8	41.6	2.7%
科技部	248.3	241.6	97.3%	230.5	227.4	98.7%
中国科学院	1 918.8	1 271.6	66.3%	572.3	489.0	85.5%
中国工程院	10.1	9.6	95.3%	7.4	7.3	99.1%
国家自然科学基金委员会	646.8	646.2	99.9%	612.8	612.6	100.0%
工信部	1 085.5	361.1	33.3%	250.4	93.3	37.3%
交通部	520.7	18.7	3.6%	166.2	4.5	2.7%
财政部	89.6	1.6	1.8%	61.5	1.0	1.7%
发改委	31.3	7.0	22.4%	11.2	2.1	18.8%
公安部	536.2	104.9	19.6%	301.7	5.9	2.0%
卫健委	3 153.0	143.7	4.6%	269.3	97.7	36.3%
文旅部	103.3	7.0	6.8%	76.5	4.1	5.4%
自然资源部	179.0	18.5	10.3%	78.5	15.6	19.9%
生态环境部	141.3	30.0	21.2%	39.6	5.3	13.3%

数据来源:各部门 2024 年预算表。

美国联邦政府研发资金主要由国防部、卫生部和能源部三个部门控制,部门间分配较为集中。从不同政府管理部门研发资金支出数额可以看出(图3.20),长期以来,美国最为重视的是国防领域的研发工作,虽历经三年疫情,卫生部研发资金支出在2019—2021年迅猛增长,并超过国防部,但2022年,国防部研发资金(685.7亿美元)再次超过卫生部(680.1亿美元),其后依次为能源部(160.6亿美元)、农业部(35.1亿美元)和商务部(21.5亿美元)。在美国联邦政府2024财年2 097亿美元研发预算中(表3.17),国防部研发资金达959.9亿美元,占比达到45.8%;卫生部509亿美元,占比为24.3%;能源部242.2亿美元,占比为11.5%。由此可见,长期以来,联邦政府研发资金牢牢掌控在负责统筹美国全国科技工作的国防部、卫生部和能源部三个部门,这三个部门统筹了超过80%的联邦研发资金。

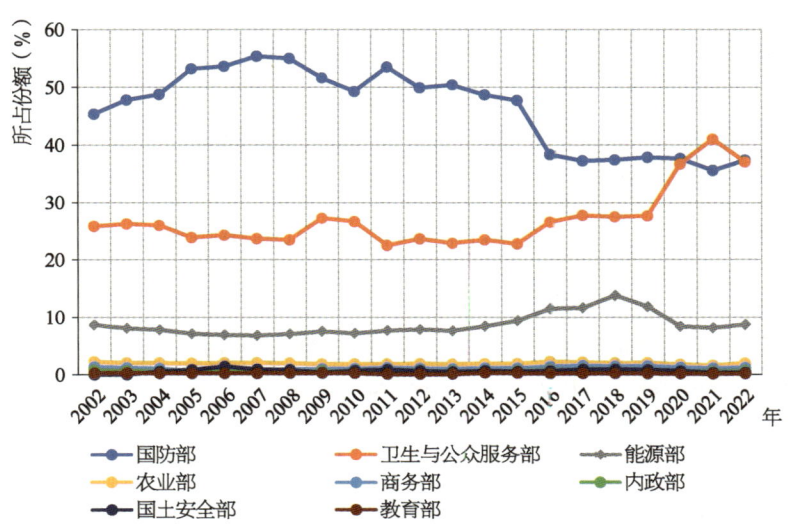

图3.20　2002年以来美国联邦研发资金在各部门间的分配情况

[数据来源:Survey of Federal Funds for Research and Development(2021—2022),NCSES,NSF]

表 3.17　2023—2024 财年美国联邦研发预算在部门间的分配情况

部　门	2023 财年(亿美元)	2024 财年(亿美元)
国防部	928.5	959.9
卫生部	481.2	509
能源部	232.2	242.2
航空航天局(NASA)	131.1	140.2
国家科学基金会(NSF)	79.9	93.2
商务部	21.1	43.9
农业部	36.2	36.7
退伍军人事务部	15.2	16.9
交通部	13.9	15.3
内政部	12.6	14.8
国土安全部	6.3	6.3
国家环境保护局	5.7	6.1
史密森学会	3.4	3.6
教育部	3.5	3.3

数据来源：Federal Research and Development Funding：FY2024。

三、大学研发经费配置结构

作为研发投入及研发资金执行主体之一，大学在国家甚至全球研发经费配置结构中地位，以及大学自身研发经费配置结构皆深刻影响大学基础职能和科技创新效能的发挥。本节从配置规模、来源结构、研发类型、机构分配、地域分异五个维度对比了中美两国大学研发经费配置结构的差异。

（一）大学研发经费支出规模

中美大学研发经费支出均快速增长，但中国相较于美国仍存较大差距。1995 年以来，得益于两国高速增长的研发经费支出，中美大学研发经费支出也快速增长，分别以年均15.9%和5.7%的增长率从1995年的5.1亿美元(42.3亿元)和221.8亿美元增长至2022年的358.7亿美元(2 412.4亿元)和978.4亿美元。虽然从增长速率上看，中国显著高于美国，但在支出规模和支出占比上，中国显著低于美国。在支出规模上，虽然中国大学研发经费支出规模相较于美国的比例快速上升，从1995年的2.3%上升至2022年的36.7%，但也仅是刚刚超出1/3，仍与美国存在较大差距。在支出占比上，实际上在1995年，中美两国大学研发经费支出占比皆为12.1%。但发展至2022年，中国大学研发经费支出占比快速下降至7.8%，而美国仍达到11.0%(图3.21)。这充分表明，在研发经费支出规模上，中国大学在国家创新体系中的地位显著低于美国。

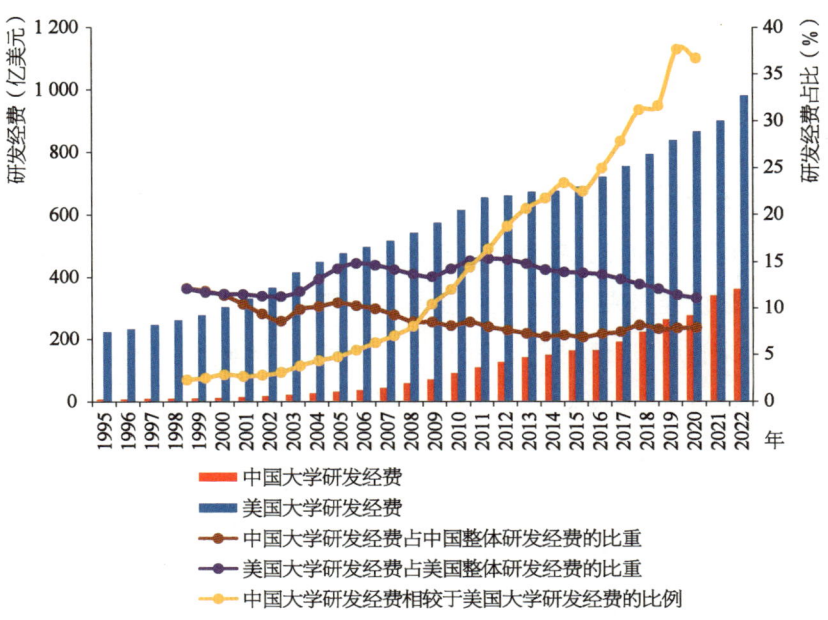

图 3.21　1995—2022年中美两国大学研发经费变化情况及比较

[数据来源：《中国科技统计年鉴 2023》和 National Patterns of Research and Development Resources(2021—2022)]

（二）大学研发经费来源结构

政府始终是中美大学研发经费的首要来源，但美国大学在政府研发投入体系中的地位显著高于中国大学。长期以来，中美两国大学研发经费中来自政府的投入均超过一半。2022年，中美两国大学从政府获取的研发经费分别为205.8亿美元（1 384.2亿元）和589.7亿美元，分别占两国大学整体研发经费的57.4%和60.3%。虽然从增长速率上看中国以16.1%的年均增长率显著高于美国的3.5%，但从支出规模和大学在政府研发支出中的占比上看，中国大学在政府研发投入体系中的地位显著低于美国。具体而言，虽然中国政府对大学研发投入的比例快速上升，从1995年的4.9%上升至2022年的34.9%，但这一比例仅略超出1/3。同时，从大学在政府研发支出中的占比来看，2005年以来，中美两国政府研发支出中投向大学的比重分别由20.6%和33.4%增长至25.3%和35.6%，即至2022年，中国政府研发支出中的1/4是投向大学，而美国政府则将超过1/3的研发经费投给了大学（图3.22）。这种结构性差异进一步印证了美国大学在其政府研发投入体系中占据重要的战略地位。

美国大学研发经费获取主要依赖于联邦政府，而地方政府在中国大学研发经费来源中扮演重要角色。虽然中美两国大学研发经费皆主要来自政府，但在中央（联邦）和地方政府分配上存在显著区别。对美国而言，联邦政府是美国大学研发经费的来源主体。一直以来，联邦政府对大学的研发投入占美国政府对大学研发投入的比重在90%以上，2022年达到91.7%，为1953年以来的最高值。相较而言，州及地方政府对美国大学研发经费的投入力度远小于联邦政府，且占大学研发经费的比重也呈现持续减少的趋势。相较之下，地方政府在中国大学研发投入中扮演重要角色。虽然中国科技统计或高等学校科技统计没有从中央和地方政府的视角来区分不同层级政府

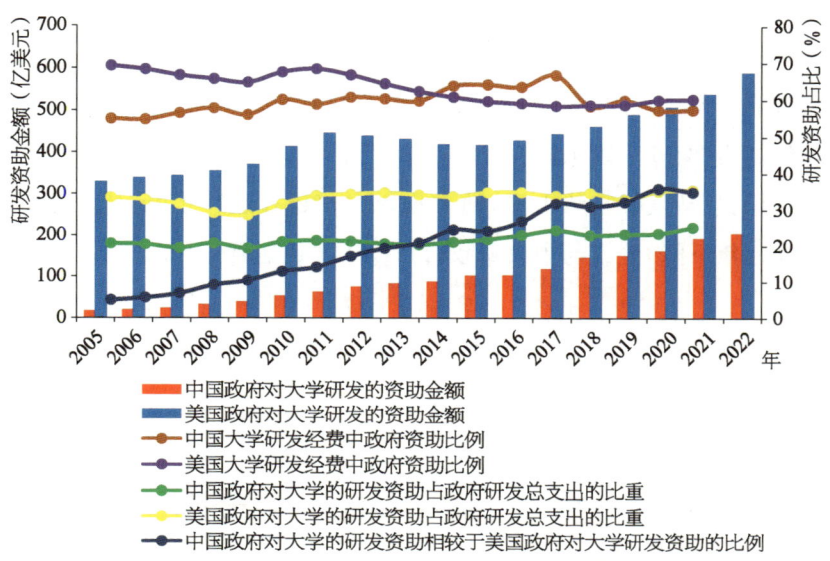

图 3.22 2005—2022 年中美两国政府对大学的研发投入情况及比较

(数据来源：《中国科技统计年鉴 2023》和 Higher Education Research and Development Survey 2022)

对大学研发经费投入的情况，但仍然能从一些指标统计上看出端倪。从历年《高等学校科技统计资料汇编》相关统计可以看出，中国部委院校自 2010 年以来从上级主管部门（各部委等）获取的科技经费仅占到其全部科技经费的 15% 左右，而从其他政府部门获取的科技经费占比达 50%，其中就不乏各大学从地方政府获取了大量科技经费（图 3.23）。当然，最直接的证据可从地方高校科技经费来源中获取。2010 年以来，中国地方高校从其上级主管部门（省教育厅或教委）获取的科技经费占比虽然从 2010 年的 20.4% 下降至 2022 年的 11.3%，但至少说明地方政府对地方高校的科技经费投入超过地方大学总科技经费的 10%，甚至达到 20% 及以上，因为地方高校从其他政府部门获取的科技经费占比也达 40% 左右（图 3.23），其中不乏地方政府的其他部门，如各省科技厅或科委、各省自然科学基金委员会等。这充分表明,相较于美国,中国地方政府在大学研发经费来源中占据较为重要的位置,甚至在一些地方高校层面,地方政府的投入要超过中央政府。究其原因,可能是研发地方为主型的财政科技投入结构所导致。自 2006 年以来,中国形成了显著的地方为主型的财政科技投入结构,且从发展趋势上看,地方投入占比还在逐年上升,中央投入占比逐年下降,地方与中央财政科技投入之比达到 7∶3。

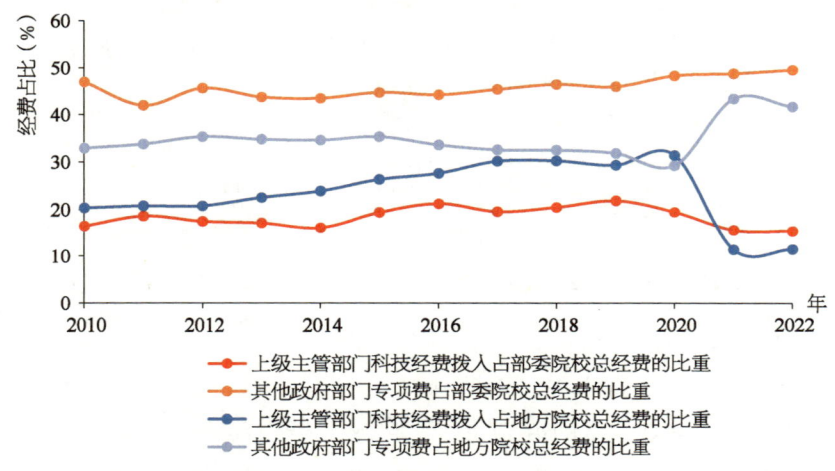

图 3.23　2010—2022 年中国部委大学及地方大学分别从上级主管部门和其他政府部门获取科技经费的情况

[数据来源:《高等学校科技统计资料汇编(2011—2023)》]

机构投入是美国大学研发经费的第二大来源,而企业是中国大学研发经费的第二大来源。除政府投入以外,机构资金(institutional funds)即高校自有经费(universities' own funding)在美国大学研发经费来源结构中也占据重要地位,是美国大学研发经费的第二大来源。2016 年以来,高校自有经费占美国大学研发经费的比重持续保持在 25% 以上,2022 年为 25.1%。相较而言,企业是中国大学研发经费的第二大来源。2005—2022 年,中国企业对大学的研发投入以年均 13.6% 的增长率由 2005 年的 88.9 亿元(10.6 亿美元)增长至 2022

年的 779.7 亿元(115.3 亿美元),虽然其占大学整体研发经费的比重由 36.7%波动下降至 32.3%,但仍达 1/3 左右,不仅远高于美国(长期保持在 6%左右),还大大超过英国、德国、日本、韩国、法国等科技发达国家。由此可见,中国大学承接了大量来自企业的研发项目和研发委托,已经成为企业研发网络中不可或缺的一环。

(三) 大学研发经费活动类型

基础研究一直是美国大学研发活动的主要类型,中国大学则侧重于应用研究。2010—2022 年,美国大学基础研究经费以 3.5%的年均增长率从 409.5 亿美元增长至 617.0 亿美元,扩大了 1.5 倍,基础研究经费占大学全部研发支出的比重持续高居在 60%以上,2022 年约占 63.2%,远大于应用研究(2022 年约 27.4%)和试验发展(2022 年约 9.5%)。特别是相较于 2021 年,2022 年美国大学基础研究经费支出增加了 55 亿美元,增长了近 10 个百分点,凸显了美国大学在强化基础研究上的作用。实际上,长期以来,基础研究投入一直是美国研发投入的重要方面,其占比虽然在近年有所下降,但仍保持在 15%左右,远高于中国(2022 年为 6.6%)。而作为基础研究的执行主体,美国大学执行的基础研究经费占比长期稳定在 50%左右(2022 年为 47.7%)。同样,美国大学基础研究经费也是以联邦政府为投入主体。2010—2022 年,联邦政府对大学基础研究经费投入占大学基础研究经费的比重维持在 54%~64%之间(图 3.24)。与美国相比,中国大学应用研究支出占比(2022 年为 48.8%)显著高于美国,基础研究支出占比(2022 年为 41.3%)显著低于美国,而试验发展支出占比(2022 年为 9.9%)基本与美国保持一致。究其原因,一方面可能是由于中国基础研究经费占比总体不高的宏观格局造成;另一方面,作为大学研发经费来源的主体,政府在大学研发经费投入上也主要以应用研究为主。以中央财政科技支出预算为例,2008 年以来,应用研究支出一直占据中央财政科技支出的主体地位,虽然其占中央财政科技支出的比重由 2008 年的 60.2% 波动下降至 2023 年的 44.3%,但仍显著高于基础研究和其他支出。不过,中国中央财政科技支出中基础研究支出已呈现快速增长趋势。2008—2023 年,中央财政科技支出中基础研究支出以年均 11% 的增长率由 163.8 亿元快速增长至 2023 年的 866.5 亿元,占比也由 15.1% 增长至 25.7%,反映出中央财政对于基础研究投入的愈发重视。

图 3.24　2010—2022 年美国大学基础研究支出情况

[数据来源:National Patterns of Research and Development Resources(2021—2022)和 Higher Education Research and Development Survey 2022]

(四) 大学研发经费机构分配

中美大学研发经费均高度集中于少数顶尖研究型大学,但中国大学研发经费的机构集中度仍不高,特别是顶尖大学研发经费与美国差距较大。2022 年,美国有 637 所大学有研发经费支出,其中 171 所大学的研发经费支出超过 1 亿美元。而且,美国大学研发经费高度集中于少数顶尖研究型大学,其研发支出前 10 强大学、前 30 强大学的研发经费合计分别占全部大学研发经费支出的18.2%和31.3%。约翰斯·霍普金斯大学一直是美国研发经费支出最大的大学,其研发支出在2010年就超过20亿美元,并于2020年超过30亿美元,2022年更达到34.2亿美元(表3.18)。联邦政府作为美国大学研发投入的最大来源,其对大学研发投入的方式对美国大学研发经费的分布格局具有重要影响。美国政府对大学研发投入方式主要是通过竞争申请,以合同的方式进行,这样就使得只有少数综合实力较强或在某些专业领域较强的大学,能够获得较多的政府投入。2022年,在600多所大学中,约翰斯·霍普金斯大学、华盛顿大学(西雅图)、加州大学圣迭戈分校和佐治亚理工学院四所大学从政府获得的研发经费超过10亿美元,其政府研发投入占比分别高达87.1%、70.7%、67.1%和85.9%。

由于中国缺少对各个大学研发支出的详细统计,同时《高等学校科技统计资料汇编》自2018年开始也停止了对各大学科技经费拨入和支出的统计,因而在此以2022年软科中国大学排名前100大学为例,对中国大学科技经费支出的机构配置情况做粗略概算。根据《2023年高等学校科技统计资料汇编》,2022年中国2 128所各类高等学校科技经费支出2 864.6亿元,而2022年软科前100强大学的科技支出决算仅283亿元左右,占比仅为10%左右。与2022年美国研发经费支出前30强大学合计占美国全部大学研发经费42.3%相比,中国2022年科技经费支出前30大学合计仅占到中国大学全部科技经费的9.3%(表3.18)。这表明,虽然从国家内部视角来看中国大学科技经费集中在少数大学,但从中美比较的视角,中国大学科技经费集中度还不够,还显得相对分散。特别是在当前大国科技博弈下,面对以美国为首的西方同盟对华科技封锁和科技遏制,中国新型举国科技发展体制尤为强调依赖少数战略科技力量、集中有限的科技资源,从而实现科技突围和高水平科技自立自强,这就需要中国大学科技经费面向少数顶尖研究型大学更加趋于集中。此外,对比中美两国顶尖大学科技经费/研发经费支出情况,中国顶尖大学科技经费支出低出好几个数量级,2022 年美国约翰斯·霍普金斯大学研发经费是中国科学技术大学科技经费的 6.2 倍,加州大学旧金山分校研发经费是哈尔滨工业大学科技经费的 3.5 倍,更何况中国大学科技经费不仅仅用于研发支出。

表 3.18　2022 年中美两国大学研发经费(科技经费)支出前 30 强

美　　国		中　　国	
大　　学	研发支出 (亿美元)	大　　学	科技支出 (亿元)
约翰斯·霍普金斯大学	34.2	中国科学技术大学	37.1
加州大学旧金山分校	18.1	哈尔滨工业大学	34.6
宾夕法尼亚大学	17.9	西北工业大学	30.5
密歇根大学(安娜堡)	17.7	北京理工大学	30.2
华盛顿大学(西雅图)	15.6	北京航空航天大学	28.6
加州大学洛杉矶分校	15.4	南方科技大学	17.2
加州大学圣迭戈分校	15.3	南京理工大学	15.6
威斯康星大学麦迪逊分校	15.2	哈尔滨工程大学	15.5
杜克大学	13.9	南京航空航天大学	14.9
斯坦福大学	13.9	深圳大学	9.5
俄亥俄州立大学	13.6	清华大学	7.3
北卡罗来纳大学教堂山分校	13.6	北京大学	3.1
哈佛大学	13.1	南京师范大学	2.4
康奈尔大学	13	西安交通大学	1.9
纽约大学	12.8	浙江大学	1.8
匹兹堡大学	12.5	上海交通大学	1.8
佐治亚理工学院	12.3	中山大学	1.8
哥伦比亚大学	12.3	华中科技大学	1.5
马里兰大学	12.3	四川大学	1.3

(续　表)

美国		中国	
大学	研发支出（亿美元）	大学	科技支出（亿元）
明尼苏达大学双城分校	12	中南大学	1.3
耶鲁大学	11.9	华南农业大学	1.3
得克萨斯大学安德森癌症中心	11.8	大连理工大学	1.1
得克萨斯农工大学（主校区及健康科学中心）	11.5	南京大学	0.9
范德堡大学及范德堡大学医学中心	10.9	华南师范大学	0.9
佛罗里达大学	10.9	复旦大学	0.8
圣路易斯华盛顿大学	10.5	西安电子科技大学	0.8
南加州大学	10.4	苏州大学	0.8
宾夕法尼亚州立大学帕克分校和赫尔希医疗中心	10.2	武汉理工大学	0.8
西北大学	10	天津大学	0.7
麻省理工学院	9.9	华南理工大学	0.7

数据来源：美国大学研发经费来源于 Higher Education Research and Development Survey 2022；中国大学科技支出来源于各大学 2022 年度部门决算表。

四、本章小结

通过系统对比中美两国研发经费配置体系，研究发现两国在投入规模、结构特征及使用效能等方面呈现显著差异，具体呈现六大结构性特征：

（1）总量维度：规模差距与强度鸿沟并存。中国研发经费总量持续增长但绝对规模仍不足美国的 50%（2022 年）；研发投入强度（R&D/GDP）较美国低 1%（2022 年），显示创新投入强度仍需提升。

（2）投入结构：双轮驱动与多元支撑对比。从投入来源来看，中美均以企业(81.5％ vs 70.0％)和政府(18.3％ vs 18.1％)为投入主体,中国双主体占比已超美国;美国非企业、政府来源占比达12％(含国外机构6.9％、高校2.8％、非营利机构2.2％),中国该比例不足1％,反映出社会资本参与度较低。

（3）执行体系：企业主导与效能分化。中美两国企业执行占比均超77％(2022年),但中国企业以81.5％投入获得77.6％支出,美国以70％投入支撑79％支出,反映创新效率差距;2000—2022年同期中美企业研发支出差额从64.9亿美元增至3 744.9亿美元,差距年均扩幅达18.3％。

（4）活动类型：应用导向与源头创新分野。中国基础研究投入量仅为美国的1/5,差距年均扩大4.3％(2000—2022年);中国试验发展经费占比高达82％(美国68％),但应用研究占比(11％)较美国(18％)低7％,研发结构亟待向知识创造前端迁移。

（5）政府配置：央地错位与部门集中管控。中国政府研发投入总量仅为美国联邦政府的48％(2022年);中国财政科技支出中地方财政占比接近66％,而美国联邦政府投入占比高达97％;从政府研发投入的执行端来看,中国政府部门一家独大(占64％),而美国政学企协同执行(政府17％、企业45％、高校31％)。

（6）高校研发：追赶提速与结构瓶颈同在。从研发经费总量来看,中国高校研发经费规模为美国的1/3,但年均增速超美国10％;中国高校经费来源由地方政府(45％)＋企业(32％)主导,美国则由联邦政府(52％)＋高校自筹(27％)主导;从研发活动类型来看,中国高校基础研究经费占比仅为38％,而美国高达63％;中国高校顶尖机构经费集中度较美国明显偏低,2022年美国TOP30高校占比高达42.3％,而中国仅9.3％。

第四章

中美科研论文产出比较

基础研究是科学之本、技术之源。科研论文作为基础研究的重要载体和主要表现形式,其规模和影响力基本上可以反映基础研究产出的数量与质量。本章基于科睿唯安(Clarivate Analytics)的SCI论文数据,从科研论文、高水平科研论文、国际科研合作论文及其学科分布和影响力等方面,比较分析中美两国在基础研究方面的差异。

一、科研论文的数量与影响力

科研论文的数量反映了科学研究的体量,经常被用于测量科研活动的规模。科研论文被引用次数是衡量其学术价值的重要参数,代表科研成果被国际同行关注、认可的程度,因而其常被用来测度科研成果的影响力。基于2000—2023年的SCI论文数据,本节从科研论文数量和科研论文影响力[学科规范化的引文影响力(Category Normalized Citation Impact)]两个方面,比较分析中美两国科研产出的规模与影响力的差异。

(一)科研论文数量

中国科研论文数量快速增长,于2020年超越美国后持续位居世界第一。 长期以来,美国一直是世界科研论文产出第一大国,且始终保持较快的增长速度。2000年以来,中国科研论文产出也迅猛增长,在2005—2006年间相继超过法国、英国、德国、日本等国后,成为世界科研论文产出第二大国,并快速向美国追赶。2020年,中国超过美国,成为世界科研论文产出第一大国。2000—2023年,美国科研论文的年平均增长速度为2.5%,而中国的增长速度为15.6%,是美国的6倍多。中国大规模和高增速的科研论文产出,很大程度上得益于中国拥有世界第一规模的科研人才队伍(表4.1和图4.1)。

表4.1 2000—2023年中美两国科研论文数量比较

(单位:篇)

年 份	中 国	美 国
2000	25 939	254 933
2001	30 541	253 305

(续 表)

年 份	中 国	美 国
2002	34 729	255 942
2003	42 350	266 416
2004	53 473	275 885
2005	67 465	305 288
2006	81 759	318 439
2007	91 624	327 643
2008	105 595	345 873
2009	123 020	361 736
2010	136 757	381 125
2011	160 801	403 697
2012	185 460	410 308
2013	218 785	426 308
2014	253 592	440 985
2015	283 134	446 619
2016	312 333	462 397
2017	348 006	474 653
2018	399 764	479 837
2019	489 099	518 212
2020	542 102	535 656
2021	627 437	549 623
2022	724 714	492 291
2023	712 740	454 250

注释：本章数据源自 Web of Science 数据库，该数据库进行更新时会对往年数据进行核查调整，故而每次更新后，历年数据都会出现小幅度变化，因此本章相关数据与《中美科技竞争力评估报告(2022)》中的对应数据略有差异。

数据来源：http://www.webofscience.com/。

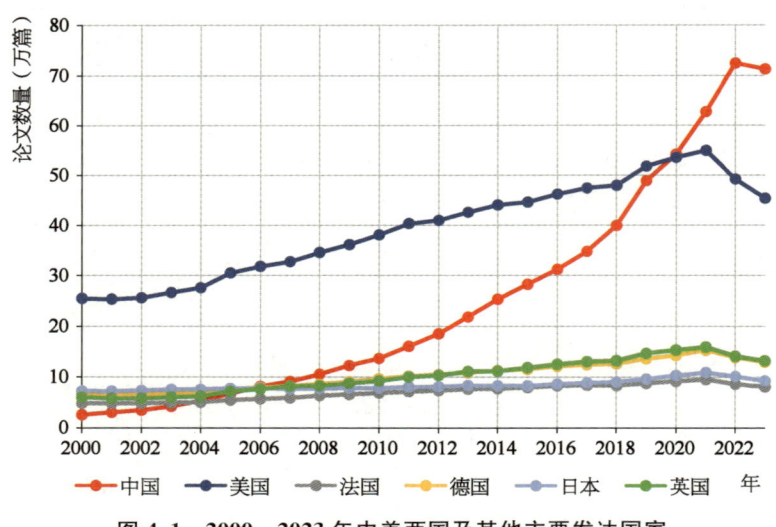

图 4.1　2000—2023 年中美两国及其他主要发达国家
科研论文数量的变化趋势比较

（数据来源：http://www.webofscience.com/）

（二）科研论文影响力

中国科研论文影响力快速上升，不断缩小与美国的差距。2000—2023 年，中国科研论文影响力快速上升，由 2000 年的 0.66 上升至 2023 年的 1.18；美国科研论文影响力则持续保持在 1.4 左右，但近年来有所下降，从 2012 年的 1.38 下降至 2023 年的 1.23。整体而言，美国科研论文影响力始终高于中国，但随着中国科研论文影响力的快速上升，中美差距在快速缩小。对比其他主要发达国家发现，英国科研论文影响力的快速上升尤其引人注目。英国在 2009 年超越美国成为世界科研论文影响力最大的国家，且两国的差距逐年拉大，2023 年其影响力达到 1.48。法国和德国两国的科研论文影响力增长轨迹几乎一致，至 2020 年，两国科研论文影响力与美国不相上下。日本的科研论文影响力上升趋势较缓,2023年仅为0.89,低于全球平均水平(全球平均科研论文影响力为1),也低于中国(表4.2和图4.2)。

表4.2　2000—2023年中美科研论文影响力比较

年　份	中　国	美　国
2000	0.66	1.39
2001	0.68	1.40
2002	0.73	1.39
2003	0.75	1.39
2004	0.77	1.38
2005	0.78	1.38
2006	0.79	1.38
2007	0.84	1.37
2008	0.87	1.39
2009	0.91	1.39
2010	0.92	1.38
2011	0.94	1.38
2012	0.98	1.38
2013	0.98	1.37
2014	1.00	1.36
2015	1.03	1.37
2016	1.06	1.35
2017	1.10	1.36
2018	1.13	1.33
2019	1.15	1.31
2020	1.19	1.27
2021	1.18	1.25
2022	1.17	1.23
2023	1.18	1.23

数据来源：http://www.webofscience.com/。

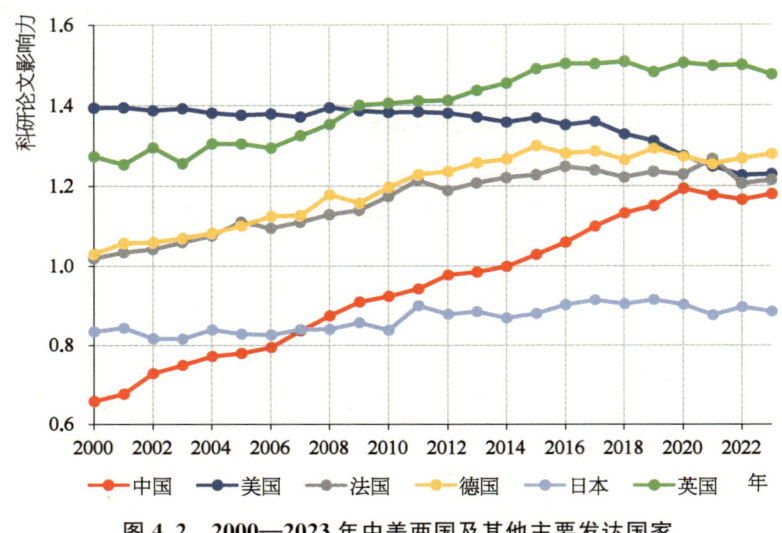

图 4.2　2000—2023 年中美两国及其他主要发达国家
科研论文影响力比较

（数据来源：http：//www.webofscience.com/）

二、高水平科研论文

高水平科学研究引领科研发展的方向，对于国家科技能力的提升有着至关重要的作用。本节从 ESI 高被引论文、顶级期刊（*Nature* 和 *Science*）论文数量和自然指数三个方面，比较分析中美两国高水平科学研究的差异。

（一）ESI 高被引论文

中国高被引论文发表数量增长迅猛，已于 2020 年超过美国，持续位居全球第一。 2008—2023 年，中国的 ESI 高被引论文数量呈现逐年增长的态势，由 2008 年的 693 篇增长至 2023 年的 8 869 篇；而美国呈现出波动增长后减少的态势，从 2008 年的 3 950 篇波动增长至 2021 年的 5 873 篇随后减少到 2023 年的 4 580 篇。16 年间，中国的年均增长率达到 18.5%,远超美国的 1.0%,中国的高被引论文数量以 117 篇的优势于 2020 年超越美国。对比其他主要国家发现,中国目前是全球 ESI 高被引论文数量最高的国家,中国在 2013 年超越英国后,位居全球高被引论文数量第二位(表 4.3 和图 4.3)。

表 4.3　2008—2023 年中美两国 ESI 高被引论文数量比较

(单位:篇)

年　份	中　国	美　国
2008	693	3 950
2009	836	3 988
2010	1 041	4 922
2011	1 270	5 234
2012	1 510	5 404
2013	1 824	5 590
2014	2 028	5 561
2015	2 313	5 615
2016	2 706	5 597
2017	3 273	5 651
2018	3 935	5 582
2019	4 943	5 796
2020	5 798	5 681
2021	7 174	5 873
2022	8 851	5 140
2023	8 869	4 580

数据来源:http://www.webofscience.com/。

(二) N‑S 期刊论文

美国顶级期刊论文产出规模远超中国。长期以来,美国在 *Nature‑Science*(简称 N‑S)顶级期刊论文数量上一直遥遥领先世

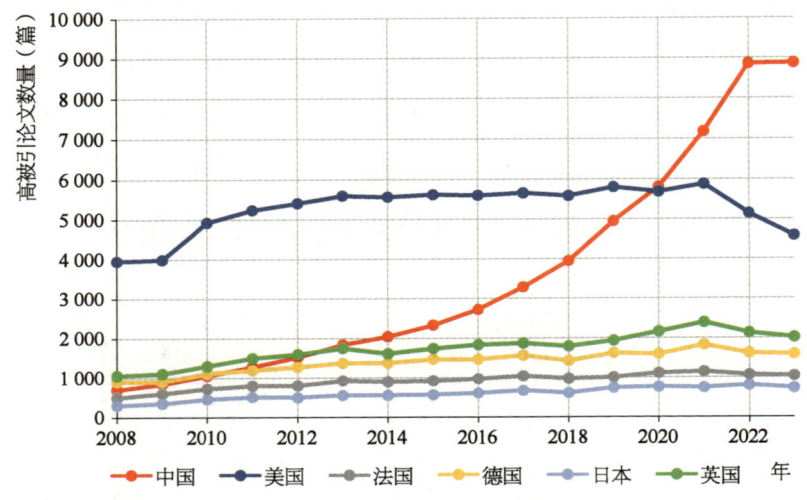

图4.3　2008—2023年中美两国及其他主要发达国家
ESI高被引论文数量比较

(数据来源：http://www.webofscience.com/)

界其他国家。2000—2023年,美国的顶级期刊论文数量呈现出小幅波动下降的趋势,由2000年的1 364篇下降至2023年的1 220篇;中国则呈稳步上升态势,由2000年的21篇上升至2023年的394篇。但由于中美差距过大,因而在顶级期刊论文规模上,美国的优势依然十分明显。与其他主要国家相比,中国顶级期刊论文数量分别在2013年和2017年超过日本、法国,与德国和英国的差距逐渐缩小(表4.4和图4.4)。

表4.4　2000—2023年中美两国 $N\text{-}S$ 期刊论文数量比较

(单位:篇)

年　份	中　国	美　国
2000	21	1 363
2001	34	1 268
2002	33	1 272
2003	28	1 186
2004	45	1 213

(续　表)

年　份	中　国	美　国
2005	42	1 260
2006	41	1 198
2007	44	1 117
2008	53	1 190
2009	73	1 173
2010	93	1 160
2011	86	1 167
2012	100	1 152
2013	132	1 123
2014	147	1 155
2015	140	1 139
2016	167	1 113
2017	198	1 099
2018	238	1 134
2019	267	1 149
2020	338	1 217
2021	333	1 233
2022	386	1 219
2023	394	1 220

数据来源：http://www.webofscience.com/。

（三）自然指数规模

中国自然指数规模成长明显,已基本赶上美国。2015—2023年,无论是在文章分值(FC)还是在论文总数(AC)上,美国的自然指数规模皆较为稳定,FC 和 AC 分别由 2015 年的 20 766.4 和 27 561 小幅波动至 2023 年的 20 291.8 和 29 165;而中国的自然指数规模则逐年上升,FC 和 AC 分别由 2015 年的 7 676.3 和 10 691 上升至 2023 年的 23 171.8 和 27 736。中国在文章分值上已实现赶超,在论

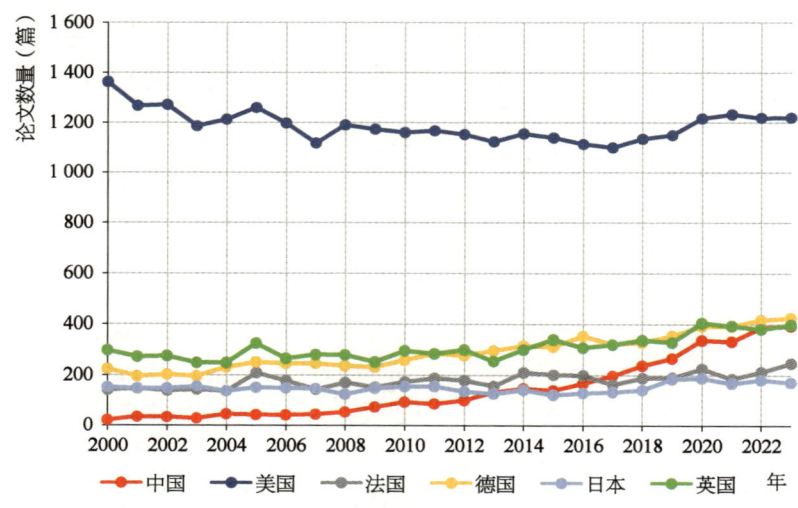

图 4.4 2000—2023 年中美两国及其他主要发达国家
顶级期刊论文数量比较

（数据来源：http://www.webofscience.com/）

文总数上与美国存在微弱差距。放眼世界，中国相对法国、德国、英国和日本等主要国家，具有显著优势（表 4.5、图 4.5 和图 4.6）。

表 4.5 2015—2023 年中美两国自然指数比较

年 份	FC 指数		AC 指数	
	中国	美国	中国	美国
2015	7 676.3	20 766.4	10 691	27 561
2016	8 095.1	20 007.8	11 194	26 920
2017	9 271.0	19 998.9	12 845	27 350
2018	11 380.9	20 417.4	15 611	28 440
2019	13 580.0	20 177.1	18 040	28 444
2020	14 259.8	20 626.9	19 095	29 170
2021	16 798.7	19 857.8	21 462	28 214
2022	20 221.2	21 659.1	24 735	30 754
2023	23 171.8	20 291.8	27 736	29 165

数据来源：http://www.natureindex.com/。

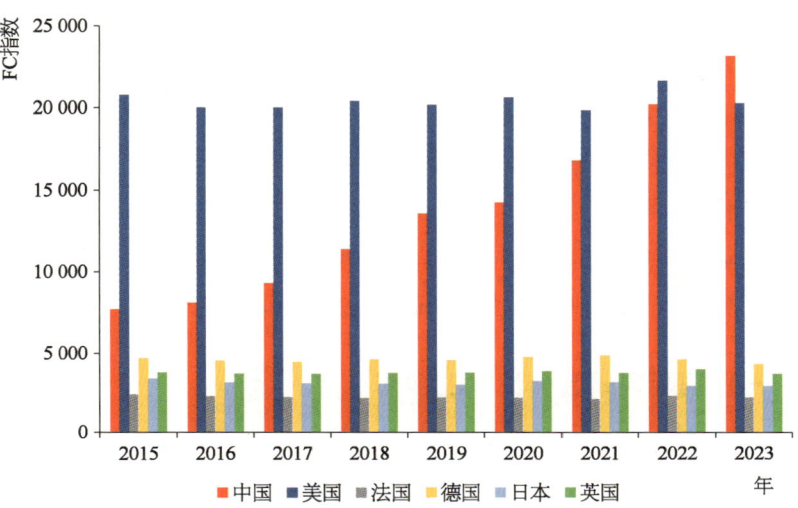

图 4.5 2015—2023 年中美两国及其他主要发达国家文章分值（FC）自然指数规模变化比较

（数据来源：http://www.natureindex.com/）

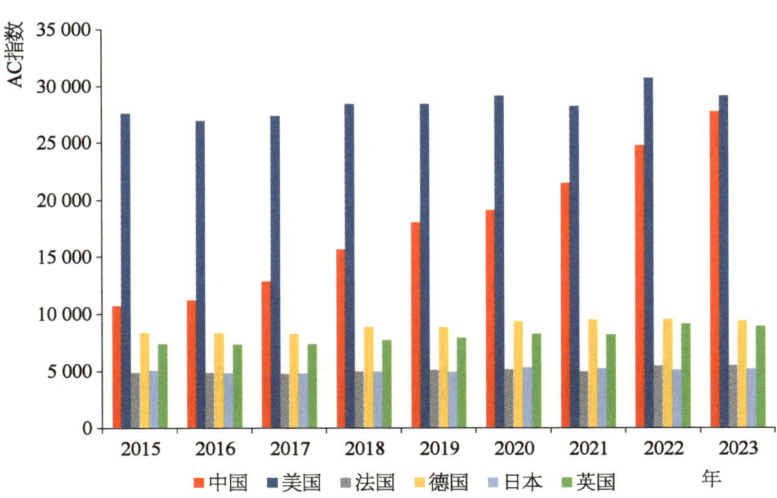

图 4.6 2015—2023 年中美两国及其他主要发达国家论文总数（AC）自然指数规模变化比较

（数据来源：http://www.natureindex.com/）

三、国际科研合作论文的数量与影响力

21世纪以来,科研全球化的广度和深度不断加强,科学正在走向"全球化的科学"。当前的科学研究已经从个人、机构和国家进入合作时代,国际科研合作已成为前沿科学发现的主导力量,催生了众多高质量的科研成果。本节比较分析中美国际科研合作的规模与影响力的差异。

(一)国际科研合作论文的数量

美国国际科研论文合作量远超中国。2000—2023年,中美两国的国际科研论文合作量皆呈现出先快速上升后下降的趋势,分别由2000年的5 791篇和55 524篇增长至2021年的151 441篇和223 809篇,随后下降至2023年的138 306篇和186 778篇。虽然中国的年均增长率高达14.8%,远超美国的5.4%,但中美两国国际科研论文合作量仍存在较大差距,2023年美国比中国多48 472篇。对比全球其他主要国家发现,美国国际科研论文合作量始终位居全球第一,而中国在2014年超过英国后,成为仅次于美国的国际科研论文合作大国(表4.6和图4.7)。

表4.6 2000—2023年中美两国国际科研合作论文数量比较

(单位:篇)

年 份	中 国	美 国
2000	5 791	55 524
2001	6 770	58 268
2002	7 939	61 597
2003	9 426	65 808
2004	11 504	70 158
2005	13 704	76 261
2006	16 620	81 430
2007	18 677	87 766

（续　表）

年　份	中　国	美　国
2008	22 505	94 359
2009	26 822	101 609
2010	31 879	110 759
2011	37 715	121 654
2012	43 258	128 405
2013	51 402	139 514
2014	59 934	148 911
2015	69 054	158 253
2016	79 660	172 410
2017	90 572	180 909
2018	105 506	188 258
2019	127 198	205 341
2020	141 395	216 158
2021	151 441	223 809
2022	149 778	201 790
2023	138 306	186 778

数据来源：http://www.webofscience.com/。

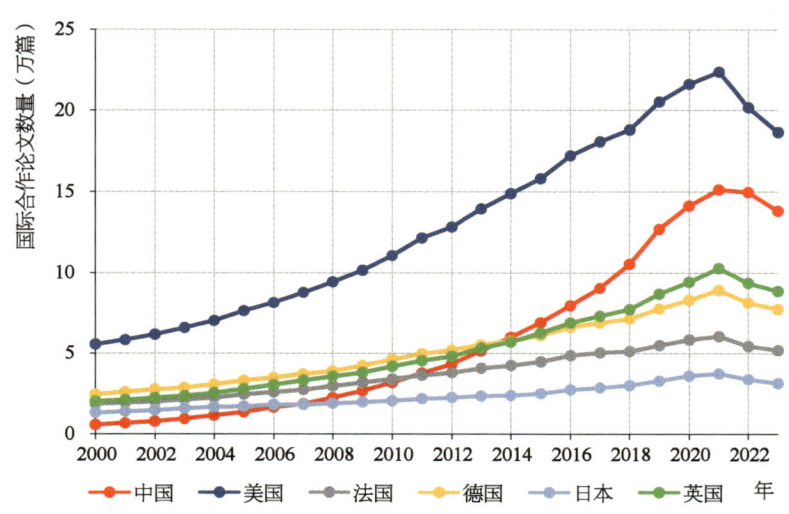

图 4.7　2000—2023 年中美两国及其他主要发达国家的国际科研合作论文数量比较

（数据来源：http://www.webofscience.com/）

（二）国际科研合作论文的影响力

中国国际科研合作论文的影响力显著增强,已连续多年超越美国。2000—2023年,中国国际科研合作论文的影响力上升趋势明显,从2000年的1.07上升至2023年的1.69;而美国国际科研合作论文的影响力存在较小的波动,从2000年的1.55下降至2023年的1.53。整体而言,中国国际科研合作论文的影响力已在2020年超越美国。对比其他主要国家发现,英国的国际科研合作论文的影响力最高,中国近三年上升势头迅猛,已基本追平英国,德国超越美国位居第三。（表4.7和图4.8）。

表4.7 2000—2023年中美两国国际科研合作论文影响力比较

年 份	中 国	美 国
2000	1.07	1.55
2001	1.06	1.53
2002	1.15	1.53
2003	1.13	1.55
2004	1.21	1.54
2005	1.23	1.54
2006	1.24	1.55
2007	1.27	1.56
2008	1.33	1.58
2009	1.41	1.61
2010	1.38	1.66
2011	1.40	1.66
2012	1.48	1.69
2013	1.46	1.64
2014	1.48	1.64
2015	1.50	1.66
2016	1.52	1.64

(续 表)

年 份	中 国	美 国
2017	1.56	1.63
2018	1.56	1.62
2019	1.58	1.61
2020	1.62	1.57
2021	1.60	1.54
2022	1.64	1.54
2023	1.69	1.53

数据来源：http://www.webofscience.com/。

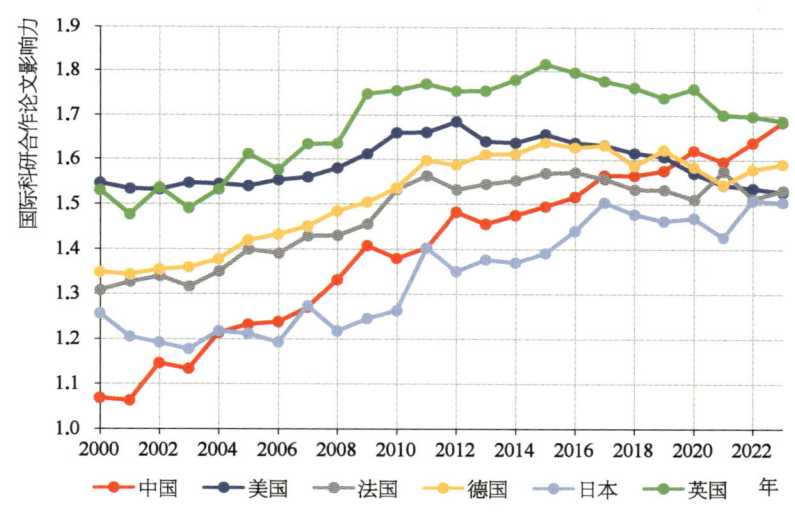

图 4.8 2000—2023 年中美两国及其他主要发达国家国际科研合作论文影响力的变化趋势比较

（数据来源：http://www.webofscience.com/）

四、学科分布与影响力

学科是科学体系的基本组成单元，其竞争力态势决定了整体科研竞争力水平。本节从学科视角出发，对比中美两国的主要学科规模与影响力差异，识别中美两国的学科优势与劣势。

（一）科研论文的学科分布

中国科研论文发文量最大的学科是工程科学，美国则是临床医学。中国有15个学科论文数量超过美国，其中，工程科学、材料科学、化学科研论文数量优势明显。从2023年科研论文的学科分布来看，中国发文量前五的学科分别是工程科学（134 749篇）、化学（84 161篇）、材料科学（81 044篇）、临床医学（65 918篇）、物理学（39 314篇）。美国发文量前五的学科则分别是临床医学（85 688篇）、工程科学（26 397篇）、化学（22 256篇）、精神病学/心理学（18 489篇）、物理学（16 607篇）。中国在工程科学、材料科学、化学三个学科上的论文数量显著多于美国，分别领先108 352篇、61 905篇、66 083篇；环境/生态学、物理学、计算机科学、地球科学、农业科学、药理学与毒物学、数学、植物学与动物科学、生物学和生物化学、分子生物学与遗传学、微生物学和综合交叉学科上论文数量稍占优势。美国则在临床医学和精神病学/心理学科研论文数量上超过中国，分别领先19 770篇和10 375篇。其中，美国精神病学/心理学的科研论文发文量是中国的2.3倍。另外，美国在神经科学与行为科学、空间科学和免疫学这三个学科上也具有优势（表4.8和图4.9）。

表 4.8 2023年中美各学科论文数量与国际排名

学科	中国		美国	
	论文数量（篇）	国际排名	论文数量（篇）	国际排名
农业科学	23 970	1	7 237	2
生物学与生物化学	22 155	1	16 511	2
化学	84 161	1	22 256	2

(续 表)

学　科	中　国		美　国	
	论文数量(篇)	国际排名	论文数量(篇)	国际排名
临床医学	65 918	2	85 688	1
计算机科学	31 585	1	9 147	2
工程科学	134 749	1	26 397	2
环境/生态学	38 492	1	15 494	2
地球科学	30 531	1	12 469	2
免疫学	6 861	2	7 955	1
材料科学	81 044	1	14 961	2
数学	16 774	1	9 172	2
微生物学	7 968	1	5 964	2
分子生物学与遗传学	14 534	1	11 599	2
综合交叉学科	744	1	733	2
神经科学与行为科学	9 621	2	15 658	1
药理学与毒物学	15 835	1	7 414	2
物理学	39 314	1	16 607	2
植物学与动物科学	22 047	1	15 839	2
精神病学/心理学	8 114	2	18 489	1
空间科学	3 397	4	7 396	1

数据来源：http://www.webofscience.com/。

就各学科科研论文发文量国际占比而言，中国在药理学与毒物学、环境/生态学、化学、物理学、计算机科学、农业科学、材料科学、临床医学、微生物学、综合交叉学科上占据明显优势，美国则在精神病学/心理学、空间科学、植物学与动物科学、分子生物学与遗传学上大幅领先中国。2023年，中国科研论文发文量国际占比前五的学科分别为药理学与毒物学(51.7%)、环境/生态学(49.1%)、化学(46.1%)、物理学(44.8%)和计算机科学(40.4%)，发文量国际占比均超过40%，这意味着在全球范围内这些学科中至少有四成的论文

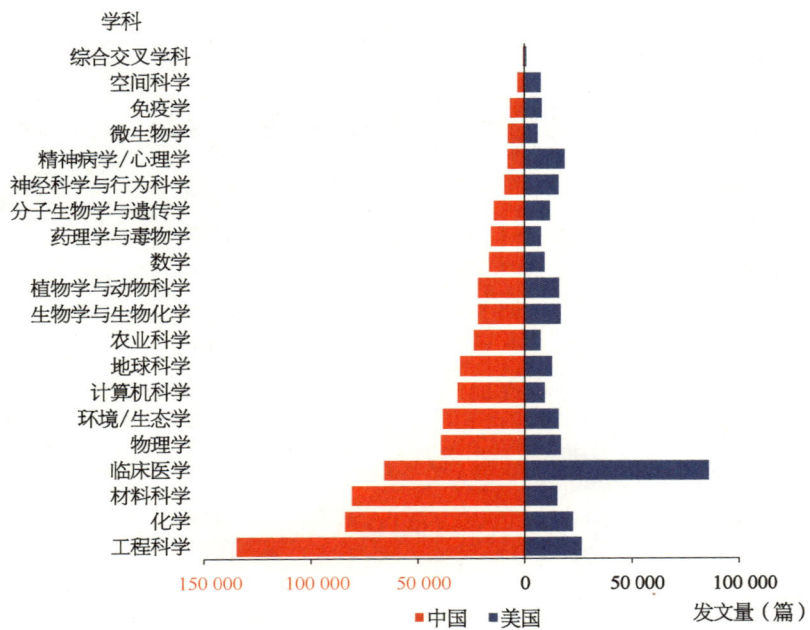

图 4.9 2023 年中美两国各学科科研论文发文量(篇)对比

(数据来源:http://www.webofscience.com/)

有中国学者参与。美国科研论文发文量国际占比前五的学科则分别为精神病学/心理学(43.6%)、空间科学(34.9%)、植物学与动物科学(34.4%)、分子生物学与遗传学(29.8%)和微生物学(28.9%)(图 4.10)。

在列举的 20 个学科中,中国有 15 个学科的科研论文发文量位居全球第一,而剩余 5 个学科的科研论文发文量美国均居全球第一。2023 年,中国科研论文发文量全球排名第一的学科有农业科学、生物学与生物化学、化学、计算机科学、工程科学、环境/生态学、地球科学、材料科学、数学、微生物学、分子生物学与遗传学、综合交叉学科、药理学与毒物学、物理学、植物学与动物科学。除了空间科学位列世界第四以外,其余学科的科研论文发文量均位居世界第二。美国除了有 15 个学科的科研论文发文量全球排名第二以外,其余学科的科

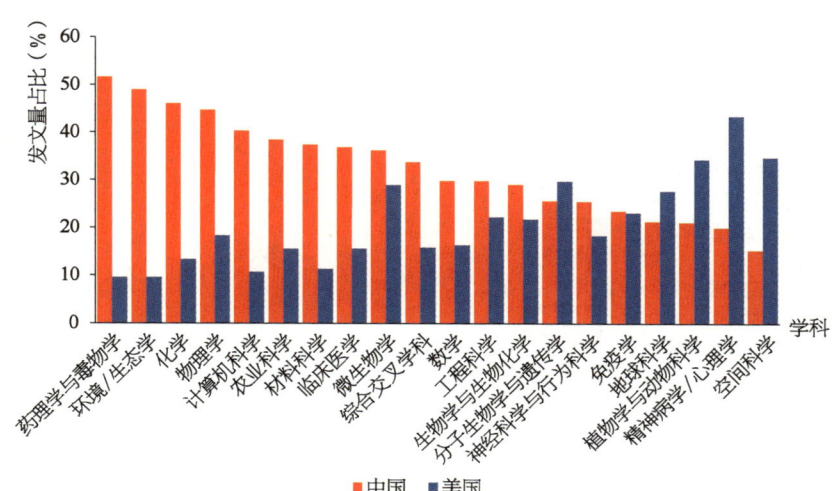

图 4.10　2023 年中美两国各学科科研论文发文量国际占比比较

(数据来源：http://www.webofscience.com/)

研究论文发文量总量均位居全球第一(表 4.8)。

工程科学是中国科研论文增量最多的学科,而美国科研论文增量最多的学科是临床医学。中国有 19 个学科的科研论文增量超过美国,仅有精神病学/心理学不及美国。2000—2023 年,中国各学科科研论文发文量均有较大幅度的增加,排名前五的学科分别是工程科学(132 402 篇)、材料科学(77 789 篇)、化学(76 880 篇)、临床医学(64 770 篇)、环境/生态学(38 156 篇)。美国仅有临床医学科研论文数量增加显著,其余学科增量较为平稳,排名前五的学科分别是临床医学(36 623 篇)、工程科学(10 340 篇)、环境/生态学(9 161 篇)、材料科学(8 718 篇)和精神病学/心理学(8 426 篇)(图 4.11)。

中国各学科科研论文发文量增幅巨大,展现出强劲的发展态势,且均优于美国各学科的表现。2000—2023 年,中国学科科研论文发文量年均增长率最大的是精神病学/心理学,为 25.0%,其后依次为环境/生态学(22.9%)、农业科学(22.2%)、计算机科学(21.0%)、免

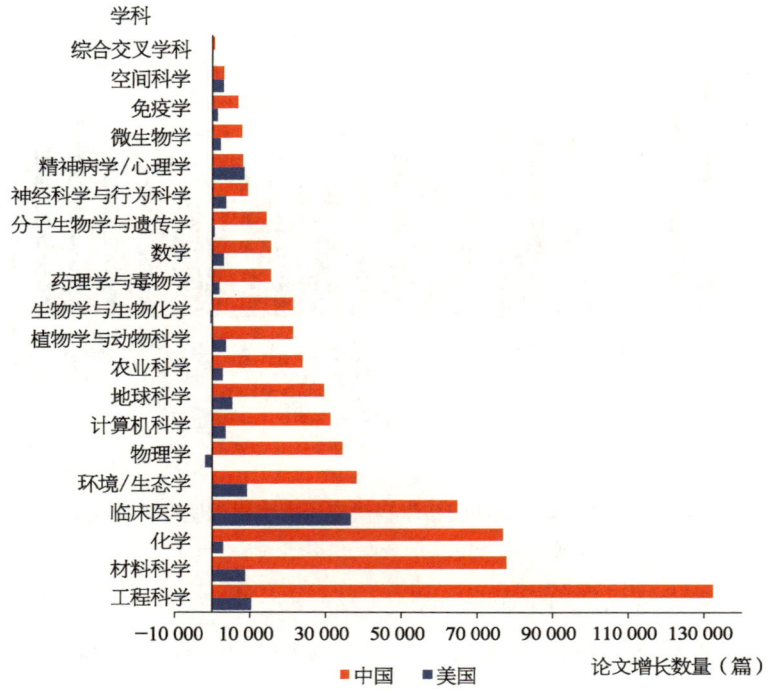

图 4.11 中美两国各学科科研论文 2023 年发表量较 2000 年增长对比分析

(数据来源：http://www.webofscience.com/)

疫学(20.8%)。与此同时，美国科研论文发文量年均增长率最大的学科是环境/生态学，仅为4.0%，其后依次为材料科学(3.9%)、精神病学/心理学(2.7%)、临床医学(2.5%)、地球科学(2.4%)(图4.12)，与中国存在较大差距。

（二）国际科研合作论文的学科分布

中国国际科研合作论文发文量最大的学科是工程科学，美国则是临床医学。中国仅有工程科学、材料科学、计算机科学、化学、农业科学、环境/生态学、地球科学的国际科研合作论文发文量多于美国，其余学科均不及美国。2023年，中国国际科研合作论文发文量前五

第四章　中美科研论文产出比较

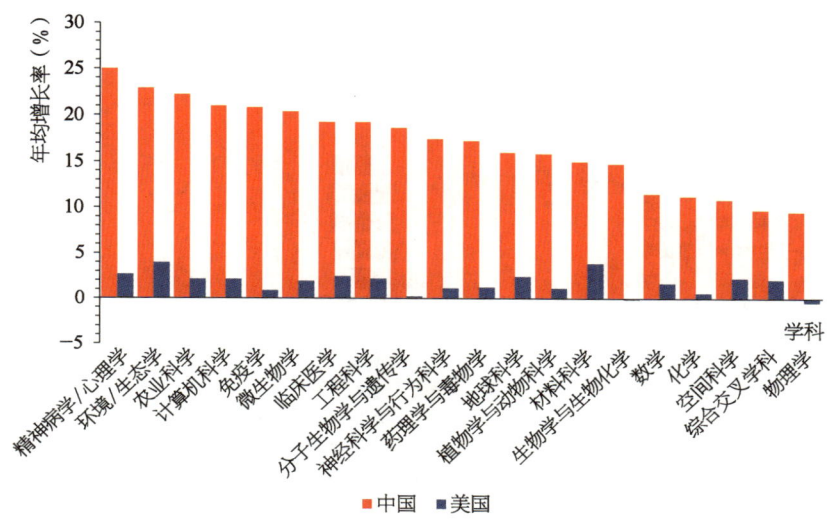

图 4.12　2000—2023 年中美两国各学科科研论文发文量年均增长率比较

（数据来源：http://www.webofscience.com/）

的学科分别是工程科学（26 563 篇）、材料科学（14 162 篇）、化学（12 073 篇）、计算机科学（9 118 篇）和环境/生态学（8 921 篇）。美国国际科研合作论文发文量前五的学科则分别为临床医学（31 478 篇）、工程科学（13 479 篇）、化学（10 083 篇）、物理学（9 188 篇）和环境/生态学（8 411 篇）。在工程科学、材料科学、计算机科学和化学、农业科学、环境/生态学、地球科学领域内，中国的国际科研合作论文发文量分别比美国多 13 084 篇、6 108 篇、3 705 篇、1 990 篇、703 篇、510 篇和 219 篇。美国则在其余学科全面领先中国：在临床医学领域内，美国国际科研合作论文发文量比中国多 23 407 篇；在免疫学、临床医学、神经科学与行为科学、空间科学领域内，美国国际科研合作论文发文量大幅超过中国，分别为中国的 4.0 倍、3.9 倍、3.6 倍、3.2 倍（图 4.13）。

工程科学是中国国际科研合作论文发文量增加最多的学科，美

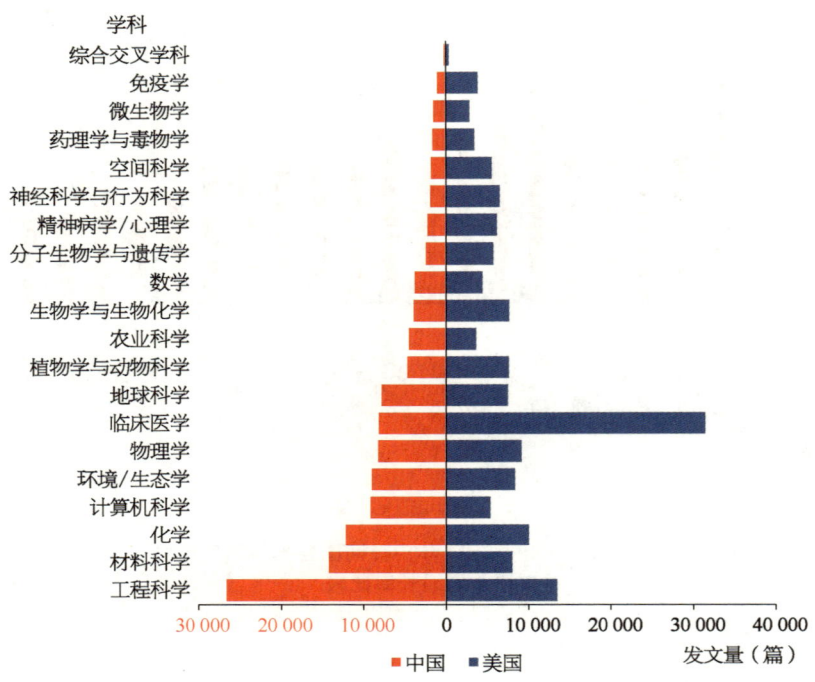

图 4.13　2023 年中美两国各学科国际科研合作论文发文量（篇）比较

（数据来源：http://www.webofscience.com/）

国则是临床医学，中国有半数学科国际合作论文增量超越美国。2000 年，中国国际科研合作论文数量最多的学科是物理学，也是唯一合作量突破 1 000 篇的学科。2023 年，中国论文国际合作量超过 1 000 篇的学科达到 18 个。中国国际科研合作论文数量增量前五的学科分别为工程科学（25 974 篇）、材料科学（13 602 篇）、化学（11 215 篇）、计算机科学（9 018 篇）、环境/生态学（8 785 篇）。美国仅有临床医学和工程科学国际科研合作论文数量增加显著，其余学科增量平稳，排名前五的学科分别是临床医学（23 051 篇）、工程科学（10 262 篇）、环境/生态学（7 194 篇）、材料科学（6 537 篇）、化学（5 680 篇）（图 4.14）。

中国各学科国际科研合作论文增幅显著，表现出积极的合作态

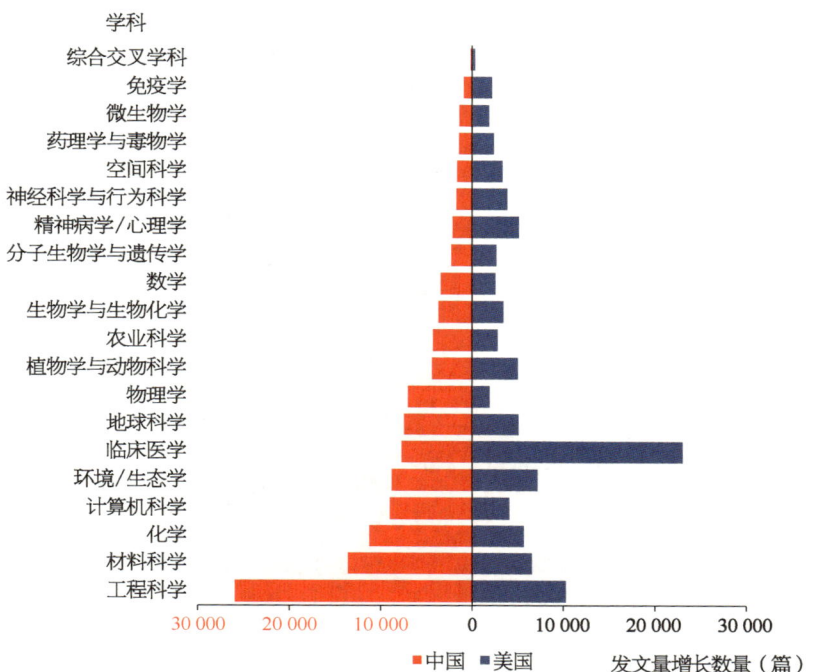

图 4.14 中美两国各学科国际科研合作论文 2023 年
发文量较 2000 年增长情况比较

（数据来源：http://www.webofscience.com/）

势,优于美国各学科的表现。2000—2023 年,中国国际科研合作论文发文量年均增长率最大的学科是计算机科学,高达 21.7%,环境/生态学、精神病学/心理学、工程科学、农业科学、材料科学紧随其后,增长率均超过 15%。环境/生态学是美国年均增长率最大的学科,为 8.8%,增长率大于 7% 的学科还有精神病学/心理学、综合交叉学科、材料科学。美国所有学科的国际科研论文合作程度均有不同程度的小幅提升,不过低于同期中国增长（图 4.15）。

为了消除不同学科领域差异带来的影响,本报告计算了学科国际合作相对活跃度（PAI）,凸出（PAI>1）或凹陷（PAI<1）意味着该学科国际合作相对活跃或欠活跃。计算机科学是中国国

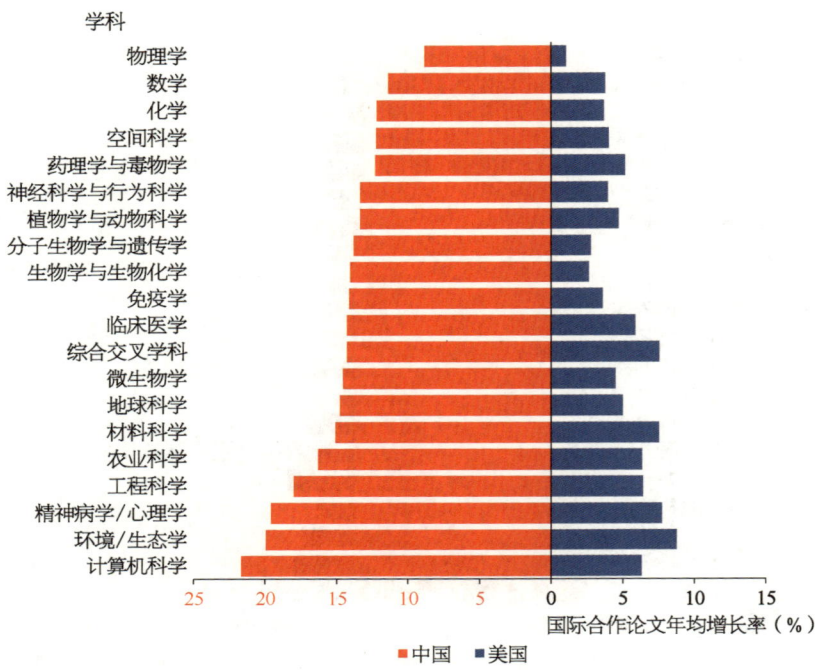

图 4.15　2000—2023 年中美两国各学科国际科研合作
论文发表量年均增长率比较

（数据来源：http://www.webofscience.com/）

际科研合作最为活跃的学科,活跃度达到 1.74。中国国际科研合作活跃度大于 1 的学科还有工程科学、材料科学、地球科学、农业科学、环境/生态学、物理学、化学,这意味着这些学科比其他学科更为活跃地参与国际合作。美国国际科研合作相对活跃度最高的学科是空间科学,其后依次为分子生物学与遗传学、免疫学、神经科学与行为科学、临床医学、精神病学/心理学、综合交叉学科、生物学与生物化学、微生物学、地球科学、药理学与毒物学。相比而言,中国国际科研合作相对活跃的学科是应用学科,美国则是基础研究学科,反映出中美两国优势科研领域的差异（图 4.16）。

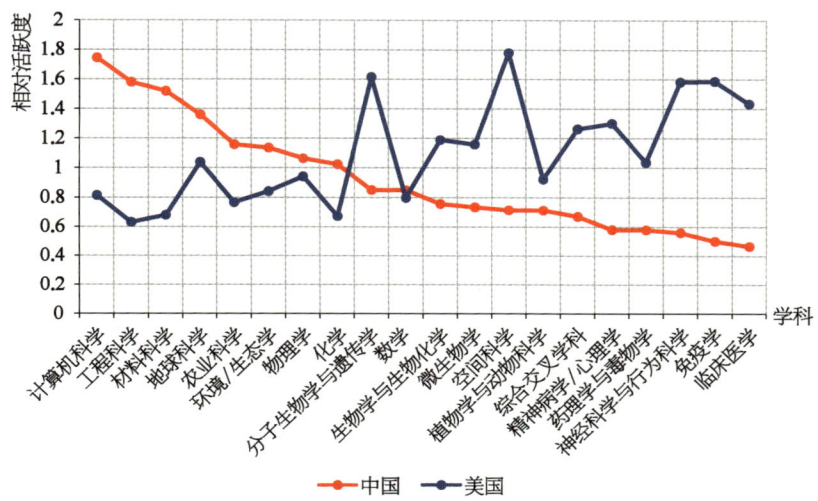

图 4.16　2023 年中美两国各学科国际合作相对活跃度比较

（数据来源：http://www.webofscience.com/）

（三）高被引论文的学科分布

中国 ESI 论文最多的学科为工程科学，美国临床医学"一家独大"。中国有 13 个学科 ESI 论文数量超过美国，其中，工程科学、化学、材料科学、计算机科学、环境/生态学 ESI 论文数量优势明显。2023 年，中国 ESI 论文数量前五的学科分别是工程科学（1 782 篇）、化学（1 188 篇）、材料科学（1 058 篇）、计算机科学（452 篇）、环境/生态学（486 篇）。美国 ESI 论文数量前五的学科分别是临床医学（1 548 篇）、物理学（247 篇）、工程科学（239 篇）、生物学与生物化学（239 篇）、化学（209 篇）。中国在工程科学、化学、材料科学、计算机科学、环境/生态学五个学科的 ESI 论文数量上显著多于美国，分别领先 1 543 篇、979 篇、889 篇、335 篇、331 篇；农业科学、地球科学、物理学、数学、植物学与动物科学、药理学与毒物学、微生物学、综合交叉学科 ESI 论文数量稍占优势。美国则在临床医学的 ESI 论文数量上大幅领先中国，为1033篇。此外，美国在分子生物学与遗传学、免疫学、临床医学、神经科学与行为科学、精神病学/心理学的ESI论文数量上也具有较大优势，分别为中国的3.1倍、3.0倍、3.0倍、2.9倍、2.7倍(图4.17)。

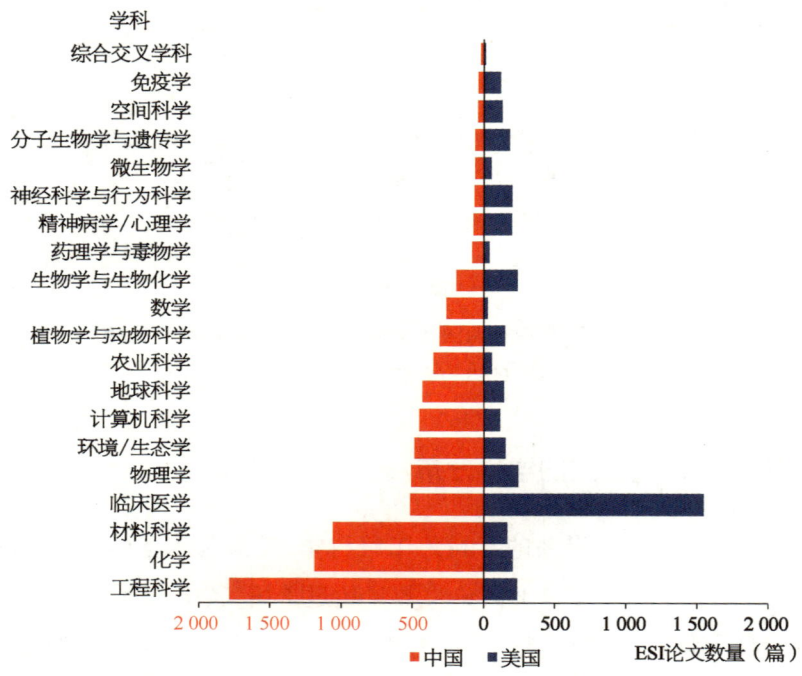

图4.17　2023年中美两国各学科ESI论文数量(篇)比较

(数据来源：http://www.webofscience.com/)

中国所有学科发文量均正向增长，美国大部分学科小幅下降。2000—2023年，中国各学科ESI论文发文量均有不同程度的增加，排名前五的学科分别是工程科学(1458篇)、化学(855篇)、材料科学(785篇)、环境/生态学(412篇)、临床医学(381篇)。美国仅有临床医学ESI论文数量增加显著，为270篇，空间科学和免疫学小幅增加，分别为26篇和20篇，精神病学/心理学保持不变，其余学科ESI论文数量减少。中国在全部学科上ESI论文数量增量均超过美国(图 4.18)。

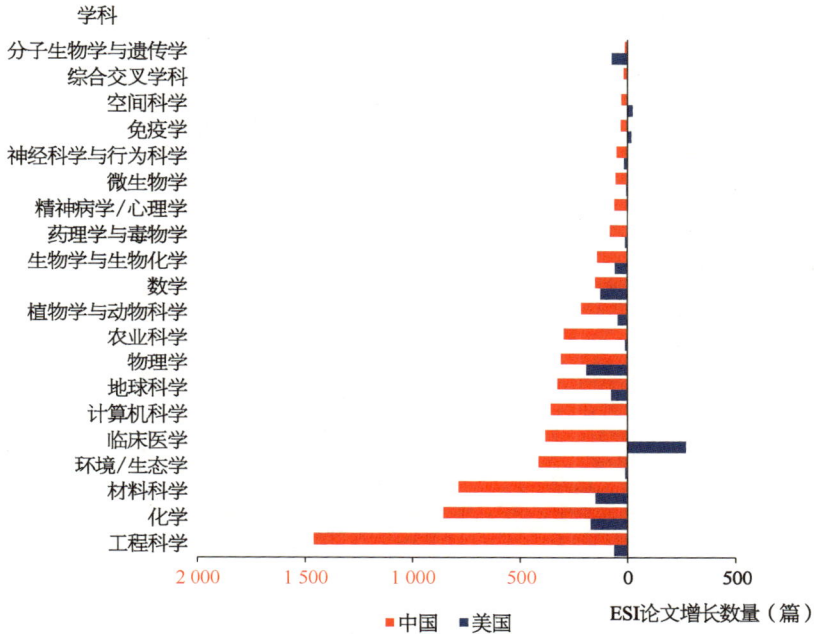

图 4.18　中美两国各学科 ESI 论文 2023 年发表量
较 2000 年增长情况比较

注：同侧为增加，异侧为减少。
（数据来源：http://www.webofscience.com/）

中国各学科 ESI 论文发文量增幅显著，展现出强劲的发展态势，优于美国各学科的表现。2000—2023 年，中国 ESI 论文发文量年均增长率最大的学科是药理学与毒物学，为 44.8%；微生物学和综合交叉学科的年均增长率也十分夺目，分别为 29.4%、29.2%。美国仅有少部分学科的 ESI 论文发文量有小幅提升，分别为空间科学(2.5%)、临床医学(2.2%)和免疫学(2.1%)，除精神病学/心理学持平外，其余学科 ESI 论文发文量均有不同幅度的减少（图 4.19）。

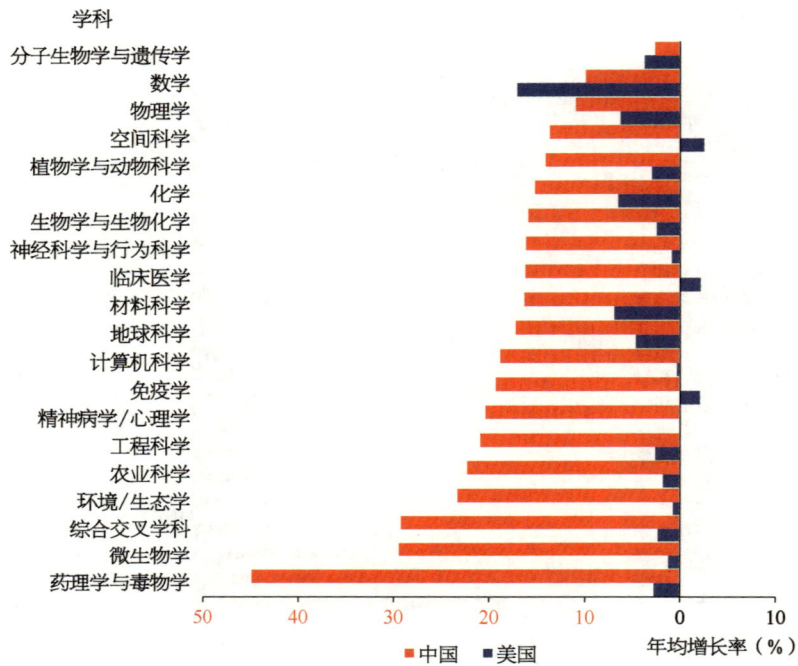

图 4.19 2000—2023 年中美两国各学科 ESI 论文发文量
年均增长率比较

注：同侧为增加，异侧为减少。

（数据来源：http://www.webofscience.com/）

（四）N-S 期刊论文的学科分布

中国顶级期刊论文最多的学科为材料科学，美国为分子生物学与遗传学。除材料科学外，美国所有学科的 N-S 期刊论文数量均超过中国，中美差距显著。2023 年，中国顶级期刊论文数量排名前五的学科分别是材料科学（62 篇）、分子生物学与遗传学（60 篇）、物理学（47 篇）、生物学与生物化学（40 篇）、化学（39 篇）。美国 N-S 期刊论文数量排名前五的学科分别是分子生物学与遗传学（253 篇）、物理学（138 篇）、生物学与生物化学（127 篇）、地球科学（107 篇）、空间科学（94 篇）。美国在分子生物学与遗传学领域内大幅领先中国,领先193篇;物理学、生物学与生物化学、神经科学与行为科学、地球科学、空间科学领域也大幅优于中国的表现。此外,中国有5个学科未能在 N-S 期刊上发表论文,包括药理学与毒物学、计算机科学、精神病学/心理学、农业科学和数学,而美国仅有农业科学1个学科(图4.20)。

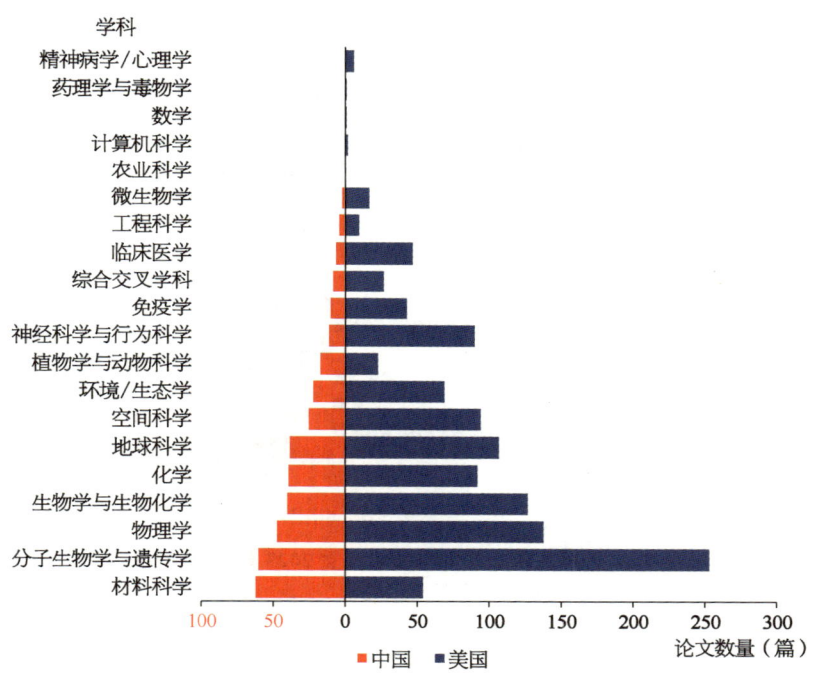

图 4.20　2023 年中美两国各学科顶级期刊论文数量(篇)比较
(数据来源:http://www.webofscience.com/)

材料科学同为中美 N-S 期刊论文数量增加最多的学科。中国多数学科 N-S 期刊论文增量表现优于美国的表现。2000年,中国 N-S 期刊论文数量最多的学科是地球科学,2023年,材料科学取而代之。中国 N-S 期刊论文数量增加排名前五的学科分别是材料科学(62篇)、分子生物学与遗传学(58篇)、物理学(47篇)、生物学与生物化学(40篇)、化学(38篇)。美国仅有8个学科 N-S 期刊论文数量增加,其中,材料科学增加最为显著,为48篇。美国多数学科 N-S 期刊论文数量出现较大幅度下降,如综合交叉学科、地球科学、分子生物学与遗传学、植物学与动物科学等(图4.21)。

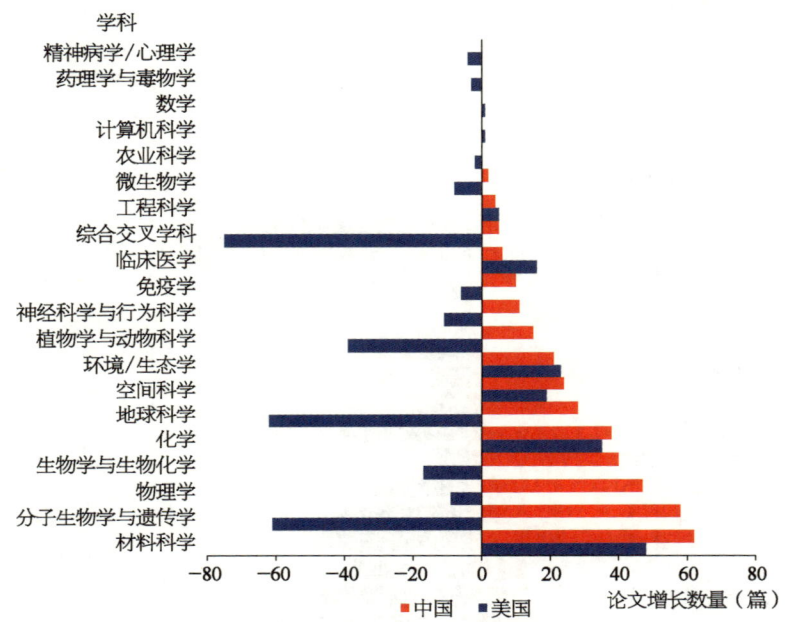

图 4.21　中美两国各学科顶级论文 2023 年发表量较 2000 年增长情况比较

(数据来源:http://www.webofscience.com/)

(五) 基于科研论文的学科影响力

中国最具影响力的学科是综合交叉学科,美国则是临床医学,中国半数学科影响力不及美国。2023年,中国影响力排名前五的学科分别是综合交叉学科(1.53)、植物学与动物科学(1.42)、农业科学(1.38)、化学(1.27)、环境/生态学(1.24)。美国的优势学科为临床医学(1.54)、分子生物学与遗传学(1.50)、物理学(1.60)、空间科学(1.35)、综合交叉学科(1.35)。中国临床医学、分子生物学与遗传学、免疫学、空间科学、神经科学与行为科学等领域的影响力显著低于美国。此外,美国除数学、工程科学、农业科学外的所有学科的论文影响力均高于全球平均值,中国还有 4 个学科的论文影响力未达到全球平均水平(图 4.22)。

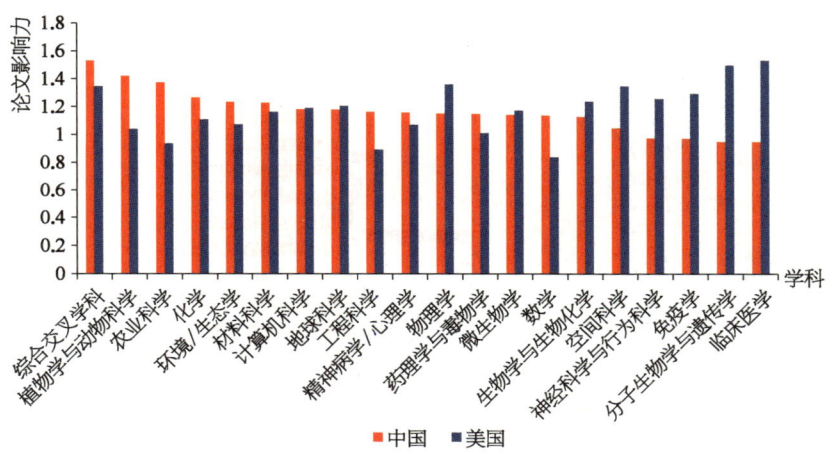

图 4.22　2023 年中美两国各学科科研论文影响力比较

(数据来源:http://www.webofscience.com/)

中国大部分学科论文影响力显著提升,而美国大部分学科论文影响力有所下降。2000 年,中国仅有农业科学、精神病学/心理学论文影响力超过全球平均水平;2023 年,中国影响力超过全球平均水平的学科达到 16 个。综合交叉学科是中国影响力进步最大的学科,从 2000 年的 0.36 提升至 2023 年的 1.53。同时,该学科也是美国影响力下降幅度最大的学科,从 2000 年的 2.22 下降至 2023 年的 1.35。2000—2023 年,美国有 17 个学科的影响力呈下降态势,但仍有 17 个学科的影响力均超过 1,高于全球平均水平(图 4.23)。

中国各学科论文影响力增幅明显,展现出良好的发展态势,全部学科论文影响力的年均增长率均超越美国。2000—2023 年,中国除

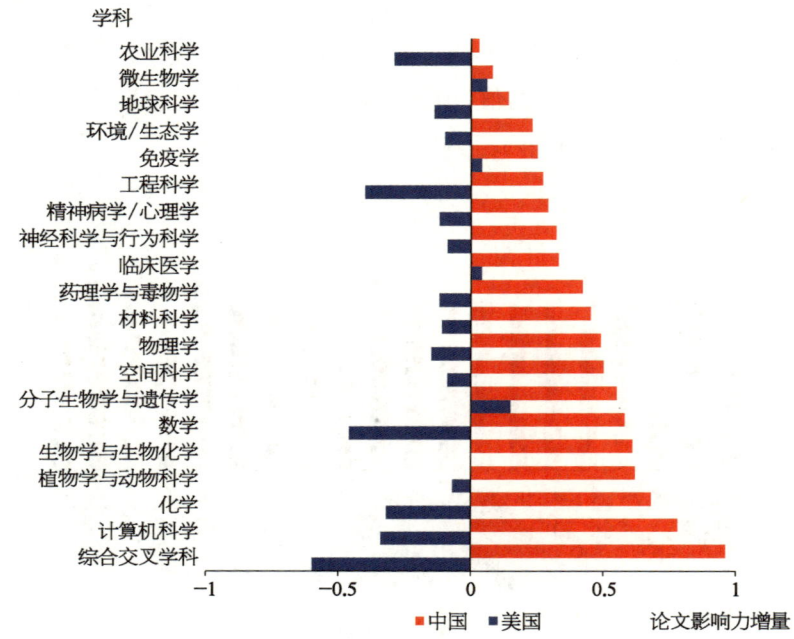

图 4.23 2000—2023 年中美两国各学科论文影响力增量比较

(数据来源：http://www.webofscience.com/)

农业科学外所有学科的论文影响力均正向增长，其中综合交叉学科的论文影响力年均增长率最大，达 6.4%。而同期美国仅分子生物学与遗传学、临床医学、免疫学三个学科的论文影响力实现小幅正向增长，其余学科论文影响力均有不同程度的下滑，其中数学、工程科学和综合交叉学科的年均增长率下滑超过 2%（图 4.24）。

（六）基于学科领域的比较优势

比较优势学科是反映一国的科研论文学科是否具有发展优势的重要指标（比较优势分析主要借鉴区位熵算法演化而来）。为保证学科类别的全面性，基于 ESI 期刊学科领域和 WOS 期刊学科类别，制作了 ESI 与 WOS 的学科映射表（表 4.9）。为保证数据的连续性与

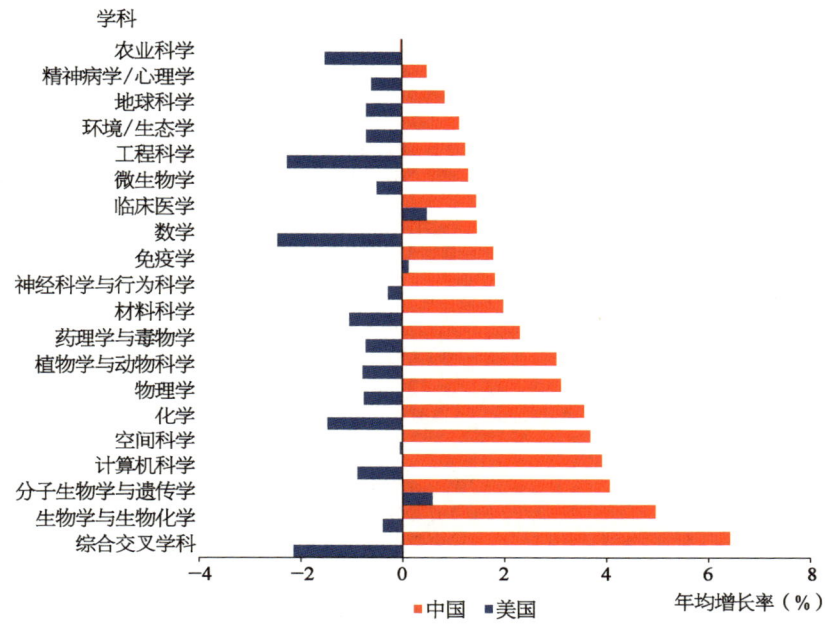

图 4.24 2000—2023 年中美两国各学科论文影响力年均增长率比较

(数据来源：http://www.webofscience.com/)

可靠性，选取 2000 年和 2023 年两个时间截面，通过比较优势分析，分别计算中美两国各学科的比较优势，对比分析两国具有比较优势的学科的差异，探究两国学科领域的动态变化。

表 4.9 ESI 学科领域与 WOS 学科类别映射表

ESI 学科领域	WOS 学科类别
农业科学	农业工程 跨学科农业科学 农业、制奶业和动物科学 农艺学 食品科学和技术 土壤科学 营养和饮食学 园艺

(续　表)

ESI 学科领域	WOS 学科类别
生物学与生物化学	解剖学和形态学 生理学 生物化学研究方法 生物化学与分子生物学 生物物理学 生物学 数学和计算生物学 显微镜学
化学	电化学 光谱学 分析化学 化学，跨学科 无机与核化学 物理化学 药物化学 应用化学 有机化学 结晶学 聚合物科学
临床医学	病理学 产科医学和妇科医学 耳鼻喉科学 放射学、核医学和医学成像 风湿病学 呼吸系统 急症医学 结合和补充医学 麻醉学 泌尿学和肾脏学 男科学 内分泌学和新陈代谢 皮肤病学 热带医学

(续　表)

ESI 学科领域	WOS 学科类别
临床医学	外科 卫生保健科学和服务 胃肠病学和肝脏病学 小儿科 心脏和心血管系统 血液学 牙科学、口腔外科和医学 眼科学 医学,法医 全科和内科医学 医学,研究和试验 医学实验室技术 医学信息学 移植 运动科学 整形外科 肿瘤学 重症医学 周围性血管疾病 护理学
计算机科学	电信 控制论 跨学科应用 理论和方法 人工智能 软件工程 信息系统 硬件和体系结构
工程科学	大洋工程 地质工程 电气和电子工程 工业工程 海洋工程

(续　表)

ESI 学科领域	WOS 学科类别
工程科学	航天工程 化学工程 环境工程 机械工程 工程,跨学科 生物医学工程 石油工程 市政工程 制造工程 机器人学 机械学 能源和燃料 人体工程学 设备和仪器 施工和建筑技术 影像科学和照相技术 运输科学和技术 自动化和控制系统 建筑学 运输学
环境/生态学	湖沼学 环境科学 生态学 生物多样性保护 水资源 环境学
地球科学	采矿和矿石处理 物理地理学 地球化学和地球物理学 地球学,跨学科 地质学 古生物学 海洋学

（续　表）

ESI 学科领域	WOS 学科类别
地球科学	矿物学 气象学和大气科学 遥感 地理学
免疫学	病毒学 传染病 过敏症 免疫学
材料科学	纺织品 复合材料 材料科学,鉴定和检测 材料科学,跨学科 生物材料 陶瓷 涂料和薄膜 造纸和木材 纳米科学和纳米技术 冶金和冶金工程学
数学	逻辑 数学 数学,跨学科应用 应用数学 统计学和概率
微生物学	寄生物学 生物工程学和应用微生物学 微生物学
分子生物学与遗传学	发育生物学 生殖生物学 细胞生物学 细胞与组织工程 遗传学和遗传性

(续 表)

ESI 学科领域	WOS 学科类别
综合交叉学科	多学科科学
神经科学与行为科学	临床神经学 神经科学 神经影像 行为科学
药理学与毒物学	毒物学 药理学和药剂学
物理学	核能科学和技术 光学 量子科学和技术 热动力学 声学 食品科学和技术 核能物理学 物理学,跨学科 粒子和场域物理学 凝聚态物质物理学 数学物理学 液体和等离子体物理学 应用物理学 原子能、分子能和化学物理学
植物学与动物科学	动物学 海洋和淡水生物学 进化生物学 昆虫学 林业 鸟类学 兽医学 渔业 真菌学 植物学

(续　表)

ESI 学科领域	WOS 学科类别
精神病学与心理学	心理学 精神病学
空间科学	天文学和天体物理学

数据来源：http://www.webofscience.com/。

中国具有比较优势的学科主要集中在工程科学领域，美国则主要集中在临床医学。中国有 7 个学科领域的比较优势学科数量超过美国，其中，工程科学、化学、材料科学的学科数量优势明显。从 2023 年来看，中国具有比较优势的学科数量为 83 个，略多于美国的 80 个。中国的比较优势学科主要集中在工程科学（22 个）、化学（11 个）、材料科学（10 个）、地球科学（8 个）、计算机科学（8 个）、物理学（7 个）等学科领域。美国比较优势学科高度集中于临床医学（31 个），在生物学与生物化学（6 个）、分子生物学与遗传学（5 个）、植物学与动物科学（5 个）等学科领域也存在一定的比较优势。中国在工程科学、化学、材料科学三个领域内的比较优势学科数量明显多于美国，分别领先 18 个、11 个、10 个。计算机科学、农业科学、地球科学、物理学的比较优势学科数量稍占优势。美国则在以临床医学为代表的学科领域大幅超过中国，领先 29 个，生物学与生物化学、免疫学、神经科学与行为科学、植物学与动物科学领域分别领先 5 个、4 个、4 个、4 个。其中，美国在临床医学领域的比较优势学科数量是中国的 15.5 倍（图 4.25 和图 2.26）。

为了进一步揭示中美学科领域的动态变化，区分了 2000 年和 2023 年新增与退出的比较优势学科。在研究期间，中国在保持工程科学、化学、材料科学和地球科学等学科优势的同时，新增学科数量 34 个，向复杂性更高的学科领域迈进。中国新增学科以工程科学

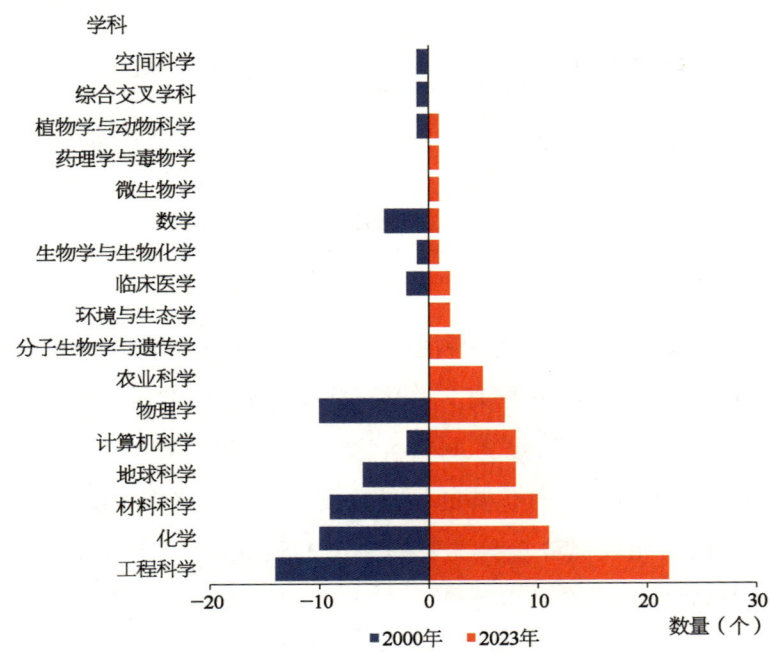

图 4.25　中国 2000 年和 2023 年优势学科数量

（数据来源：http://www.webofscience.com/）

（能源和燃料、航天工程、生物医学工程、环境工程、海洋工程、石油工程）、计算机科学（人工智能、控制论、信息系统、软件工程、理论和方法）、农业科学（农业工程、农艺学、食品科学和技术、园艺、土壤科学）为主。中国退出优势学科为 12 个，以物理学（原子能、分子能和化学物理学、数学物理学、核能物理学、粒子和场域物理学、量子科学和技术）、数学（应用数学、统计学和概率）为代表。美国在临床医学、生物学与生物化学、分子生物学与遗传学、植物学与动物科学等医学和生命科学领域优势仍然突出。美国新增 21 个优势学科，以临床医学（麻醉学、皮肤病学、胃肠病学和肝脏病学、全科和内科医学、法医、风湿病学、移植、热带医学）、物理学（原子能、分子能和化学物理学、核能物理学、粒子和场域物理学）、地球科学（物理地理学、古生物学）为

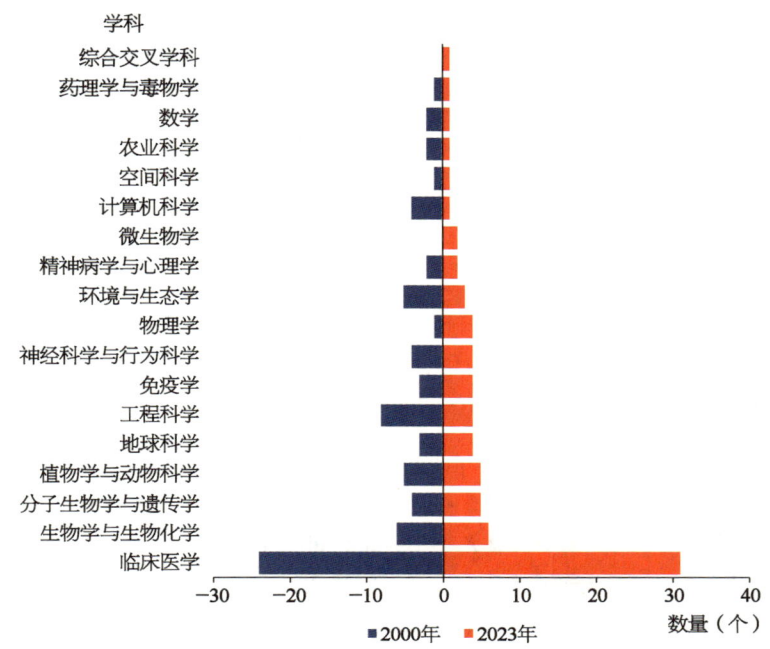

图 4.26　美国 2000 年和 2023 年优势学科数量

（数据来源：http://www.webofscience.com/）

主。美国退出优势学科为 16 个，以工程科学（市政工程、环境工程、工业工程、大洋工程、影像科学和照相技术）、计算机科学（信息系统、跨学科应用、软件工程）为代表。整体而言，美国呈现出以完善医学和生命科学为方向的转变趋势（表 4.10）。

表 4.10　2000 年和 2023 年中美比较优势学科的新增和退出

中　国		美　国	
新增学科	退出学科	新增学科	退出学科
声学	天文学和天体物理学	过敏症	农业工程
农业工程	生物物理学	麻醉学	信息系统

(续 表)

中国		美国	
新增学科	退出学科	新增学科	退出学科
农艺学	数学	生物物理学	计算机科学，跨学科应用
生物工程学和应用微生物学	应用数学	皮肤病学	软件工程
细胞与组织工程	多学科科学	人体工程学	牙科学、口腔外科和医学
细胞生物学	古生物学	胃肠病学和肝脏病学	市政工程
药物化学	原子能、分子能和化学物理学	物理地理学	环境工程
人工智能	数学物理学	全科和内科医学	工业工程
控制论	核能物理学	医学，法医	大洋工程
信息系统	粒子和场域物理学	微生物学	环境科学
软件工程	量子科学和技术	多学科科学	环境学
理论和方法	统计学和概率	古生物学	林业
能源和燃料		寄生物学	影像科学和照相技术
航天工程		原子能、分子能和化学物理学	逻辑
生物医学工程		核能物理学	显微镜学
环境工程		粒子和场域物理学	遥感
海洋工程		生殖生物学	
石油工程		风湿病学	
环境科学		移植	
食品科学和技术		热带医学	
遗传学和遗传性		兽医学	
园艺			
影像科学和照相技术			

(续　表)

中　国		美　国	
新增学科	退出学科	新增学科	退出学科
材料科学,造纸和木材			
数学和计算生物学			
矿物学			
海洋学			
液体和等离子体物理学			
遥感			
土壤科学			
电信			
毒物学			
运输科学和技术			
水资源			

数据来源:http://www.webofscience.com/。

五、本 章 小 结

本章从科研论文的数量与影响力、高水平科研论文的规模、国际科研合作论文的数量与影响力和学科分布与影响力四个方面,对比分析了中美两国在科研论文产出方面的差异,主要结论:

(1)在科研论文的产出规模上,中国在过去二十多年来增长迅速,自2020年以来持续保持全球科研论文产出第一大国的地位。

(2)在科研论文产出质量方面,中国进步明显,但仍整体落后于美国。中国在$N-S$期刊论文规模、国际科研合作论文规模上与美国存在巨大差距;自然指数规模已接近美国水平;ESI高被引论文规模、国际科研合作论文的影响力均已超越美国。

（3）在科研论文的学科分布上，工程科学是中国论文规模最大、增量最多的学科，临床医学是美国论文产出第一和增量第一的学科。中国影响力最大、影响力进步最显著的学科均为综合交叉学科，而美国则分别是临床医学和分子生物学与遗传学。工程科学是中国国际科研合作论文规模最大、增量最多的学科，临床医学是美国国际科研论文合作量第一和增量第一的学科。中国 ESI 论文数量规模最大和增加最多的学科是工程科学，美国仍是临床医学"一家独大"。材料科学是中国 $N\text{-}S$ 期刊论文规模最大和数量增加最多的学科，美国则分别是分子生物学与遗传学和材料科学，美国除材料科学外所有学科的 $N\text{-}S$ 期刊论文数量均超过中国，中美差距显著。中国具有比较优势的学科数量主要集中在工程科学领域，美国则主要集中在临床医学领域。

第五章

中美发明专利产出比较

发明专利是国家知识存量和技术储备的重要组成部分,是国家技术创新能力的显著标志之一,代表了国家技术开发的能力和对未来潜在市场的开拓能力。本章采用世界知识产权组织(WIPO)和OECD的专利数据,从专利申请与授权、专利的技术领域分布以及专利申请的国际化程度三个方面,比较分析中美两国发明专利产出的差异。

一、专利申请与授权

根据 WIPO 的定义,专利(patent)是对发明授予的专有权利。专利申请量反映了一个国家的技术产出规模。申请与授权是专利最主要的状态形式。WIPO 通过对其受理的国际专利申请进行统计、对各国家/地区知识产权局进行年度调查等途径来获取世界各国/地区的专利数据。本节选取 WIPO 的知识产权统计数据中心(WIPO IP Statistics Data Center)作为数据源,从本国专利局受理的居民与非居民专利申请量、每百万居民专利申请量、每千亿美元 GDP 居民专利申请量、申请人为本国国籍的专利申请量与专利授权量、有效专利拥有量、PCT 专利申请情况等方面,比较分析中美两国专利产出规模的差异。

(一)本国受理的居民与非居民专利申请量

在本国受理的居民专利申请量上,中国已远超美国,但在本国受理的非居民专利申请量上,中国还显著低于美国。 本国受理的居民和非居民专利申请量分别表征的是一国内部发明创造的能力和该国技术市场被国际认可的程度。2000—2021 年,中美两国按申请人国籍属性划分的本国受理的居民专利申请量和非居民专利申请量都呈上升趋势。在本国受理的居民专利申请量方面,中国由 2000 年的 2.5 万件迅速上升至 2021 年的 142.7 万件,年均增长率达到 21.2%;美国则由 2000 年的 16.5 万件上升至 2021 年的 26.2 万件,年均增长率仅为 2.2%。2021 年,中国本国受理的居民专利申请量超出美国 116 万件(表 5.1 和图 5.1)。

在本国受理的非居民专利申请方面,中国由 2000 年的 2.7 万件上升至 2021 年的 15.9 万件,美国由 2000 年的 13.1 万件上升至

表 5.1　2000—2021 年中美两国本国受理的居民和非居民专利申请量

（单位：件）

年 份	居民专利申请量		非居民专利申请量	
	中 国	美 国	中 国	美 国
2000	25 346	164 795	26 560	131 100
2001	30 038	177 513	33 412	148 958
2002	39 806	184 245	40 426	150 200
2003	56 769	188 941	48 548	153 500
2004	65 786	189 536	64 598	167 407
2005	93 485	207 867	79 842	182 866
2006	122 318	221 784	88 183	204 182
2007	153 060	241 347	92 101	214 807
2008	194 579	231 588	95 259	224 733
2009	229 096	224 912	85 508	231 194
2010	293 066	241 977	98 111	248 249
2011	415 829	247 750	110 583	255 832
2012	535 313	268 782	117 464	274 033
2013	704 936	287 831	120 200	283 781
2014	801 135	285 096	127 042	293 706
2015	968 252	288 335	133 612	301 075
2016	1 204 981	295 327	133 522	310 244
2017	1 245 709	293 904	135 885	313 052
2018	1 393 815	285 095	148 187	312 046
2019	1 243 568	285 113	157 093	336 340
2020	1 344 817	269 586	152 342	327 586
2021	1 426 644	262 244	159 019	329 229

数据来源：World Bank Data。

2021 年的 32.9 万件，中国远低于美国，且差距呈扩大趋势（表 5.1、图 5.1 和图 5.2）。

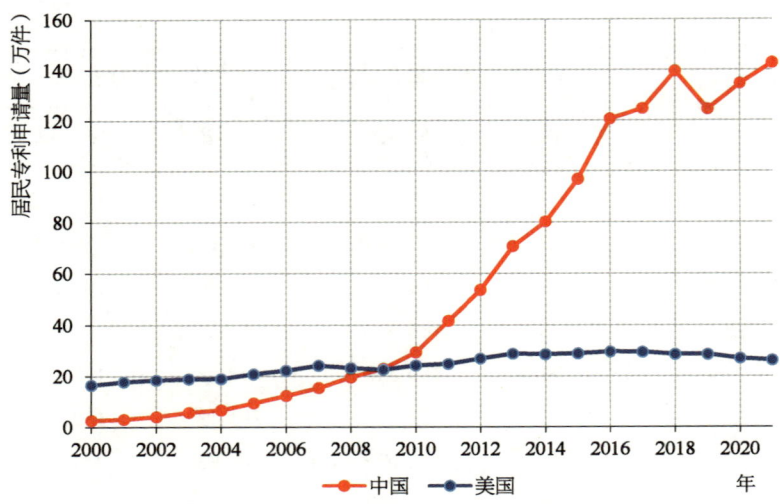

图 5.1 2000—2021 年中美两国本国受理的居民专利申请量比较

(数据来源：World Bank Data)

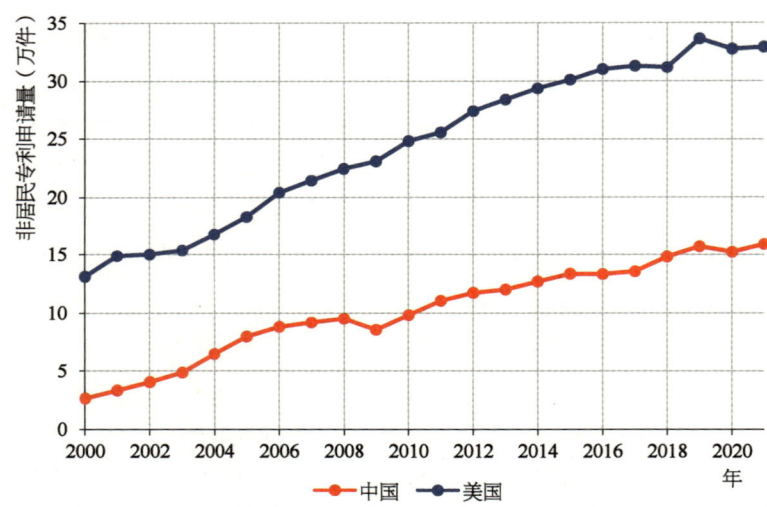

图 5.2 2000—2021 年中美两国本国受理的非居民专利申请量比较

(数据来源：World Bank Data)

(二)每百万居民专利申请量

在每百万居民专利申请量上,中国已超过美国,且领先优势在扩大。 2000—2023 年,中国和美国每百万居民专利申请量整体上均呈增长态势。2000 年,美国每百万居民专利申请量为 584 件,中国仅为 20 件,美国为中国的 29.2 倍,中美差距悬殊。中国于 2018 年超越美国后,持续扩大领先优势。2023 年,美国每百万居民专利申请量为 824 件,中国增长至 1 079 件。其他主要发达国家方面,日本每百万居民专利申请量最高,但在 2000—2023 年期间呈现出下降的态势;德国每百万居民专利申请量与美国较为接近,法国与英国较低(表 5.2 和图 5.3)。

表 5.2　2000—2023 年中美两国每百万居民专利申请量比较

(单位:件)

年　份	中　国	美　国
2000	20	584
2001	24	623
2002	31	641
2003	44	651
2004	51	647
2005	72	703
2006	93	743
2007	116	801
2008	147	762
2009	172	733
2010	219	782
2011	309	795
2012	395	856
2013	517	911

（续 表）

年　份	中　国	美　国
2014	584	895
2015	702	899
2016	868	914
2017	892	904
2018	994	872
2019	883	868
2020	953	813
2021	1 010	790
2022	1 037	757
2023	1 079	824

数据来源：WIPO。

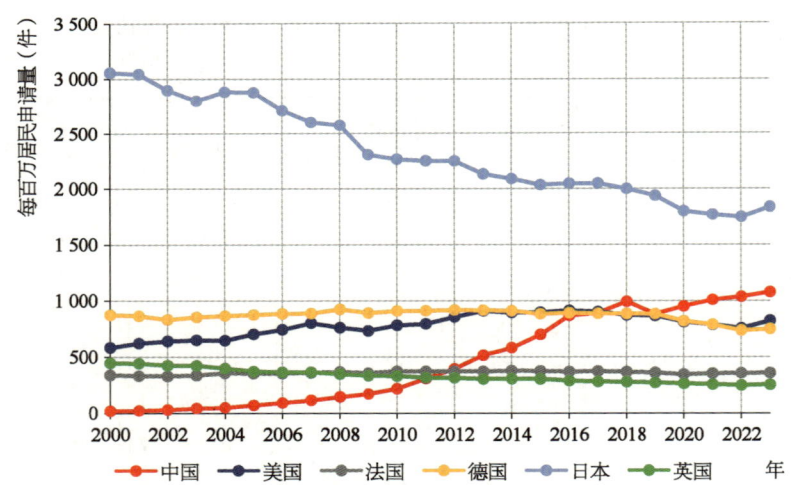

图 5.3　2000—2023 年中美两国及其他主要发达国家每百万居民专利申请量

（数据来源：WIPO）

（三）每千亿美元 GDP 居民专利申请量

在每千亿美元 GDP 居民专利申请量上，中国已远超美国，且领

先优势不断扩大。 2000—2023 年,美国每千亿美元 GDP 居民专利申请量呈现波动增长态势,由 2000 年的 1 061 件增长至 2023 年的 1 119 件,年均增长幅度仅有 0.2%;而中国每千亿美元 GDP 居民专利申请量增长迅速,由 2000 年的 503 件增长至 2023 年的 4 875 件,年均增长幅度达到 10.4%。中国每千亿美元 GDP 居民专利申请量在 2005 年超越美国后,迅速拉开与美国的差距。对比其他主要发达国家发现,日本每千亿美元 GDP 居民专利申请量较高,但持续呈现出负增长态势,中国在 2015 年超越日本后跃居全球第一(表 5.3 和图 5.4)。

表 5.3 2000—2023 年中美两国每千亿美元 GDP 居民专利申请量比较

(单位:件)

年 份	中 国	美 国
2000	503	1 061
2001	551	1 132
2002	668	1 155
2003	866	1 152
2004	912	1 113
2005	1 163	1 180
2006	1 350	1 225
2007	1 479	1 306
2008	1 715	1 252
2009	1 845	1 248
2010	2 134	1 308
2011	2 764	1 318
2012	3 298	1 398
2013	4 030	1 466
2014	4 264	1 417
2015	4 814	1 392
2016	5 607	1 400

(续　表)

年　份	中　国	美　国
2017	5 420	1 360
2018	5 681	1 281
2019	4 784	1 250
2022	4 934	1 049
2023	4 875	1 119

注释：此处数据来源为世界知识产权组织（WIPO），该数据更新时会对往年的专利数据进行核查调整，故而每次数据库更新后，历年数据都会出现小幅度变动。基于以数据为准的原则，此处均采用最新数据进行分析，因此部分数据与《中美科技竞争力评估报告（2022）》有所不同。表5.4—表5.11同。

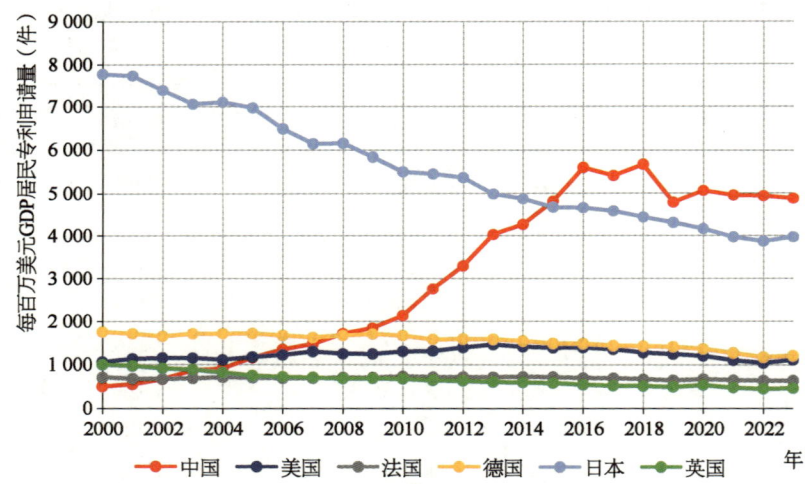

图 5.4　2000—2023 年中美两国及其他主要发达国家每千亿美元 GDP 居民专利申请量比较

（数据来源：WIPO）

（四）申请人为本国国籍的专利申请与授权

在申请人为本国国籍的专利申请量、授权量方面，中国均远超美国，但在专利授权率上与美国仍有差距。申请人为本国国籍的专利申请与授权量不仅包括该国申请人在其国内申请和授权的专利，还包括该国申请人在他国、其他国际性机构（如 WIPO）申请和授权的专利。2000 年，申请人为美国国籍的专利申请量为 29.4 万件，而申请人为中国国籍的专利申请量仅有 2.6 万件，美国为中国的 11.3 倍。2023 年，申请人为美国国籍的专利申请量增长至 52.9 万件，而申请人为中国国籍的专利申请量快速增长至 164.4 万件，美国仅为中国的 32%。申请人为中国国籍的专利申请量在 2012 年超越美国和日本后，迅速拉开了与美国及其他主要发达国家的差距，并稳居全球第一（表 5.4 和图 5.5）。

表 5.4 2000—2023 年中美两国申请人为本国国籍的专利申请量、授权量及比值比较 （单位：件）

年份	中国			美国		
	申请量	授权量	授权/申请	申请量	授权量	授权/申请
2000	26 489	6 446	0.24	293 615	136 674	0.47
2001	31 297	5 722	0.18	308 492	139 540	0.45
2002	41 497	6 348	0.15	306 909	143 853	0.47
2003	58 755	11 984	0.20	302 004	151 989	0.50
2004	69 017	18 967	0.27	331 133	147 567	0.45
2005	97 950	21 575	0.22	383 734	139 447	0.36
2006	129 290	26 356	0.20	404 833	158 793	0.39
2007	161 311	33 502	0.21	437 832	150 132	0.34
2008	204 269	48 919	0.24	429 225	150 054	0.35
2009	241 435	68 500	0.28	398 370	158 167	0.40
2010	308 345	84 813	0.28	433 447	190 875	0.44
2011	436 186	118 128	0.27	441 143	202 069	0.46
2012	561 472	152 106	0.27	474 660	229 409	0.48
2013	734 116	154 472	0.21	501 768	244 186	0.49
2014	837 857	176 351	0.21	509 880	254 697	0.50
2015	1 010 557	279 509	0.28	531 239	257 092	0.48
2016	1 257 467	322 523	0.26	522 734	277 145	0.53
2017	1 306 077	352 576	0.27	525 477	285 846	0.54

(续　表)

年份	中国			美国		
	申请量	授权量	授权/申请	申请量	授权量	授权/申请
2018	1 460 245	377 306	0.26	515 370	289 087	0.56
2019	1 328 070	399 862	0.30	521 919	309 625	0.59
2020	1 441 091	485 159	0.34	496 253	306 555	0.62
2021	1 538 610	639 329	0.42	510 149	298 682	0.59
2022	1 586 352	760 957	0.48	515 424	278 125	0.54
2023	1 644 331	890 378	0.54	529 372	302 571	0.57

数据来源：WIPO。

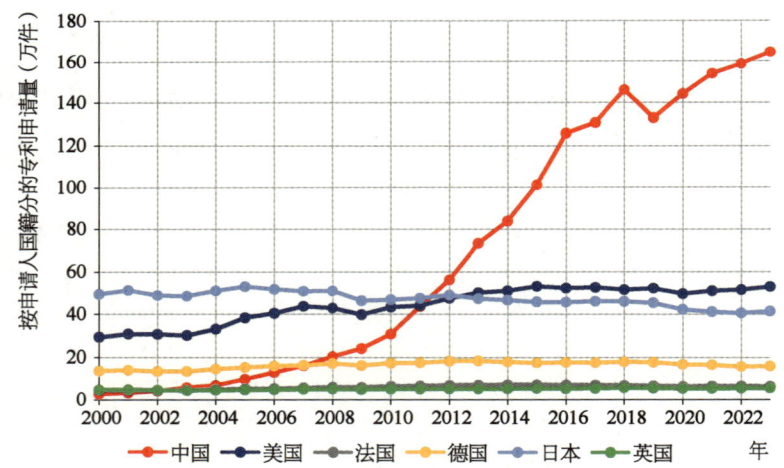

图 5.5　2000—2023 年中美两国及其他主要发达国家申请人为本国国籍的专利申请量比较

（数据来源：WIPO）

在申请人为本国国籍的专利授权量方面，2000 年，申请人为美国国籍的专利授权量为 13.7 万件，而申请人为中国国籍的专利授权量仅有 0.6 万件，中国远远落后于美国。2023 年，申请人为美国国籍的专利授权量增长至 30.3 万件，而申请人为中国国籍的专利授权量增长至 89 万件。中国在 2004 年、2007 年和 2009 年先后超过英国、法国和德国,在 2015 年超越美国和日本(表 5.4 和图 5.6)。专利授权量与专利申请量之比能够很好地反映一国专利的质量,通常被用来刻画一国技术创新产出的效率。从中美两国专利授权量与专利申请量之比来看,中国的专利产出效率仍低于美国,但差距正不断缩小(表 5.4)。

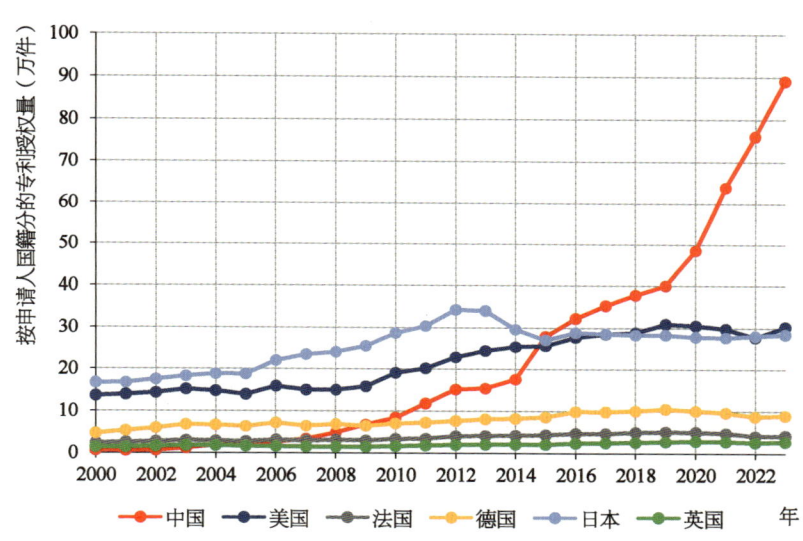

图 5.6 2000—2023 年中美两国及其他主要发达国家申请人为本国国籍的专利授权量比较

(数据来源:WIPO)

(五)申请人为本国国籍的有效专利拥有量

在申请人为本国国籍的有效专利拥有量上,中国持续增长,已超越美国。2007 年,申请人为美国国籍的有效专利拥有量为 127.9 万件,而申请人为中国国籍的有效专利拥有量仅为 10.0 万件。申请人为中国国籍的有效专利拥有量于 2022 年超过美国,随后迅速扩大领先优势。2023 年,申请人为美国国籍的有效专利拥有量为 350.5 万件,申请人为中国国籍的有效专利拥有量增至 458.1 万件(表 5.5 和图 5.7)。

表 5.5 2007—2023 年中美两国申请人为本国国籍的有效专利拥有量比较

（单位：件）

年份	中国	美国
2007	100 158	1 278 597
2008	134 330	1 371 070
2009	189 342	1 455 356
2010	271 297	1 516 377
2011	367 581	1 501 615
2012	499 021	1 667 765
2013	622 011	1 820 228
2014	755 252	1 926 648
2015	981 593	2 038 129
2016	1 236 511	2 131 803
2017	1 519 222	2 379 177
2018	1 813 005	2 638 856
2019	2 141 471	2 981 684
2020	2 545 468	3 156 398
2021	3 079 525	3 158 727
2022	3 760 598	3 384 665
2023	4 580 857	3 504 928

数据来源：WIPO。

（六）PCT 专利申请情况

中国 PCT 专利申请量迅速增长，在 2019 年超过美国后，迅速扩大领先优势。2000 年，美国的 PCT 专利申请量为 38 093 件，中国的 PCT 专利申请量仅为 745 件，美国为中国的 51.1 倍；2023 年，美国的 PCT 专利申请量达到 52 948 件，而中国的 PCT 专利申请量也增长至 73 770 件，中国于 2019 年超越美国，随后保持世界领先（表 5.6 和图 5.8）。

第五章 中美发明专利产出比较

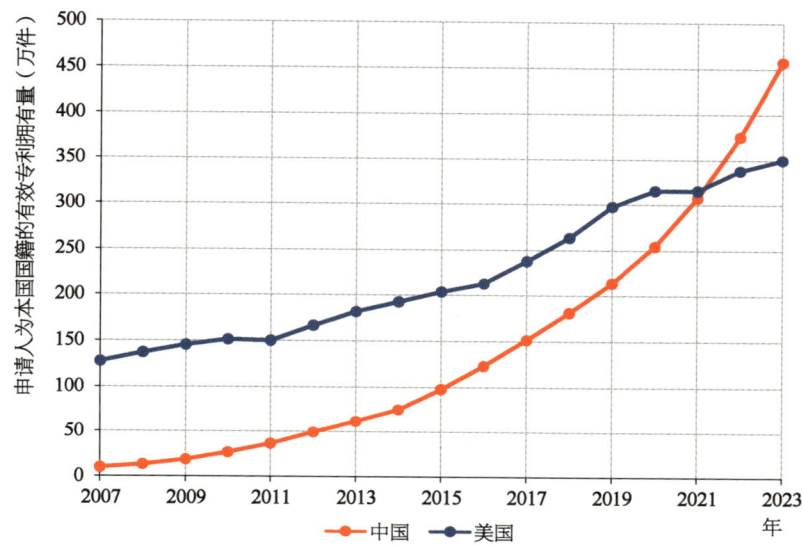

图 5.7 2007—2023 年中美两国申请人为本国国籍的
有效专利拥有量比较

(数据来源：WIPO)

表 5.6 2000—2023 年中美两国 PCT 专利申请量比较

(单位：件)

年 份	中 国	美 国
2000	745	38 093
2001	1 656	43 213
2002	951	41 282
2003	1 165	41 314
2004	1 592	43 662
2005	2 437	47 243
2006	3 827	51 850
2007	5 400	54 597
2008	6 081	52 053
2009	8 000	46 055
2010	12 917	45 229

147

(续表)

年 份	中 国	美 国
2011	17 471	49 366
2012	19 924	52 011
2013	22 927	57 683
2014	27 088	61 973
2015	31 045	57 589
2016	44 462	56 680
2017	50 655	56 311
2018	55 204	55 344
2019	60 997	56 233
2020	72 338	55 887
2021	73 452	56 452
2022	74 410	55 434
2023	73 770	52 948

数据来源：WIPO。

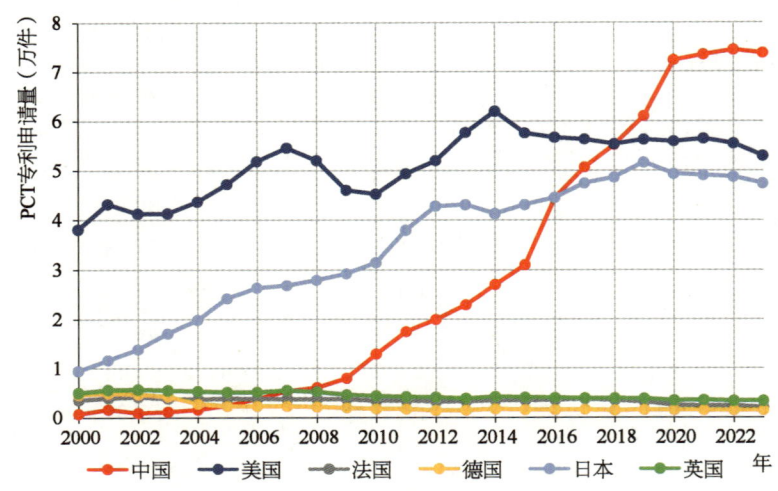

图 5.8　2000—2023 年中美两国及其他主要发达国家 PCT 专利申请量比较

（数据来源：WIPO）

二、专利技术领域比较

技术领域是技术体系的基本分析单元,本节从 PCT 专利技术领域出发,明晰中美两国的技术优势与劣势。WIPO 根据专利分类划分了 35 个技术领域小类,并归并为三个大类,即电学、机械和化学(表 5.7)。

表 5.7 专利技术领域分类

电学类	机械类	化学类
IT 管理方法	操控	表面技术/涂层
半导体	测量	材料/冶金
电信	电机/仪器/能源	大分子化学/聚合物
基础通信	发动机/泵/涡轮机	化学工程
计算机技术	纺织和造纸机械	基础材料化学
视听技术	光学	生物材料分析
数字通信	环境技术	生物技术
	机械工具	食品化学
	机械元素	微结构和纳米技术
	家具/游戏	医疗技术
	控制	有机精细化学
	其他特殊机器	制药
	其他消费品	
	热工艺和设备	
	土木工程	
	运输	

数据来源:WIPO。

(一)技术领域大类的专利申请

美国 PCT 专利技术领域发展均衡,电学类、机械类、化学类"三足鼎立";中国 PCT 专利技术领域结构失衡,电学类、机械类"双核共振"。2000—2023年,中美两国三大类技术领域的PCT专利申请量整体上都呈现出明显的增长趋势,美国在化学领域依然占据优势,但在电学和机械领域的领先地位逐步被中国取代。中国在电学和机械领域的专利申请数量增长迅猛,但化学领域则发展较慢,与美国差距明显(表5.8、图5.9和图5.10)。

表5.8 2000—2023年中美两国三大技术领域的PCT专利申请量比较

(单位:件)

年份	中国			美国		
	电学类	机械类	化学类	电学类	机械类	化学类
2000	60	159	108	8 159	10 720	14 530
2001	127	285	1 051	12 019	12 478	16 039
2002	157	346	485	11 771	12 725	16 418
2003	246	479	353	10 628	13 445	17 235
2004	409	536	453	9 536	12 906	16 425
2005	612	633	477	11 356	14 977	18 192
2006	1 102	969	590	12 691	16 548	19 087
2007	2 168	1 296	713	15 340	17 082	19 908
2008	2 877	1 702	991	16 229	17 991	20 696
2009	3 473	1 813	982	13 363	15 685	18 589
2010	4 795	2 251	1 206	12 238	14 644	17 753
2011	6 728	3 389	1 736	12 074	15 170	17 535
2012	8 423	4 530	2 342	13 569	16 078	17 652
2013	8 053	6 186	2 470	17 143	18 043	18 609
2014	10 897	6 821	2 975	19 725	21 893	22 049
2015	12 023	7 933	3 224	17 074	18 912	18 269
2016	14 679	9 619	3 963	17 587	18 771	19 247
2017	19 111	12 998	5 384	17 437	18 928	19 443
2018	21 705	17 345	6 577	17 797	19 070	19 603
2019	24 216	18 950	7 646	17 345	18 290	20 257
2020	29 023	20 835	8 956	18 106	18 792	21 080
2021	31 145	22 923	10 976	18 808	17 298	21 699
2022	32 022	23 999	11 863	19 736	16 790	21 992
2023	31 501	24 414	12 544	18 421	15 838	21 763

数据来源:WIPO。

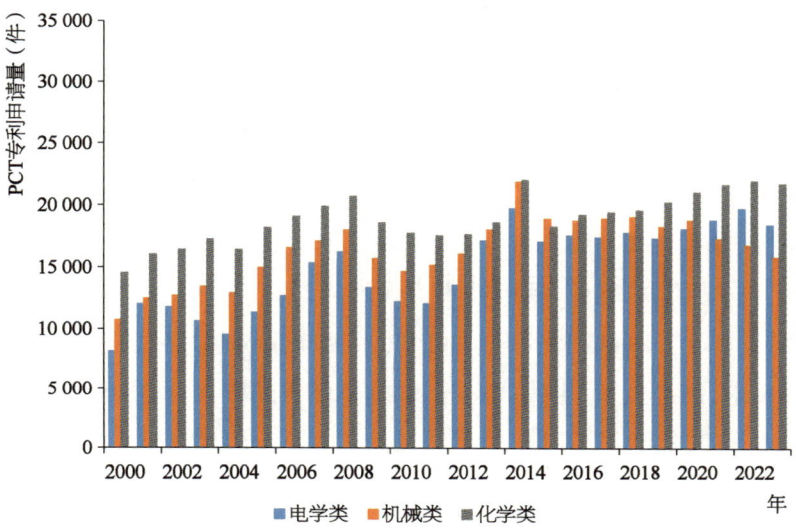

图 5.9 2000—2023 年美国三大技术领域 PCT 专利申请量

(数据来源：WIPO)

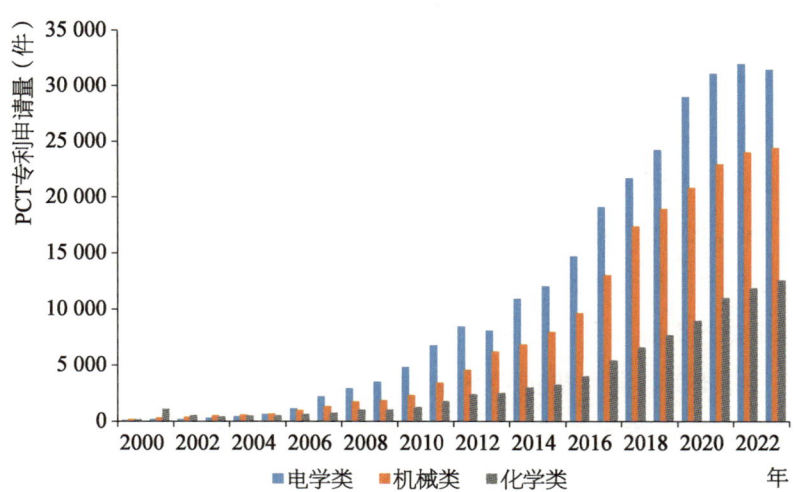

图 5.10 2000—2023 年中国三大技术领域 PCT 专利申请量

(数据来源：WIPO)

（二）技术领域小类的专利申请

中美两国 PCT 专利申请在不同技术领域上各有优势，反映两国在全球技术创新格局中的不同侧重点与战略布局。美国 PCT 专利申请主要分布于计算机技术、医疗技术、数字通信技术、制药、生物技术等领域。中国 PCT 专利申请主要分布于数字通信技术、计算机技术、电机/仪器/能源、视听技术等领域。2023 年，在 35 个技术小类中，美国在 16 个技术小类上的 PCT 专利申请量超过中国，尤其在医疗技术、制药技术、生物技术等领域，依然远超中国；而中国有 19 个技术小类的 PCT 专利申请量超过美国，集中在计算机技术、数字通信技术、视听技术、电机/仪器/能源技术等领域。相较于 2019 年，中国在多个领域实现了对美超越，但在高精尖技术领域仍存在短板（图 5.11）。

（三）基于技术领域小类的比较优势

比较优势领域是反映一国在该技术领域是否具有发展优势的重要指标（比较优势分析主要借鉴区位熵算法演化而来）。为保证数据的连续性与可靠性，选取 2000—2002 年和 2021—2023 年两个时间段，通过比较优势分析，分别计算中美两国技术小类的比较优势，对比分析两国具有比较优势的技术领域的差异，探究两国专利技术领域的动态变化。

中国在电学和机械两大类领域的诸多技术小类上具有比较优势，但在化学类技术大类领域远远落后于美国。从 2021—2023 年来看，中国具有比较优势的技术小类为 10 个，低于美国的 15 个。中国的比较优势技术小类主要集中在电学类（6 个）和机械类（4 个）。美国比较优势技术小类则是三大类领域均有涉及，具体为电学类（5 个）、机械类（2 个）、化学类（8 个）。其中，美国在化学类

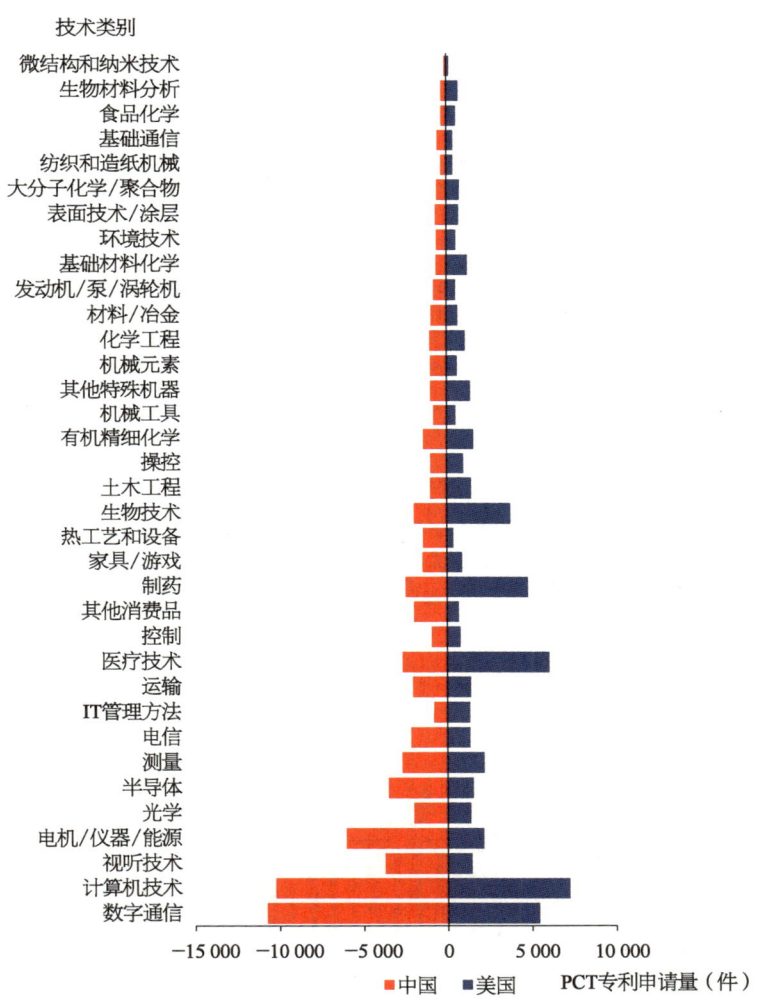

图 5.11 2023 年中美两国技术领域小类的 PCT 专利申请量

(数据来源：WIPO)

技术领域的比较优势技术小类数量大幅领先中国(图 5.12 和图 5.13)。

为了进一步揭示中美技术领域的动态变化,本报告对中美在 2000—2002 年和 2021—2023 年两个时间段内新增与退出的比较优

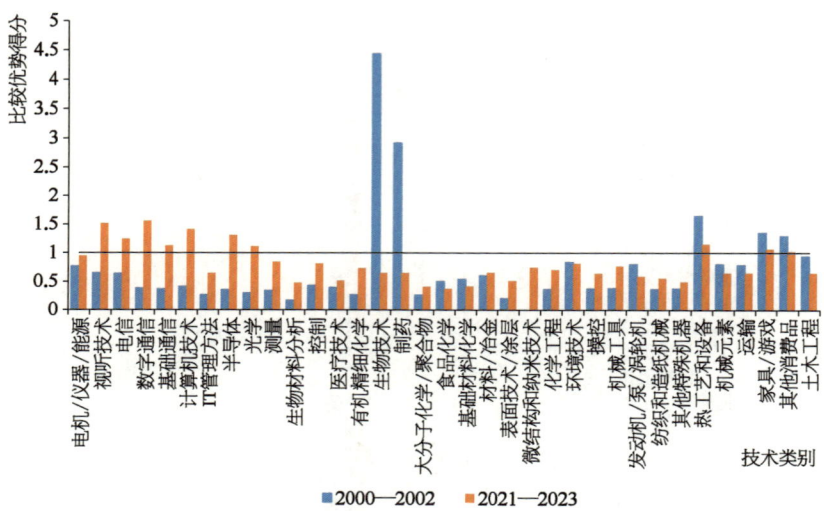

**图 5.12　中国 2000—2002 年和 2021—2023 年技术领域
小类的比较优势得分**

注：比较优势得分大于 1 则被视为具有比较优势，数据来源：WIPO。

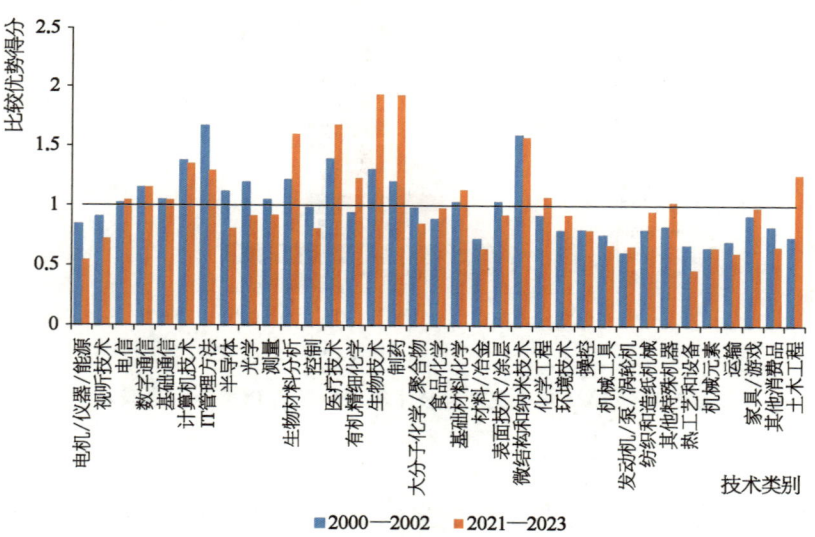

**图 5.13　美国 2000—2002 年和 2021—2023 年技术领域
小类的比较优势得分**

注：比较优势得分大于 1 则被视为具有比较优势，数据来源：WIPO。

势技术小类进行了识别。在这两个时段期间,中国的比较优势技术小类数量新增 7 个,包括电学类(视听技术、电信、数字通信、计算机技术、半导体)、机械类(光学)。中国退出比较优势技术小类为 2 个,均隶属于化学类(生物技术、制药)。美国新增技术小类数量为 4 个,包括机械类(其他特殊机器、土木工程)、化学类(有机精细化学、化学工程)。美国退出比较优势技术小类为 4 个,分别是电学类(半导体)、机械类(光学、测量)、化学类(表层技术/涂层)。整体而言,美国呈现出完善化学类技术领域的转变趋势(图 5.12 和图 5.13)。

三、专利申请的国际化程度

专利合作申请反映了专利产出的国际化程度,本节以 PCT 专利为例,从专利申请国际合作的数量、专利申请国际合作率、PCT 专利国际合作对象等方面对比中美两国专利申请的国际化程度。

(一)国际合作数量

美国 PCT 专利申请的国际合作规模远超中国,且中美差距持续扩大。 2000 年,美国 PCT 专利申请国际合作量为 3 522 件,中国仅为 106 件;2021 年,美国 PCT 专利申请国际合作量达到 8 063 件,中国也增长至 3 388 件。尽管中国 PCT 专利申请国际合作量的年均增长率(17.9%)远高于美国(4.0%),但合作的绝对数量仍与美国有较大差距,且总体呈扩大趋势。对比其他主要发达国家发现,美国的 PCT 专利申请国际合作量不仅远高于中国,也远高于德国、英国、法国和日本;中国的 PCT 专利申请国际合作量在 2008 年超过日本后,于 2014 年超过英国,与德国的差距也在不断缩小(表 5.9 和图 5.14)。

表 5.9 2000—2021 年中美两国 PCT 专利申请国际合作量比较

（单位：件）

年 份	中 国	美 国
2000	106	3 522
2001	155	4 204
2002	169	4 329
2003	269	4 476
2004	357	4 839
2005	402	5 309
2006	580	5 725
2007	724	6 207
2008	815	6 113
2009	892	5 646
2010	1 197	5 687
2011	1 353	6 635
2012	1 603	6 779
2013	1 772	7 464
2014	1 931	7 751
2015	1 991	7 738
2016	2 067	7 700
2017	2 481	7 835
2018	2 663	7 648
2019	3 257	7 833
2020	3 366	7 960
2021	3 388	8 063

数据来源：OECD。

（二）国际合作率

美国 PCT 专利申请国际合作率稳中有进，中国 PCT 专利申请国际合作率波动下降。2000—2021 年，中美两国 PCT 专利申请国际合

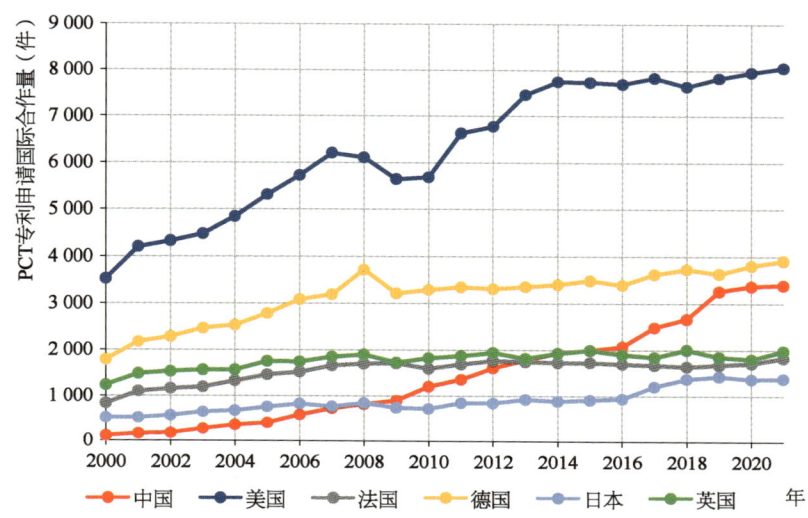

图 5.14　2000—2021 年中美两国及其他主要发达国家
PCT 专利申请国际合作量比较

(数据来源：OECD)

作率的发展存在较大差别,其中美国呈现出整体增长态势,由 2000 年的 9.4% 增长至 2021 年的 13.2%;而中国在 2001—2003 年经历高幅增长态势后,呈现出快速下滑态势,2021 年已下滑至 5.1%,这可能与中国 PCT 专利总量增速过快有关。2021 年,中国 PCT 专利申请国际合作率低于英国、法国、德国和美国,高于日本(表 5.10 和图 5.15)。

表 5.10　2000—2021 年中美两国 PCT 专利合作率比较(%)

年　份	中　国	美　国
2000	14.3	9.4
2001	9.8	9.7
2002	16.7	10.3
2003	19.9	10.6
2004	19.5	10.8
2005	15.0	11.0
2006	13.7	10.9

(续 表)

年 份	中 国	美 国
2007	12.9	11.2
2008	12.7	11.5
2009	10.7	12.1
2010	9.4	12.3
2011	8.0	13.2
2012	8.4	13.0
2013	8.1	12.9
2014	7.5	12.4
2015	6.8	13.4
2016	5.1	13.4
2017	5.3	13.5
2018	5.2	13.3
2019	5.7	13.2
2020	5.0	13.1
2021	5.1	13.2

数据来源：OECD。

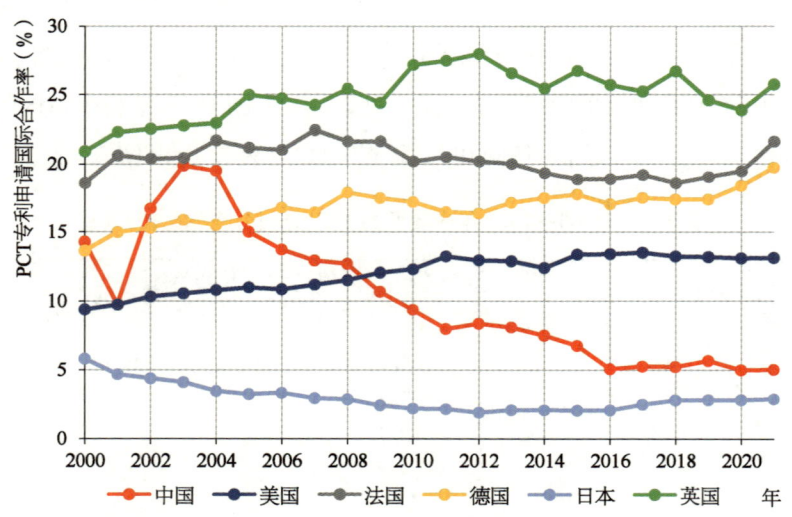

图 5.15 2000—2021 年中美两国及其他主要发达国家 PCT 专利申请国际合作率比较

（数据来源：OECD）

（三）国际合作对象

与日本、欧盟 27 国的 PCT 专利合作量上，中美两国变化趋势一致，但在中美合作上，美国对中国依赖程度较低，中国对美国依赖程度较高，中国的自主创新能力有待进一步提高。从与日本、欧盟 27 国以及中美之间合作量上对比中美两国在 PCT 专利合作申请对象上的差异发现：中国与美国、日本以及欧盟 27 国在 PCT 专利合作申请上都呈现出快速增长的态势，分别从 2000 年的 53 件、6 件和 19 件上升至 2021 年的 1 565 件、396 件、1 026 件，其中美国是中国在 PCT 专利申请上的第一合作大国，而与日本合作相对较少。同样，美国与中国、日本和欧盟 27 国在 PCT 专利申请上也呈现出总体上升的态势，分别从 2000 年的 53 件、321 件和 1 676 件上升至 2021 年的 1 565 件、357 件和 3 327 件，其中欧盟 27 国是美国 PCT 专利申请的第一合作对象，美国与日本在 PCT 专利申请上的合作也较少。从中美合作上看，美国对中国依赖程度较低，中国对美国依赖程度较高（表 5.11、图 5.16 和图 5.17）。

表 5.11　2000—2021 年中美两国与其他国家 PCT 专利合作量比较

（单位：件）

年份	中美合作量	中国		美国	
		与日本合作量	与欧盟 27 国合作量	与日本合作量	与欧盟 27 国合作量
2000	53	6	19	321	1 676
2001	69	13	46	302	2 051
2002	82	13	47	313	2 079
2003	135	18	68	324	2 135
2004	173	20	75	417	2 197
2005	185	34	112	418	2 370
2006	300	50	165	387	2 466
2007	393	41	209	386	2 711

(续 表)

年份	中美合作量	中国		美国	
		与日本合作量	与欧盟27国合作量	与日本合作量	与欧盟27国合作量
2008	385	47	313	396	2 677
2009	465	44	318	347	2 504
2010	566	74	419	310	2 396
2011	706	96	429	360	2 715
2012	785	111	566	353	2 777
2013	945	136	501	411	2 957
2014	1 111	138	516	373	3 086
2015	1 168	128	428	377	2 982
2016	1 064	201	517	341	3 153
2017	1 163	383	592	395	3 132
2018	1 116	423	712	431	3 169
2019	1 580	491	787	427	2 984
2020	1 794	395	910	407	3 209
2021	1 565	396	1 026	357	3 327

数据来源：OECD。

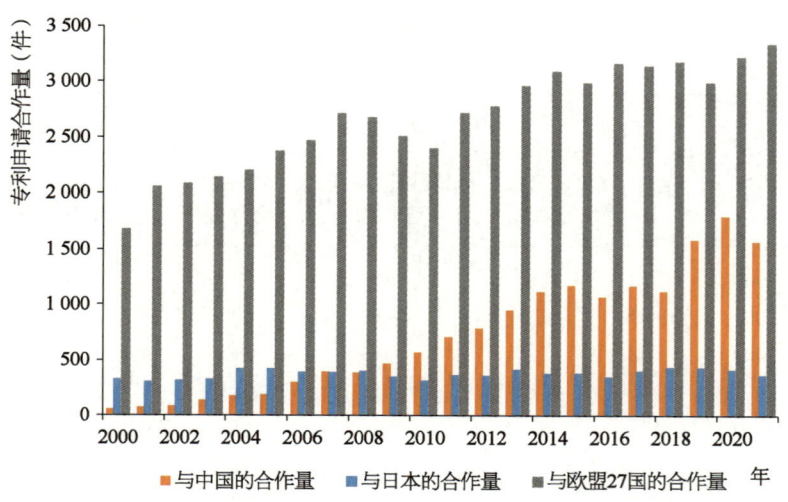

图 5.16　2000—2021 年美国与其他国家 PCT 专利申请合作量

（数据来源：OECD）

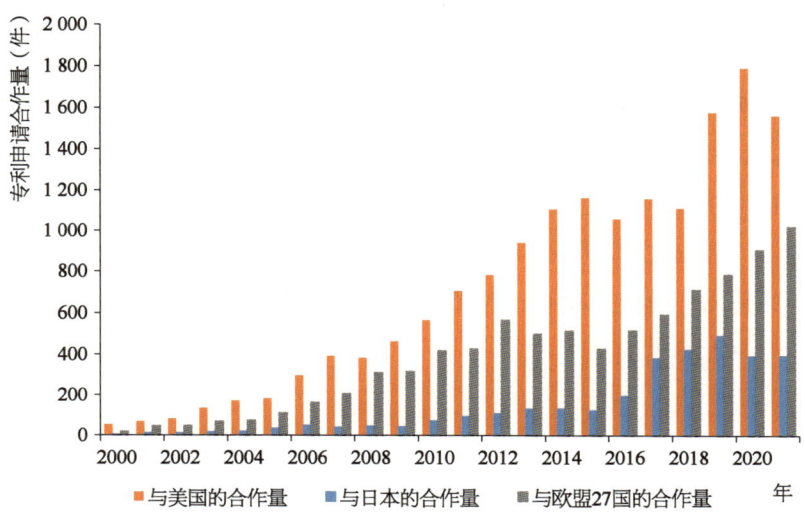

图 5.17　2000—2021 年中国与其他国家 PCT 专利申请合作量

（数据来源：OECD）

四、本　章　小　结

本章从专利申请与授权、专利技术领域以及专利申请的国际化程度等方面比较分析了中美两国在发明专利产出方面的差异，主要结论如下：

（1）在发明专利产出规模方面，中国诸多指标已显著超过美国。如在"本国受理的居民专利申请量""每百万居民专利申请量""每千亿美元 GDP 居民专利申请量""申请人为本国国籍的专利申请量与授权量""申请人为本国国籍的有效专利拥有量""PCT 专利申请量"6 个指标上，中国均已远超美国。

（2）在"申请人为本国国籍的专利申请量、授权量比值""国际合作数量""国际合作率"等指标上，中国仍低于美国。其中前两项指标是刻画专利质量的重要指标，中美在这些指标上的差距，反映出中国专利产出质量明显落后美国。

（3）在专利的技术领域方面，美国专利技术领域分布结构虽更为均衡，在医疗技术、制药技术、生物技术等高技术领域拥有绝对优势，但多个技术小类 PCT 专利申请量被中国反超；相比而言，中国优势技术领域不断增多，但高精技术领域的短板依旧明显。中国具有比较优势的技术小类主要集中在电学类和机械类，化学类领域依旧较为薄弱。而美国具有比较优势的技术小类涉及电学类、机械类、化学类三大类领域。

第六章

中美技术贸易发展比较

技术贸易是指国家间通过技术进出口实现技术互补,其价值属性和方向性特征能够清晰刻画各国在技术合作中的相对重要性及相互依赖性。对比中美两国在技术贸易上的差距,有助于精准定位中国在全球技术流动网络中的坐标,并评估其技术创新的全球影响力。本章从以高技术产品出口为表征的显性技术贸易和以知识产权贸易为表征的隐性技术贸易两方面,系统比较中美两国技术贸易的发展特征与趋势。

一、高技术产品出口

高技术产品出口综合反映了一个国家的工业体系的先进程度及其在全球生产网络中的地位。本节以世界银行数据库——科学和技术子数据库(Science & Technology, World Bank Data)中的各国高技术产品出口额(high-technology exports)和高技术产品出口额占制成品出口额比重为数据源,从规模和占比两个方面比较分析中美两国在高技术产品出口上的差异。

(一) 高技术产品出口额

近年来中国高技术产品出口在经历长期快速增长后出现连续下滑趋势,美国高技术产品出口在近年增长显著,但中国仍保持较大领先优势。 2000年以来,中美两国高技术产品出口呈现差异化的发展趋势,其中中国整体呈现出快速增长态势,由2000年的417.4亿美元增长至2023年的8 250.5亿美元,年均增长率达到13.9%。中国自2005年超越美国后,就一直占据全球第一大高技术产品出口国的位置(表6.1)。而美国高技术产品出口则呈现周期性的"衰退—增长"规律,首先由2000年的1 974.7亿美元下降至2003年的1 602.9亿美元,然后增长至2008年的2 431.3亿美元,随后又波动下降至2020年的1 416.1亿美元,近年再次呈现增长态势,至2023年,美国高技术产品出口额达到2 085.1亿美元(表6.1)。值得注意的是,中国高技术产品出口额自2021年开始已连续2年出现下跌特征,2023年相较2021年跌幅达11.9%,而美欧等国家的高技术产品出口额自2020开始皆呈现显著的增长趋势,其中美国2023年相较于2020年增幅达47.2%,法国为31.7%,德国为40.2%,英国为41.6%(图6.1)。

表 6.1　2000—2023 年中美两国高技术产品出口额比较

（单位：亿美元）

年　份	中　国	美　国
2000	417.4	1 974.7
2001	494.1	1 761.6
2002	692.3	1 620.8
2003	1 086.7	1 602.9
2004	1 630.1	1 762.8
2005	2 159.3	1 907.4
2006	2 731.3	2 190.3
2007	3 435.6	2 406.6
2008	3 918.8	2 431.3
2009	3 596.9	1 509.8
2010	4 747.4	1 661.3
2011	5 404.6	1 665.6
2012	5 941.1	1 691.6
2013	6 561.3	1 693.1
2014	6 540.3	1 760.3
2015	6 524.1	1 753.2
2016	5 947.5	1 739.8
2017	6 542.5	1 546.0
2018	7 313.9	1 538.9
2019	7 153.4	1 540.3
2020	7 574.8	1 416.1
2021	9 363.9	1 692.8
2022	9 243.9	1 918.8
2023	8 250.5	2 085.1

数据来源：World Bank Data。

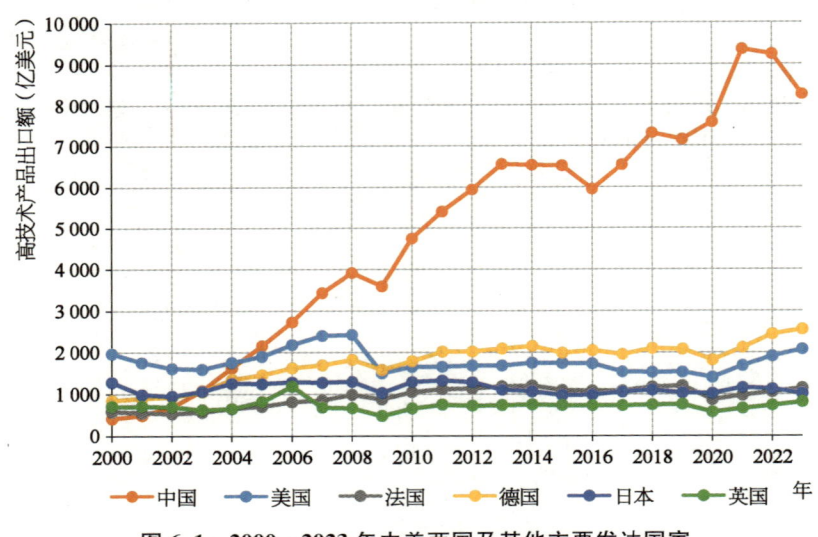

图 6.1　2000—2023 年中美两国及其他主要发达国家
高技术产品出口额比较

（数据来源：World Bank Data）

（二）高技术产品出口占制成品出口比重

中国高技术产品出口占制成品出口比重近年出现连年下降趋势，美国则呈现连续 5 年增长态势，但中国仍明显高于美国。2000 年以来，中美两国高技术产品出口占制成品出口的比重均呈现出有升有降、总体平稳的发展趋势。其中，中国在 2000—2005 年间增长迅猛，由 2000 年的 19.0％增长至 2005 年的 30.8％；在 2005—2008 年间呈现下降的趋势，由 2005 年的 30.8％下降至 2008 年的 29.4％；在 2008—2021 年间，中国高技术产品出口占制成品出口比重虽有上下波动，但总体保持稳定，维持在 30％左右；在 2022—2023 年间，中国高技术产品出口占制成品出口比重下降明显，跌至 26.6％，接近 2002—2003 年的水平。美国高技术产品出口占制成品出口比重在 2000—2013 年间迅速下降（虽在 2004—2005 年间有小幅度上升，但在其他年份下降趋势明显),由33.7%下降至20.2%,随后经历2015—2016年的小幅增长后又下降至2018年的18.5%。但自2018年开始,美国高技术产品出口占制成品出口比重连年上升,增长至2023年的21.8%。整体上看,在高技术产品出口占制成品出口比重方面,中国对美国仍保持较大优势,虽差距在缩小,但仍处高位;同其他主要发达国家相比,中国略低于英国,高于日本、德国和法国(表6.2和图6.2)。

表6.2 2000—2023年中美两国高技术产品出口占制成品出口比重比较

(单位:%)

年 份	中 国	美 国
2000	19.0	33.7
2001	21.0	32.6
2002	23.7	31.7
2003	27.4	30.7
2004	30.1	32.8
2005	30.8	32.7
2006	30.5	30.1
2007	30.2	29.9
2008	29.4	28.4
2009	32.0	24.4
2010	32.2	22.6
2011	30.5	20.6
2012	30.9	20.2
2013	31.6	20.2
2014	29.7	20.5
2015	30.4	21.4
2016	30.3	22.4
2017	30.9	19.3
2018	31.5	18.5
2019	30.8	18.7

（续 表）

年 份	中 国	美 国
2020	31.3	19.5
2021	30.2	19.9
2022	27.8	20.6
2023	26.6	21.8

数据来源：World Bank Data。

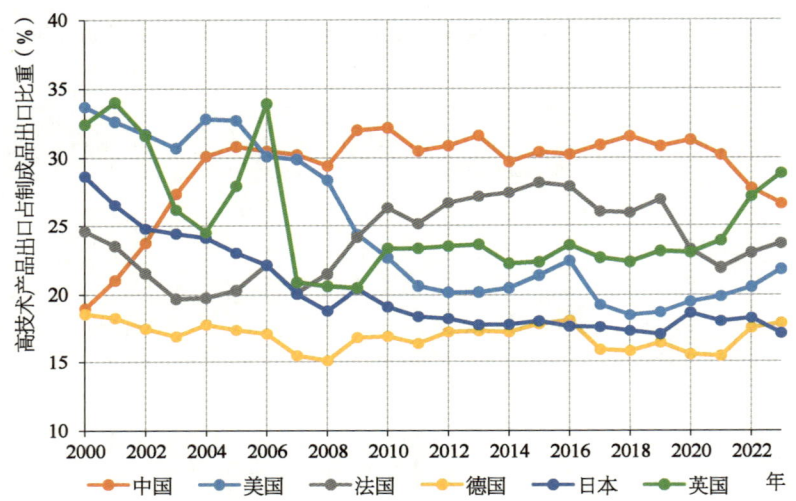

图 6.2　2000—2023 年中美两国及其他主要发达国家高技术产品出口占制成品出口比重比较

（数据来源：World Bank Data）

二、知识产权贸易

知识产权贸易综合反映了一个国家科学技术的领先程度及其在全球创新价值链中的地位。本节以世界银行数据库科学和技术子数据库中的各国在知识产权贸易中的支出和收益数据（charges for the use of intellectual property，payments and receipts）为数据源，从知识产权贸易额、知识产权进口额和知识产权出口额三个方面比较分析中美两国在知识产权贸易上的差异。

（一）整体比较

美国知识产权贸易总额远超中国，中美差距不断扩大。2000 年以来，中美两国知识产权贸易总额皆呈现出快速增长态势，分别由 2000 年的 13.6 亿美元和 596.2 亿美元上升至 2023 年的 537.0 亿美元和 1 819.8 亿美元。从全球范围来看，美国是全球知识产权贸易最发达的国家，其知识产权贸易长期位居全球第一，且相对其他国家的领先优势还在不断扩大。中国知识产权贸易额虽快速上升，从全球第 17 位上升至全球第 7 位，但仍落后于美国、爱尔兰、荷兰、日本、德国和瑞士等主要发达国家（表 6.3 和图 6.3），且 2022 年以来，中国知识产权贸易额下降明显。从增长速度上看，在 2023 年全球知识产权贸易总额前 20 的国家中，中国以年均 17.3%的增速位居第 2 位，略低于印度的 17.8%，而美国的年均增速仅为 5.0%（表 6.4）。

表 6.3　2000—2023 年中美两国知识产权贸易总额比较

（单位：亿美元）

年　份	中　国	美　国
2000	13.6	596.2
2001	20.5	572.1
2002	32.5	638.0
2003	36.6	659.6
2004	47.3	797.6
2005	54.8	885.9
2006	68.4	940.7
2007	85.3	1 091.1
2008	108.9	1 174.4
2009	114.9	1 151.5

(续　表)

年　份	中　国	美　国
2010	138.7	1 260.8
2011	154.5	1 399.7
2012	187.9	1 429.3
2013	219.2	1 491.2
2014	232.9	1 539.4
2015	231.1	1 463.3
2016	251.4	1 549.6
2017	335.5	1 625.5
2018	413.4	1 575.6
2019	409.8	1 648.1
2020	464.5	1 609.6
2021	586.5	1 816.1
2022	577.7	1 988.2
2023	537.0	1 819.8

数据来源：World Bank Data。

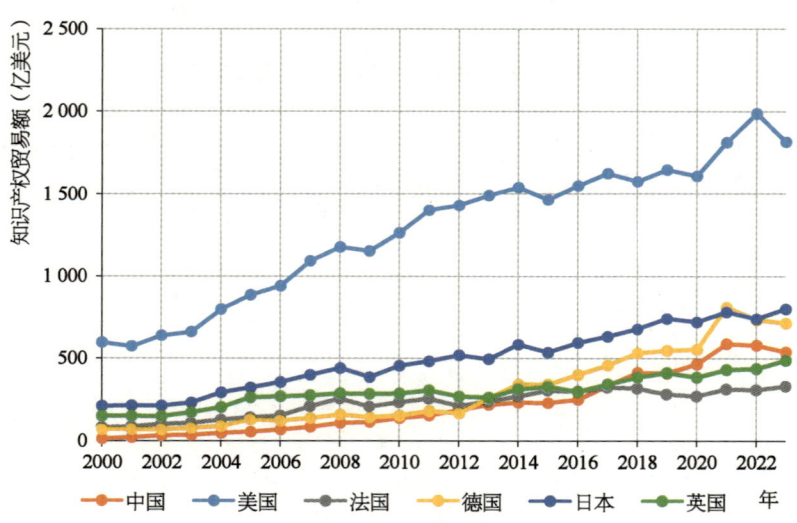

图 6.3　2000—2023 年中美两国及其他主要发达国家知识产权贸易总额比较

（数据来源：World Bank Data）

表 6.4 世界主要国家知识产权贸易额及增长情况

国　家	2000 年(亿美元)	2023 年(亿美元)	年均增长率(%)
美国	596.2	1 819.8	5.0
爱尔兰	/	1 697.5	/
荷兰	46.8	1 081.5	14.6
日本	212.3	799.1	5.9
德国	69.5	710.9	10.6
瑞士	44.2	580.9	11.9
中国	13.6	537.0	17.3
英国	151.7	488.6	5.2
法国	83.9	334.5	6.2
新加坡	51.6	320.1	8.3
瑞典	24.1	244.7	10.6
加拿大	58.9	228.1	6.1
大韩民国	40.0	214.1	7.6
印度	3.7	158.8	17.8
意大利	39.4	136.0	5.5
西班牙	/	111.2	/
卢森堡	2.6	97.9	17.2
澳大利亚	15.5	93.8	8.1
丹麦	/	93.5	/
比利时	/	92.3	/

数据来源：World Bank Data。

（二）知识产权进口额

中国知识产权进口额快速增长，与美国差距快速缩小。2000—2023 年，中美两国的知识产权进口额呈上升态势，虽有波动，但增长显著，分别由 2000 年的 12.8 亿美元和 161.4 亿美元增长至 2023 年的 427.2 亿美元和 475.4 亿美元。从全球范围来看，美国由 2000 年的全球第一大知识产权进口国，先后于 2004 年和 2008 年分别下降至全球第二大知识产权进口国(荷兰以 242.5 亿美元的知识产权进口额位居全球第一)和全球第三大知识产权进口国(除荷兰外,爱尔兰以 354.5 亿美元知识产权进口国位居第二),随后于 2009 年再次反超荷兰跃居全球第二(爱尔兰以 350.4 亿美元知识产权进口额位居全球第一),并持续保持至今。爱尔兰自 2009 年知识产权进口额超过荷兰和美国后持续保持其全球第一大知识产权进口国的地位。中国的知识产权进口额在 2000 年仅位居全球第 13 位,2021—2022 年超越荷兰位居全球第 3 位,2023 年,再次被荷兰反超,位居全球第 4(表 6.5 和图 6.4)。从增长速度上看,在 2023 全球知识产权进口额前 20 的国家中,中国年均增长速达 16.5%,低于卢森堡的 19.5% 和印度的 18.7%,而美国的年均增速仅为 4.8%(表 6.6)。

表 6.5　2000—2023 年中美两国知识产权进口额比较

(单位:亿美元)

年　份	中　国	美　国
2000	12.8	161.4
2001	19.4	162.1
2002	31.1	189.8
2003	35.5	186.5
2004	45.0	228.2
2005	53.2	241.3
2006	66.3	230.8
2007	81.9	246.2
2008	103.2	277.6
2009	110.7	294.2
2010	130.4	311.2
2011	147.1	329.1
2012	177.5	350.6

(续　表)

年　份	中　国	美　国
2013	210.3	352.9
2014	226.1	375.6
2015	220.2	351.8
2016	239.8	419.7
2017	287.5	444.1
2018	357.8	427.4
2019	343.7	422.7
2020	378.7	450.3
2021	468.9	505.3
2022	444.6	609.9
2023	427.2	475.4

数据来源：World Bank Data。

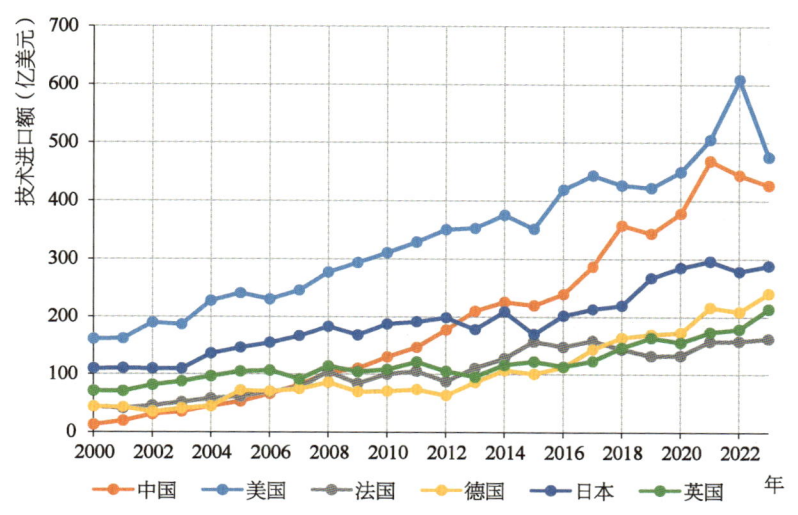

图 6.4　2000—2023 年中美两国及其他主要发达国家知识产权进口额比较

（数据来源：World Bank Data）

表6.6 世界主要国家知识产权进口额及增长情况

国　家	2000年(亿美元)	2023年(亿美元)	年均增长率(%)
爱尔兰	/	1 532.2	/
美国	161.4	475.4	4.8
荷兰	25.0	444.0	13.3
中国	12.8	427.2	16.5
瑞士	17.4	308.1	13.3
日本	110.1	288.9	4.3
德国	44.1	240.8	7.7
英国	71.5	214.0	4.9
新加坡	51.0	181.8	5.7
法国	44.2	162.1	5.8
加拿大	35.6	155.7	6.6
瑞典	9.9	150.7	12.6
印度	2.8	143.5	18.7
韩国	33.0	123.5	5.9
意大利	26.2	74.6	4.7
卢森堡	1.2	72.2	19.5
西班牙	/	69.2	/
巴西	14.1	63.8	6.8
墨西哥	4.1	62.0	12.5
泰国	7.1	60.3	9.7

数据来源：World Bank Data。

（三）知识产权出口额

中国知识产权出口额远远低于美国，且中美差距持续扩大。2000—2023年，中美两国在知识产权出口额上的发展态势差别较为明显，其中美国增长态势明显，由2000年的434.8亿美元增长至2023年的1 344.4亿美元；中国的知识产权出口额则上升缓慢，仅由2000年的0.8亿美元增长至2023年的109.8亿美元。从全球范围来看，美国始终保持技术输出第一大国的地位，且逐渐拉大了与其他国家的差距。

2023年,中国知识产权出口额仅位居全球第10位,显著落后于主要科技发达国家。从增长速度上看,在2023年全球知识产权出口额前20的国家中,中国的年均增长速度虽然达到23.9%,但仍落后于新加坡(表6.7、表6.8和图6.5)。可见,中国在知识产权出口方面任重道远。

表6.7 2000—2023年中美两国知识产权出口额比较

(单位:亿美元)

年　份	中　国	美　国
2000	0.8	434.8
2001	1.1	410.0
2002	1.3	448.2
2003	1.1	473.1
2004	2.4	569.4
2005	1.6	644.7
2006	2.0	710.0
2007	3.4	845.0
2008	5.7	896.7
2009	4.3	857.3
2010	8.3	949.7
2011	7.4	1 070.5
2012	10.4	1 078.7
2013	8.9	1 138.2
2014	6.8	1 163.8
2015	10.8	1 111.5
2016	11.6	1 129.8
2017	48.0	1 181.5
2018	55.6	1 148.2
2019	66.0	1 225.3
2020	85.8	1 159.4
2021	117.6	1 310.8
2022	133.1	1 378.3
2023	109.8	1 344.4

数据来源:World Bank Data。

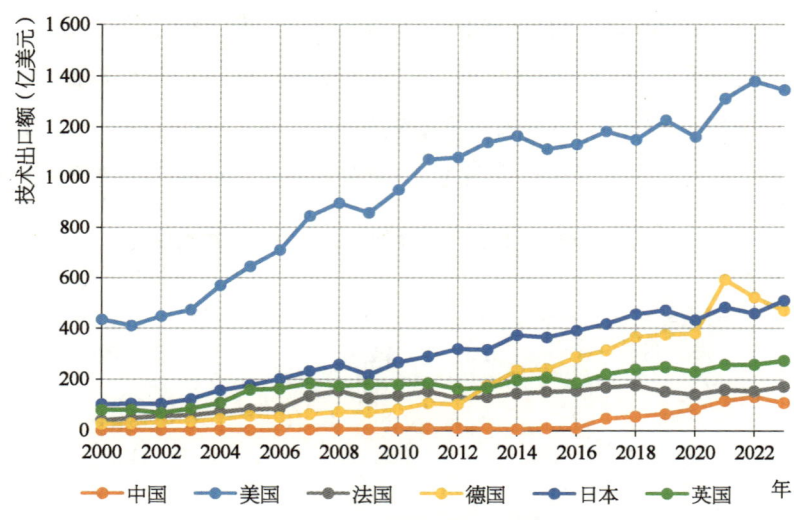

图 6.5 2000—2023 年中美两国及其他主要发达国家知识产权出口额比较

(数据来源：World Bank Data)

表 6.8 世界主要国家知识产权出口额及增长情况

国　家	2000 年(亿美元)	2023 年(亿美元)	年均增长率(%)
美国	434.8	1 344.4	5.0
荷兰	21.7	637.5	15.8
日本	102.3	510.2	7.2
德国	25.4	470.1	13.5
英国	80.2	274.5	5.5
瑞士	26.8	272.8	10.6
法国	39.7	172.4	6.6
爱尔兰	/	165.3	/
新加坡	0.6	138.3	26.7
中国	0.8	109.8	23.9
瑞典	14.1	94.1	8.6
韩国	7.0	90.6	11.8
加拿大	23.2	72.4	5.1

(续　表)

国　家	2000年(亿美元)	2023年(亿美元)	年均增长率(%)
丹麦	/	67.8	/
意大利	13.2	61.4	6.9
澳大利亚	3.9	52.5	12.0
比利时	/	45.0	/
西班牙	/	41.9	/
芬兰	8.9	32.6	5.8
以色列	5.0	31.5	8.3

数据来源：World Bank Data。

三、本章小结

本章以高技术产品出口和知识产权贸易为核心指标，系统比较了中美两国在技术贸易领域的发展特征与趋势。通过分析2000—2023年的数据，揭示了中美两国在全球技术贸易网络中的相对地位、相互依赖性及未来面临的挑战。主要结论如下：

（1）在高技术产品出口方面，中国长期保持全球领先地位，但近年呈现下滑趋势。2000年以来，中国高技术产品出口从417.4亿美元增长至2023年的8 250.5亿美元，年均增长率达13.9%。然而2023年较2021年下降了11.9%，反映出全球供应链变化带来的影响。相比之下，美国高技术产品出口呈现周期性波动，2023年达2 085.1亿美元，较2020年增长47.2%，在高端领域竞争力持续增强。

从出口占比来看，中国高技术产品出口占制成品出口比重从2000年的19%升至2005年的30.8%，近年回落至26.6%。美国该比重从2000年的33.7%降至2018年的18.5%后，连续五年回升至2023年的21.8%。与主要发达国家相比，中国占比略低于英国，但高于日本、德国和法国。值得注意的是,美欧国家近年增幅显著,全球高技术产品出口格局正在发生变化。

（2）知识产权贸易方面,美国长期保持全球领先地位。2023年美国知识产权贸易总额达1 819.8亿美元,年均增长5%,凸显其在全球创新中的核心地位。中国虽然以17.3%的年均增速快速增长,但2023年总额仅为537亿美元,位居全球第七。近年来中国知识产权贸易额波动下降,表明在技术自主性方面仍需突破。

具体来看知识产权贸易结构,中国知识产权进口额从2000年的12.8亿美元增至2023年的427.2亿美元,年均增速16.5%,2021—2022年曾位居全球第三。美国进口额增长较慢但规模仍领先。在知识产权出口方面,美国以1 344.4亿美元遥遥领先,中国虽增速达23.9%,但109.8亿美元的出口额仅为美国的8.2%,全球排名第十,反映出在技术输出方面差距明显。

（3）综合分析表明,中美在技术贸易领域呈现互补与竞争并存的特点。中国在显性技术贸易中占据规模优势,但在隐性技术贸易中明显落后,这种"规模大但技术弱"的特征反映了中国在全球价值链中的定位。美国则通过技术输出巩固其创新领导地位。未来,中国需要加强核心技术攻关,提升自主创新能力,同时优化出口结构；美国则需应对新兴经济体的追赶和全球技术竞争加剧的挑战。

在全球供应链重塑和地缘政治变化的背景下,技术贸易竞争将更加激烈。中国需要通过深化国际合作、加大研发投入来缩小差距,美国可能进一步强化技术壁垒以维持优势。这些趋势不仅揭示了两国在经济结构和创新能力上的差异,也为未来发展路径提供了重要参考。中国需要在巩固现有优势的同时,加快向创新驱动型经济转型,实现技术贸易的全面均衡发展。

第七章

中美人工智能技术发展比较

  人工智能是引领新一轮科技革命和产业变革的战略性技术,具有溢出带动性很强的"头雁"效应。为应对不断变化的经济发展格局,世界主要国家纷纷将人工智能技术升级为国家战略布局的重点方向。本章借鉴WIPO提供的人工智能技术相关专利检索策略,获取了中美两国人工智能专利数据,从人工智能专利申请的视角对比分析中美两国人工智能技术创新水平、国际合作能力和行业应用差异。

一、人工智能专利申请量

依据 WIPO 发布的《Technology Trends 2019：Artificial Intelligence》文件中人工智能技术专利检索代码和关键词（见附录二），以 Incopat 为数据源，获取了 2000—2022 年中美两国人工智能发明专利申请数据和 PCT 专利申请数据，从而从人工智能发明专利申请量、PCT 专利申请量两个角度对中美两国人工智能技术创新能力进行比较。

（一）发明专利申请量

中国人工智能发明专利申请量快速增长，已大幅超过美国。2000—2022 年，中美两国人工智能发明专利申请量皆呈现出明显的阶段性特征，2015 年以前，中美两国人工智能发明专利增长皆较为缓慢，虽然中国人工智能发明专利申请量占美国的比重由 2000 年的 3% 上升至 2015 年的 94%，但一直低于美国。2015 年后，中美两国人工智能发明专利申请量皆呈现跨越式的发展态势，特别是中国，发明专利申请量呈现爆发式增长，从 2015 年的 9 736 件迅速增长至 2022 年的 62 012 件，年均增长率达 31.5%。相较而言，虽然美国人工智能发明专利申请量也由 10 367 件增长至 22 443 件，但年均增长率仅为 11.7%。值得注意的是，2022 年，中美两国人工智能发明专利申请数量皆呈现出大幅下跌态势，较 2021 年分别下跌了 9.9% 和 22.2%（表 7.1 和图 7.1）。上述结论与斯坦福大学发布的《2024 人工智能指数报告（Artificial Intelligence Index Report 2024）》以及 WIPO 发布的《Technology Trends 2019：Artificial Intelligence》的结果相互佐证。

表 7.1　2000—2022 年中美两国人工智能发明专利申请量比较

（单位：件）

年　份	美　国	中　国
2000	3 437	105
2001	6 020	138
2002	5 576	213
2003	5 994	409
2004	5 881	410
2005	5 337	632
2006	5 596	791
2007	5 834	1 076
2008	5 424	1 374
2009	4 854	1 496
2010	4 813	1 575
2011	5 620	1 907
2012	6 767	2 489
2013	7 733	3 648
2014	9 751	5 845
2015	10 367	9 736
2016	13 355	22 842
2017	18 787	33 343
2018	23 734	48 490
2019	27 869	50 292
2020	28 531	63 705
2021	28 845	68 803
2022	22 443	62 012

数据来源：Incopat。

（二）PCT 专利申请量

中国人工智能 PCT 专利申请量快速增长，但仍落后于美国。 2000—2020 年，中美两国人工智能 PCT 专利申请量皆快速增长，分别由 2000 年的 16 件和 53 件增长至 2020 年的 1 155 件和 1 312 件，

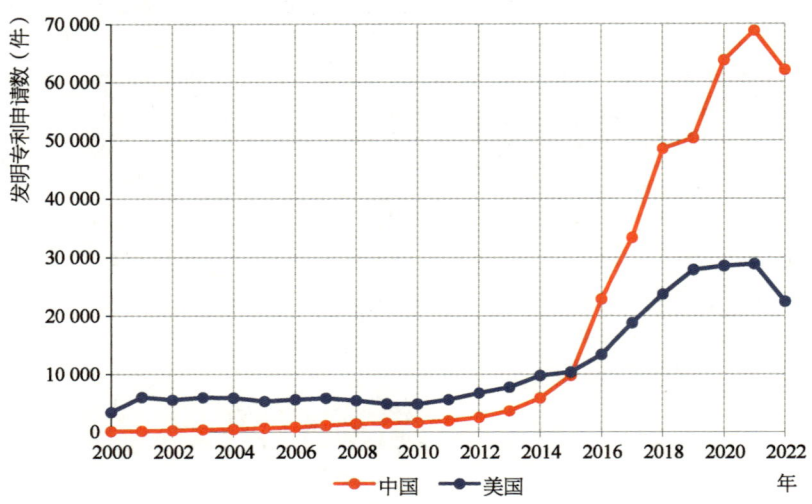

图 7.1　2000—2022 年中美两国人工智能发明专利申请量比较

（数据来源：Incopat）

虽然中国的年均增长率高达 20.7%，超过美国的 12.4%，但在规模上始终落后于美国。同发明专利申请量增长特征类似，中美两国人工智能 PCT 专利申请量在 2015 年之前也是缓慢增长，在 2015 年后迎来爆发期。但不同的是，美国 2020 年人工智能 PCT 专利申请量较 2019 年呈现下降趋势，而中国则持续保持上升趋势（表 7.2 和图 7.2）。

表 7.2　2000—2020 年中美两国人工智能 PCT 专利申请量比较

（单位：件）

年　份	美　国	中　国
2000	53	16
2001	73	16
2002	63	20
2003	58	19
2004	77	24
2005	59	28

(续　表)

年　份	美　国	中　国
2006	80	36
2007	85	34
2008	90	45
2009	117	51
2010	220	116
2011	141	50
2012	163	10
2013	257	23
2014	305	113
2015	404	172
2016	471	283
2017	672	545
2018	1 021	763
2019	1 451	1 047
2020	1 312	1 155

数据来源：Incopat。

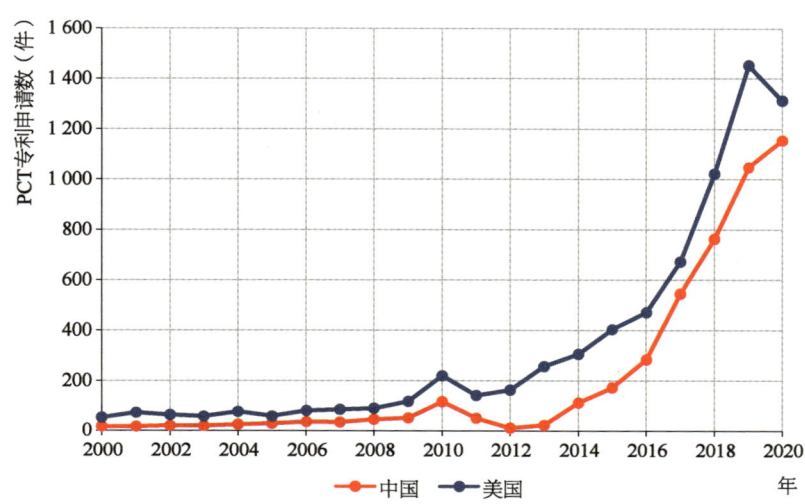

图 7.2　2000—2020 年中美两国的人工智能 PCT 专利比较

(数据来源：Incopat)

二、人工智能专利国际合作

与传统技术相比，人工智能等新兴技术是在现有科学基础上的突破性创新，本质上是不同领域、不同地区间技术、知识的交换、共享与整合。因此，以合作方式获取外部异质性资源，已成为新技术兴起和发展的重要渠道。本节根据人工智能发明专利发明人的地址信息，筛选出美国和中国人工智能发明专利国际合作数据，并以此分析中美两国的人工智能技术国际合作规模和合作强度。

（一）人工智能发明专利国际合作规模

中国人工智能发明专利国际合作规模显著落后于美国。2000—2022年，中美两国在人工智能发明专利国际合作方面呈现截然不同的发展特征。2013年之前，美国人工智能发明专利国际合作数量从171件增长至960件，增速较为缓慢。2014年，美国人工智能发明专利国际合作数量迅速突破1 000件，并在2021年达到4 394件，近十年呈现爆发式增长趋势。相比之下，中国人工智能发明专利国际合作规模始终处于较低水平，在2022年也仅有412件，且自2012年以来，中美差距呈现进一步扩大的趋势。此外，在全球人工智能发明专利申请量排名前六的国家中，中国人工智能发明专利国际合作规模也是最低的（表7.3和图7.3）。

表7.3　2000—2022年世界主要国家人工智能发明专利国际合作申请量比较　　　　　　　　　　（单位：件）

年份	美国	德国	英国	印度	加拿大	中国
2000	171	33	55	20	35	13
2001	206	37	67	10	53	15

(续　表)

年份	美国	德国	英国	印度	加拿大	中国
2002	282	82	76	10	55	17
2003	294	64	47	37	47	51
2004	481	154	120	68	97	67
2005	499	144	120	88	120	85
2006	438	130	102	63	103	71
2007	526	138	144	76	160	92
2008	533	143	105	108	117	96
2009	597	154	138	94	106	84
2010	490	141	144	97	93	136
2011	771	176	175	168	132	148
2012	770	166	149	137	184	182
2013	960	215	174	207	134	146
2014	1 197	236	264	202	203	170
2015	1 248	360	234	245	178	138
2016	1 563	372	343	336	247	206
2017	2 208	581	521	354	265	313
2018	3 242	680	733	574	483	498
2019	3 722	836	693	746	601	468
2020	3 552	942	752	716	620	502
2021	4 394	1 161	859	1 076	813	576
2022	3 628	909	795	967	756	412

数据来源：Incopat。

（二）人工智能发明专利国际合作强度

中国人工智能发明专利国际合作强度较低，且下降态势明显。依据每个国家人工智能技术相关领域国际专利合作量占其专利申请总量的比重，可得到每个国家人工智能技术的国际专利合作率，即国际合作强度。2000—2022 年，中美两国人工智能技术专利国际合作强度发展表现出截然相反的态势，其中美国人工智能专利国际合作

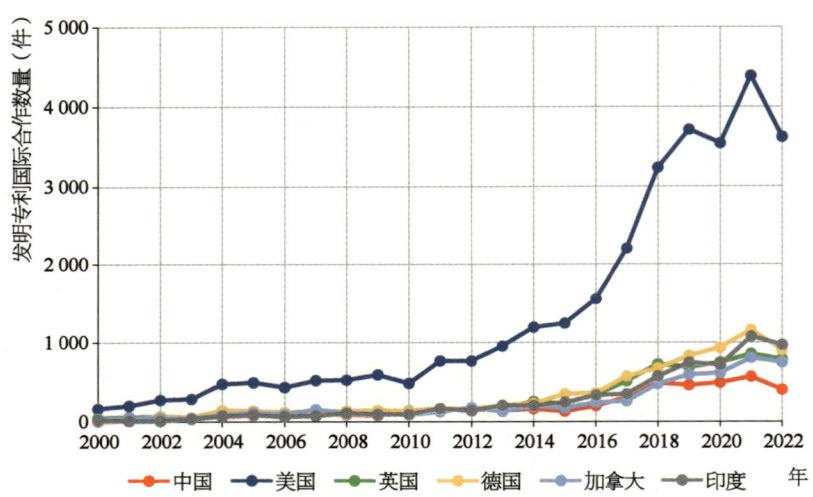

图 7.3 1981—2023 年中美两国的人工智能发明专利国际合作量比较
（数据来源：Incopat）

强度逐步上升，而中国则持续下降。在 2006 年之前，中国人工智能技术转移国际合作率为 9.3%，高于同期美国的 5.2%，显示出较强的国际合作能力。然而，自 2006 年后，美国的国际合作强度显著提升，从 2007 年的 7.51% 增至 2022 年的 19.58%，而中国人工智能技术专利国际合作强度则由 2007 年的 6.6% 持续下降至 2022 年的 0.93%。这一趋势表明，中国在人工智能领域专利国际合作能力不仅相对较低，还在持续减弱，与美国的差距进一步拉大（表 7.4 和图 7.4）。

表 7.4 2000—2022 年中美两国人工智能技术相关领域专利国际合作强度 （单位：%）

年份	中国	美国
2000	10.48	2.56
2001	9.42	2.84
2002	7.04	3.69
2003	4.16	4.70
2004	12.44	5.00

（续　表）

年　份	中　国	美　国
2005	10.60	9.01
2006	10.75	8.92
2007	6.60	7.51
2008	6.70	9.70
2009	6.42	10.98
2010	5.33	12.40
2011	7.13	8.72
2012	5.95	11.39
2013	4.99	9.96
2014	2.50	9.85
2015	1.75	11.55
2016	0.60	9.34
2017	0.62	8.32
2018	0.65	9.30
2019	0.99	11.63
2020	0.73	13.05
2021	0.73	12.31
2022	0.93	19.58

数据来源：Incopat。

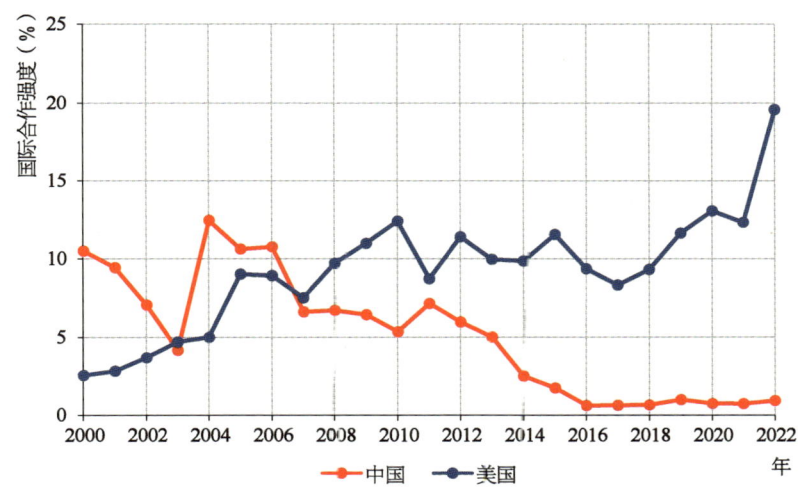

图7.4　1981—2023年中美两国的人工智能技术国际合作强度比较

（数据来源：Incopat）

三、人工智能技术行业比较

人工智能技术不仅是技术创新的代表，更是产业升级的重要推手。它通过赋能传统产业，推动新兴产业发展，优化产业链条，促进产业结构调整，带来了广泛的社会效益。对此，本节对比了中美两国在医疗健康行业、工业和制造业、交通运输业、农业、金融业、政府管理业、教育行业、能源行业、信息通信行业以及科学研究行业中的人工智能发明专利申请量差异，以此说明中美两国人工智能技术行业差异。

（一）医疗健康行业

中国医疗健康行业人工智能发明专利申请量始终低于美国，且与美国的差距逐渐扩大。 2013—2023 年，中美两国在医疗健康行业的人工智能发明专利申请量分别从 26 件和 237 件增长至 177 件和 859 件，中国医疗健康行业发明专利申请量始终低于美国，且近年来差距呈现扩大趋势。美国医疗健康行业领域的人工智能技术创新优势得益于其众多顶尖科技公司和活跃的风险投资市场，这一环境促进了从理论研究到产品商业化的快速转换。例如，Qure AI 和 UPMC 合作开发了一种算法，可以自动生成放射科报告，提高了肿瘤科医生的工作效率，加快了决策过程；Purposeful AI 和 Parkland Center for Clinical Innovation 开发的机器学习模型，能够以高准确率预测 30 天内心力衰竭患者的再入院，提高了预防性干预的效率。

（二）工业和制造业

中美两国在工业和制造领域的人工智能发明专利增长态势一致，但中国始终落后于美国。2013—2023 年，中美两国在工业和制

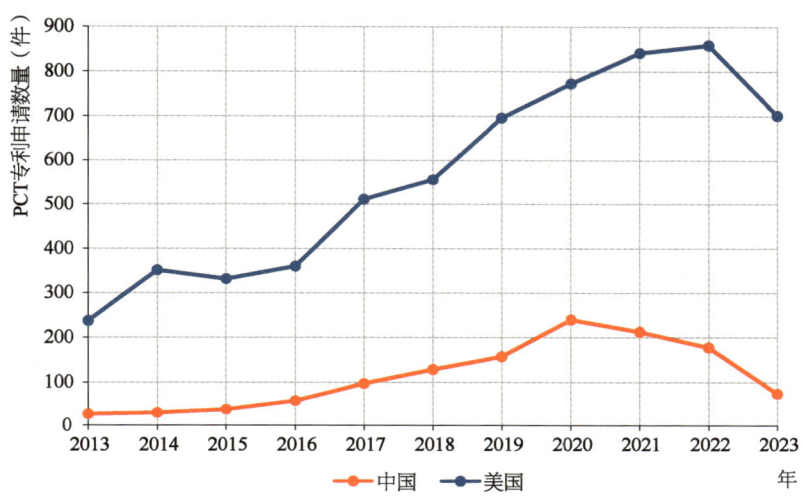

图 7.5　2013—2023 年中美医疗健康行业人工智能 PCT 专利申请量比较

（数据来源：Incopat）

造领域的人工智能发明专利申请量呈现一致的增长态势，即皆在 2015—2021 年间呈现快速增长态势并于 2021 年达到峰值后又皆迎来快速下降期。2021 年，中美两国工业和制造业领域发明专利申请量分别为 193 件和 421 件，至 2023 年，两国分别为 62 件和 283 件。总体而言，中国在工业和制造领域的人工智能发明专利申请量始终落后于美国，且近年来差距呈现扩大的态势（图 7.6）。美国的优势得益于其强大的技术基础设施和科技企业的持续投入，例如通用电气（GE）和洛克韦尔自动化在智能制造、机器人自动化及工业物联网（IIoT）领域的积极布局，这些技术推动力使美国企业在产品质量、制造效率和运营优化上处于全球前沿。相比之下，中国尽管在政策支持与技术投入方面表现突出，例如联想开发的订单优化算法和智翼科技的人工智能驱动织造机器人，在生产效率和质量控制上取得显著成果，但整体在技术基础、商业化能力和生态系统建设上仍与美国存在一定差距。

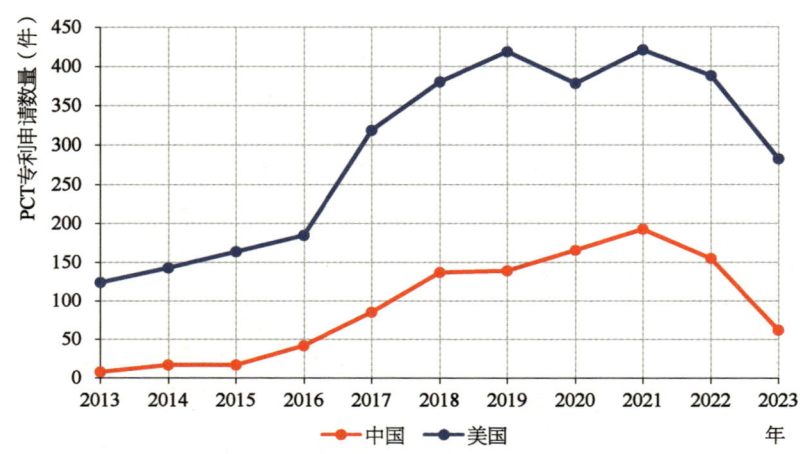

图 7.6　2013—2023 年中美工业和制造业人工智能 PCT 专利申请量比较

（数据来源：Incopat）

（三）交通运输行业

中美两国在交通运输领域的人工智能发明专利申请量差距较小，中国曾一度超越美国，但近年来又以微小差距落后于美国。2013—2023 年，中美两国在交通运输领域的人工智能专利申请量增长态势较为一致，且两国间的差距也一直较小。其中，美国由 2013 年的 104 件快速增长至 2019 年的 715 件后快速下降，2023 年下降至 93 件；中国由 2013 年的 26 件持续增长至 2021 年的 724 件后也迎来快速下降，至 2023 年仅有 26 件。中国曾于 2020—2021 年一度超越美国，但在 2022—2023 年又落后于美国，即整体而言，中美两国在交通运输领域的人工智能专利申请量差距较小，两国交替领先（图 7.7）。

中美两国交通运输领域人工智能技术创新水平均与两国领先的自动驾驶技术跨越式发展高度相关。美国早在 2013 年就制定了《关于自动驾驶汽车的初步政策》，2014 年再推出《智能交通系统战略计

第七章 中美人工智能技术发展比较

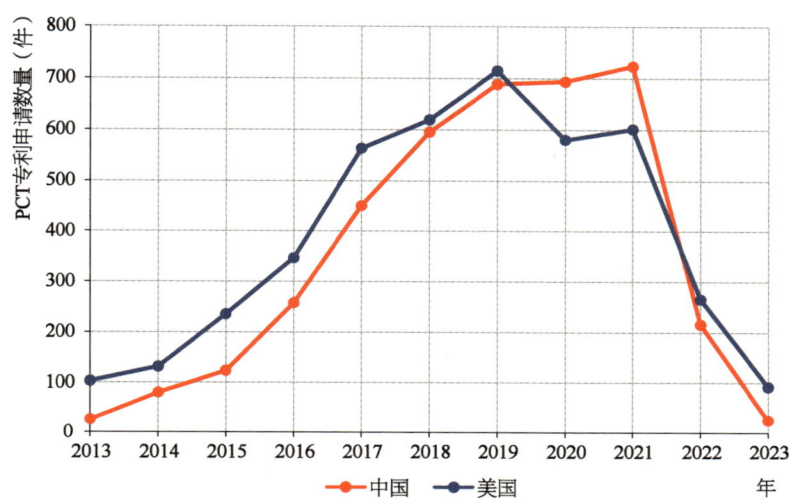

图 7.7　2013—2023 年中美交通运输行业人工智能 PCT 专利申请量比较
(数据来源：Incopat)

划(ITS)2015—2019》,2017 年发布更具体的《自动驾驶系统 2.0：安全愿景》,加大对智能驾驶技术的重视。2020 年,美国正式出台《确保美国在自动驾驶技术领域的领先地位：自动驾驶汽车 4.0》,明确自动驾驶发展的重要地位。2022 年 3 月,美国国家公路交通安全管理局发布最终规定：优化测试审批流程,自动驾驶汽车的制造商无须为了满足碰撞标准,配备手动驾驶控制系统,代表其全自动驾驶无须人工控制的时代来临。中国智能驾驶起步稍晚,相关推进政策的发布集中于 2015 年后,如 2017 年的《汽车产业中长期发展规划》是第一部分类自动驾驶级别、对市场提出中长期规划并完善相关标准的文件。根据《中国智能驾驶报告 2024》显示,当前中国正处于从辅助驾驶到有条件自动驾驶过渡,同时也处于高度自动驾驶开启阶段。2023 年,中国 L2 级新乘用车渗透率达到 47.3%,2024 年 1—5 月突破 50%,武汉更是成为全球最大的无人驾驶运营服务区。

191

（四）农业

美国在农业领域的人工智能发明专利申请量明显领先于中国。 2013—2023年，中美两国在农业领域的人工智能发明专利申请量呈现出差异较大的发展态势，其中美国在2013—2021年呈现较长周期的波动增长态势，由5件增长至77件，而中国在2016—2017年较大的增长后呈现长期的下降态势，至2023年仅有3件。美国在农业领域的人工智能发明专利申请量始终领先中国，且领先优势在扩大（图7.8）。美国农业领域人工智能技术依托强大的技术基础和充足的资本支持，展现出创新性和广泛的应用场景。例如，Lindsay Corporation通过人工智能进行智能灌溉管理，利用实时田间数据精准调控水分供应，从而节省资源并提高作物产量；伊利诺伊大学的AIFARMS研究所则致力于通过人工智能提升农业韧性与可持续性，研究涵盖自动化农业、畜牧业效率提升、土壤健康管理等领域。相比之下，中国

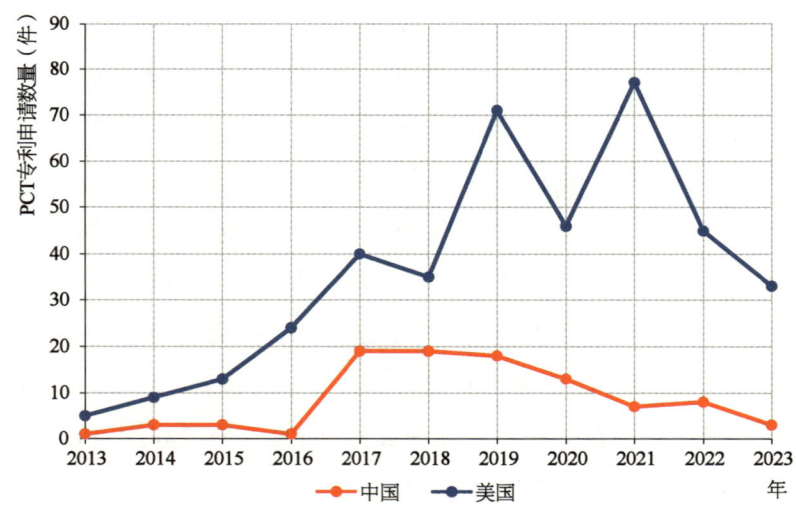

图7.8　2013—2023年中美农业领域人工智能PCT专利申请量比较

（数据来源：Incopat）

农业领域人工智能发明专利申请量虽较低,但在2017年也有明显的增长。部分头部企业也聚焦农业领域纷纷推出人工智能赋能方案,如华为推出的智慧农业解决方案结合物联网和人工智能技术,帮助农民实现精准农业管理,如实时监控农田环境并提供数据驱动的决策支持;京东农业则通过传感器和数据分析开展智能种植,优化土壤湿度、温度和作物生长监测,从而提高产量与质量。

(五) 金融行业

中美两国在金融行业的人工智能专利申请皆呈现较大的波动态势和不同的发展态势,美国始终保持领先地位。2013—2023年,中美两国在金融行业的人工智能发明专利数量皆较少,且波动幅度较大。美国金融行业人工智能专利申请在2021年达到峰值,但仅有35件;中国在2018年达到峰值,也仅有16件,因此中美两国金融行业的人工智能专利发明专利申请量相较于其他行业而言,皆较少(图7.9)。从行业特征来看,美国金融行业人工智能技术以创新性和高

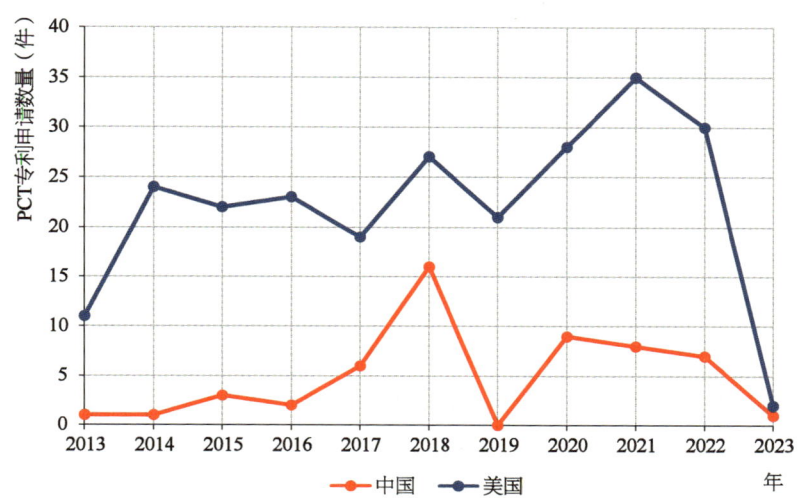

图 7.9　2013—2023 年中美金融行业人工智能 PCT 专利申请量比较

(数据来源:Incopat)

度集成的解决方案为特点。例如，摩根大通通过机器学习技术，将审查法律文件所需时间从每年 36 万小时缩短至几秒钟，大幅提升了运营效率并降低成本；美国运通利用深度学习模型实时监控交易，通过分析消费模式快速检测异常活动，不仅增强了交易安全性，还减少了误拒现象。中国金融行业人工智能技术创新突出表现为快速市场适应能力和大规模实施优势。例如，百信银行利用"文心一言"技术（ERNIE Bot）推动智能投顾和数字营业厅服务的优化；中国邮政储蓄银行与新网银行则通过同类技术提升普惠金融服务的个性化与智能化水平。

（六）政府管理行业

中美两国政府管理领域人工智能专利申请数量也呈现同频共振发展态势，差距较小。2013—2023 年，美国政府管理行业人工智能发明专利申请由 2013 年的 9 件快速增长至 2021 年的 55 件后又快速下降至 2023 年的 24 件，中国政府管理行业人工智能发明专利申请则由 1 件快速增长至 2020 年的 45 件后又下降至 2023 年的 12 件。其间，中国政府管理行业人工智能发明专利申请量曾于 2020 年超越美国，总体而言，中美两国政府管理领域人工智能专利申请数量差距较小（图 7.10）。从发展特征来看，美国以创新性和多样化的解决方案为特点，人工智能技术被广泛应用于提高行政效率、优化公共服务质量和增强国家安全等方面。例如，政府部门利用人工智能工具自动化例行任务，提高数据处理效率并改进服务交付方式，为公众提供更便捷高效的服务支持。中国在公共安全、交通管理和社会服务等领域得到广泛应用，如云从科技开发的人机协同操作系统（CWOS）已被应用于智慧海关解决方案，结合物联网、增强现实（AR）、人工智能和大数据技术，实现业务流、数据流与信息流的高效整合。此外，面部识别技术也被广泛用于人群监控和犯罪预防，有效提高了案件侦破率和社会治理能力。

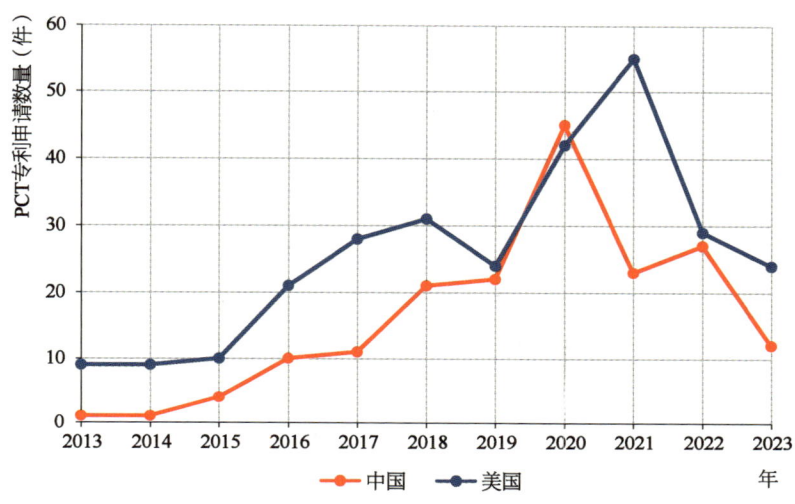

图 7.10　2013—2023 年中美政府管理行业人工智能 PCT 专利申请量比较

（数据来源：Incopat）

（七）教育行业

美国教育行业人工智能发明专利申请量在高位呈现较大的波动发展态势，而中国则在低位稳定发展，中美差距呈缩小趋势。2013—2023 年，美国教育行业人工智能发明专利申请量整体呈波动下降态势，由 2013 年的 29 件波动下降至 2023 年的 18 件，其间也曾于 2019 年和 2021 年达到峰值，为 71 件。同期，中国教育行业人工智能发明专利申请量波动幅度较小，由 2003 年的 1 件波动增长至 2023 年的 10 件，也曾于 2021 年达到峰值的 19 件。总体来看，美国教育行业人工智能发明专利申请量始终领先于中国，但领先优势在缩小（图 7.11）。从行业发展特征上看，美国教育行业人工智能技术创新性较强，涉及多种教育工具和方法。例如，Duolingo 语言学习平台通过智能交互式聊天机器人与学习者互动，个性化定制课程内容，帮助学习者根据进度掌握新语言；Carnegie Learning 则开发了数学学习软件，利用人工智能技术调整学习节奏,为学生提供量身定制的学习体验,提升数学能力。相比之下,中国教育行业人工智能技术应用主要集中于大规模定制化学习和教学管理系统,优势在于处理大量学生数据、优化学习路径和教育资源配置。例如,VIPKid平台利用人工智能技术根据学生的学习习惯和偏好,智能匹配国际教师,提升学习效率;17zuoye则通过人工智能算法简化作业分发和评分流程,减轻教师负担,使其能更专注于课堂教学和学生个别需求。

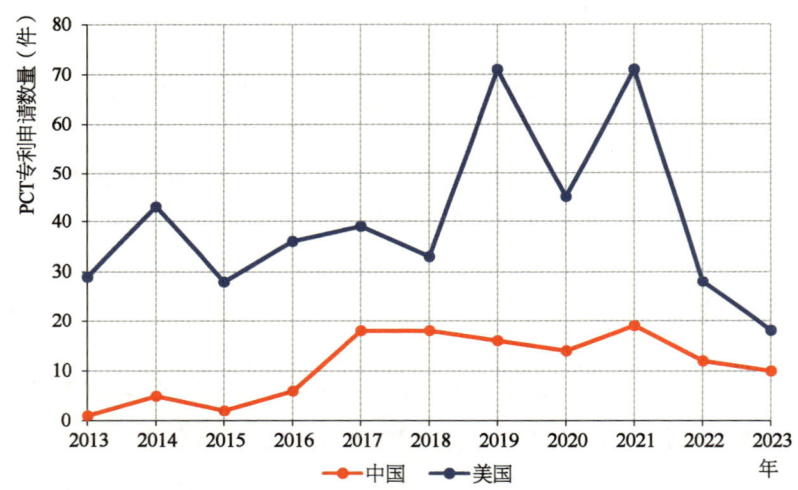

图7.11 2013—2023年中美教育行业人工智能PCT专利申请量比较

(数据来源:Incopat)

(八)能源行业

中国能源行业人工智能发明专利申请量持续低于美国,但差距较小(图7.12)。2013—2023年,中美两国能源行业人工智能发明专利申请量虽然皆呈现波动增长态势,但呈现差异性的阶段特征,其中美国在2013—2020年为持续增长阶段,由17件增长至59件,随后在2020—2023年经历波动下降期,至2023年为37件;中国在

2012—2021年为波动增长阶段,由3件增长至37件,但于2014—2015年和2017—2018年也出现明显下降。2021年后,中国也持续下降,至2023年为16件。整体上看,中国持续低于美国,但差距较小。从行业发展特征上看,美国能源行业人工智能技术创新主要聚焦于智能电网、能源存储和可再生能源优化方面。例如,Vistra使用人工智能模型优化操作决策,实现了显著的节能和减排效果,预计每年可以节约超过6 000万美元,并减少约200万吨的碳排放;GE Power使用人工智能技术对电厂进行预测维护和性能优化,通过分析来自传感器的大量数据预测设备故障,提高运行效率并减少停机时间。中国能源领域人工智能技术创新主要集中在提高能源效率和优化传统能源及新能源的利用上。例如,国家电网公司使用人工智能技术进行智能电网的管理和优化。通过使用人工智能算法来预测和管理电力需求和供应,提高电网的效率和可靠性,减少能源浪费,并优化资源配置;华为在其智能光伏解决方案中集成了人工智能技术,通过智能算法优化太阳能电站的性能和管理。

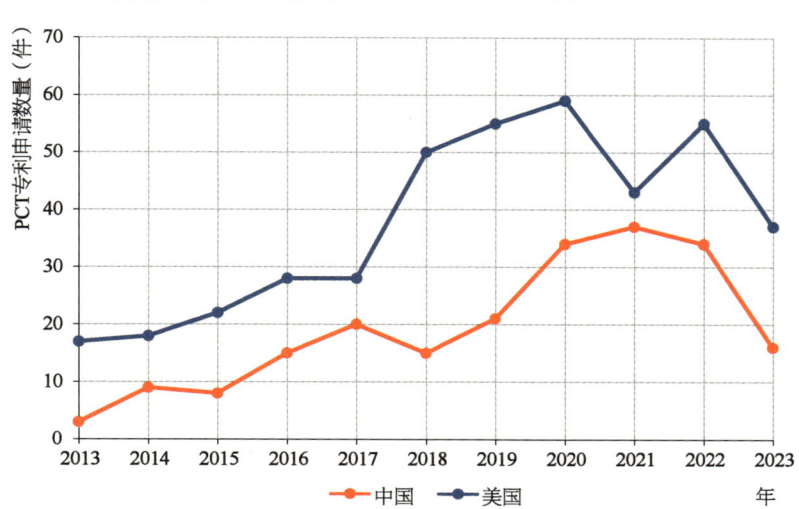

图 7.12　2013—2023 年中美能源行业人工智能 PCT 申请量比较

(数据来源:Incopat)

（九）信息通信行业

中美信息通信行业人工智能发明专利申请量呈现同频共振的发展态势，但中国始终落后于美国，且差距较大。2013—2023年，中美两国信息通信行业人工智能发明专利申请量皆首先由2013年的130件和968件快速增长至2021年的2 538件和3 604件，随后皆持续下降至2023年的614件和2 225件（图7.13）。总体来看，中国信息通信行业人工智能发明专利申请量一直低于美国，且差距较大。从行业发展特征上看，美国信息通信行业人工智能技术创新呈现多样化的特点，涵盖从数据分析到智能网络管理的全链条。例如，AT&T利用人工智能技术来优化网络维护和预测性维护，通过人工智能分析网络数据，AT&T能够预测并防止潜在的网络故障，从而减少停机时间并提升服务质量；Ericsson通过其生成式人工智能技术，改进移动网络的部署和管理。中国的技术创新以其规模化和集成化实施为特点，政府和大型企业如华为和阿里巴巴在推动人工智能技术创新方面发挥了关键作用。中

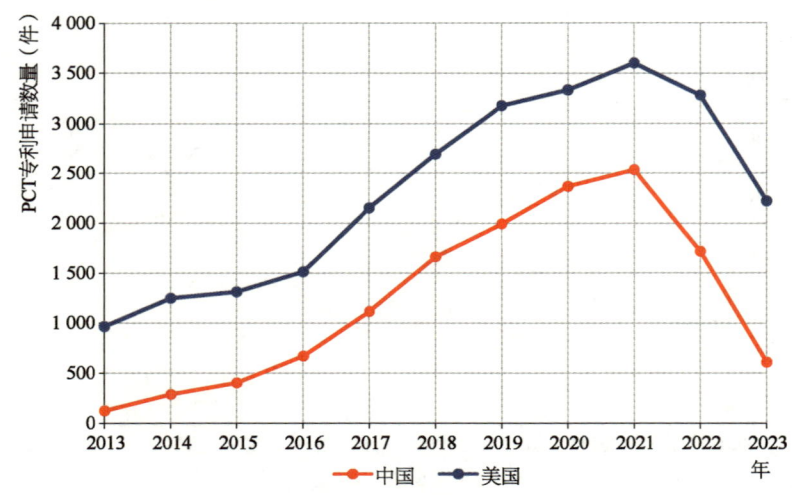

图7.13　2013—2023年中美信息通信行业人工智能PCT专利申请量比较

（数据来源：Incopat）

国电信利用人工智能技术优化网络运营和服务,推出了意图驱动的网络技术,实现自动化和智能化的网络配置和管理。华为开发了盘古大模型系列,这些模型在多种语言和多模态内容生成中展现出强大的性能,被应用于多种复杂的数据分析和人工智能辅助决策场景。

(十) 科学研究行业

中美在科学研究行业的人工智能发明专利申请数量存在较大差距,美国始终高于中国。2013—2023年,中美两国科学研究行业人工智能发明专利申请量分别由2013年的21件和254件波动增长至2023年的31件和324件,其间,美国于2020年达到峰值的615件,中国于2018年达到峰值的215件,中美两国科学研究行业人工智能发明专利申请量的差距在2019年一度达到435件,随后差距虽有缩小,但2023年仍达到293件,由此凸显出美国在科学研究行业人工智能技术创新上具有明显的领先优势(图7.14)。从行业发展特征上看,美国科学研究行业积极推动人工智能技术在生物医学、量子计

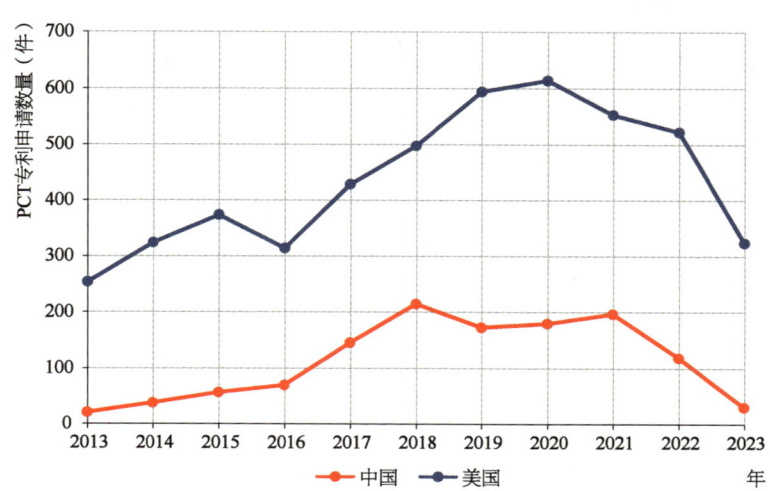

图7.14 2013—2023年中美两国科学研究行业人工智能PCT专利申请量比较

(数据来源:Incopat)

算、航空航天等前沿基础研究领域的应用。例如，NASA正在系统地将人工智能融入其内部流程和研究过程中，以改善和扩大科学数据的发现、获取和使用。中国科学研究行业人工智能技术创新集中在数据密集型研究，如基因组学、材料科学和环境监测等。例如，中国科学院的研究人员利用人工智能技术加速药物发现过程，通过人工智能分析和模拟复杂的生物分子结构和相互作用；Insilico Medicine利用人工智能加速药物发现过程，通过其生成式人工智能引擎进行靶点识别、分子设计和引导优化，成功地在较短时间内以较低成本发现了一种新的抗纤维化药物，并已进入临床试验阶段。

四、本章小结

本章基于人工智能专利的IPC、CPC和关键词检索方法，系统采集了人工智能发明专利申请和PCT专利申请数据，以专利指标表征人工智能技术创新水平，对中美两国人工智能技术发展进行比较分析。主要结论如下：

（1）专利申请总量方面，中国人工智能发明专利申请量快速增长，已大幅超过美国。但在PCT专利申请方面，中国的人工智能技术创新水平长期低于美国，但增长速度高于美国。

（2）在国际合作维度，美国在全球人工智能技术合作网络中持续保持主导地位，而中国对外合作能力始终较弱。叠加科技制裁与保护主义的影响，人工智能领域国际科技合作环境持续趋冷，导致中美在该领域的技术差距呈扩大趋势。

（3）在行业发展方面，美国在信息通信、医疗健康、工业和制造业、科学研究和农业这五个行业具有较大的领先优势；在交通运输、金融、政府管理、能源和教育行业虽然保持相对优势，但中美差距逐步收窄，其中交通运输行业更呈现交替领先的竞争态势。

第八章

中美科技企业发展态势比较

强化企业科技创新主体地位,发挥科技型骨干企业引领支撑作用,是党的二十大关于加快实施创新驱动发展战略的重大部署。二十届中央全面深化改革委员会第一次会议审议通过的《关于强化企业科技创新主体地位的意见》,进一步确立了企业在高水平科技自立自强建设中的战略地位。从国际经验来看,美国、日本、德国、英国等科技强国建设,以及硅谷、纽约、东京、伦敦等科技创新中心的发展路径,都印证企业在国家及区域科技创新体系中的核心作用。随着全球化和技术革命的加速,科技领军企业的重要性愈发凸显,成为推动经济发展的不竭动力,它们的发展水平和创新态势将在很大程度上决定未来世界的经济格局和发展态势。基于欧盟产业研发投资记分牌(The EU Industrial R&D Investment Scoreboard)发布的历年全球研发2 500强企业榜单(World 2500)和世界知识产权组织(World Intellectual Property Organization)发布的历年主要申请人名单(PCT System Top Applicant List)为数据源,本章对中美两国科技企业发展态势进行比较分析。

一、科技企业总体发展态势

本节从进入全球研发 2 500 强的企业数量、研发投入、层次结构、行业分布、销售收入,以及进入全球 PCT 专利申请排行榜(申请量大于 10 件)的企业数量及其 PCT 专利申请总数 6 个方面对比分析中美两国科技企业总体发展态势。

(一)企业数量

中国进入全球研发 2 500 强的企业数量快速增加,与美国的差距快速缩小,全球科技企业发展版图已呈现以美国和中国为首的"两超多强"的格局。2014—2023 年,全球研发投入 2 500 强企业名单中,中国企业数量由 302 家增长至 556 家,年均增长率达到 7%,而美国进入榜单的企业数量由 826 家波动下降至 699 家,中美间的差距逐渐缩小。具体而言,2014 年,全球研发投入 2 500 强中,中国企业数量仅有 302 家,仅是当年美国企业数量的 35% 左右。2017 年,中国以 439 家企业数量超过日本,位居全球第二。2023 年,中国企业数量为 556 家,与 2014 年相比增加 254 家,与美国仅差 143 家(表 8.1 和图 8.1)。从全球范围看,全球科技企业发展版图已呈现以美国和中国为首"两超多强"的格局,中美两国进入榜单的企业数量合计已占全球的半壁江山(50.2%)。此外,德国、日本和法国进入榜单的企业分别有 217 家、194 家和 113 家。

(二)企业研发投入

中国进入全球研发 2 500 强的企业研发投入总规模逐年提高,但与美国的差距持续扩大。虽然在进入榜单的企业数量上中国快速追赶美国,但在研发投入规模上,中国与美国的差距还很大,且呈现持

第八章 中美科技企业发展态势比较

表 8.1 2014—2023 年全球研发 2 500 强中的中美企业数量比较

(单位：家)

年份	中国	美国
2014	302	826
2015	327	839
2016	377	823
2017	439	778
2018	505	770
2019	536	775
2020	597	779
2021	678	822
2022	679	827
2023	556	699

数据来源：The EU Industrial R&D Investment Scoreboard。

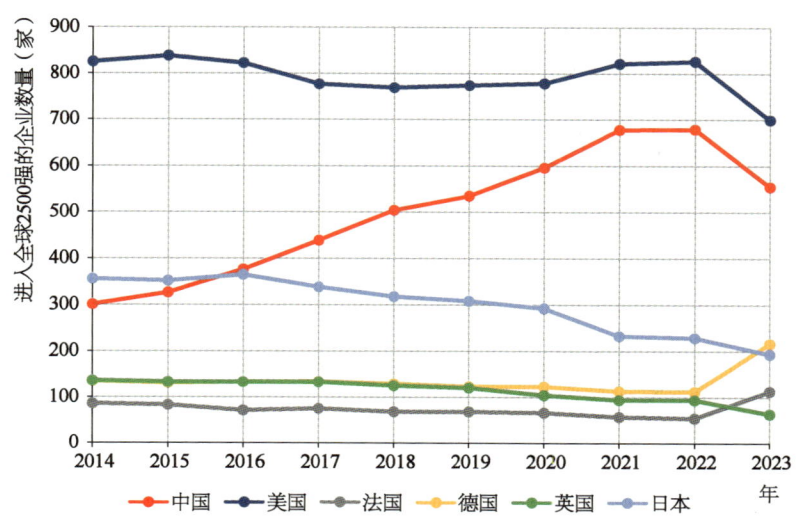

图 8.1 2014—2023 年全球研发 2 500 强中的中美企业数量比较

(数据来源：The EU Industrial R&D Investment Scoreboard)

续扩大的态势。2014—2023年，进入榜单的美国企业在研发投入总规模上一直居于世界领先地位，显著高于中国及其他国家，由2014年的3 044.8亿美元增长至2023年的5 765.7亿美元，年均增长率为7.4%；同期，进入榜单的中国企业研发投入总规模虽以年均19.4%的增长率由2014年的478.9亿美元波动上升至2023年的2 356.1亿美元，但与美国的差距却由2014年的2 565.9亿美元扩大至2023年的3 409.6亿美元。2023年，中国入榜企业数量虽达到美国的80.0%，但入榜企业的研发投入总额只有美国的40.9%。尤其需要注意的是，中国入榜企业数量和研发投入额在2021年后的增长势头明显放缓，较2022年，2023年又减少123家企业，研发投入也微幅降低1.93%；但同期，美国入榜企业虽也减少了128家，但研发投入增加1.20%（表8.2和图8.2）。这表明中国入榜企业平均研发投入规模明显低于美国，且美国企业研发投入保持了强劲的增长态势。

表8.2　2014—2023年全球研发投入2 500强中中美企业研发投入总规模比较　　　　（单位：亿美元）

年　份	中　国	美　国
2014	478.9	3 044.8
2015	550.3	2 999
2016	681.1	3 242.8
2017	806.5	3 118
2018	1 117.3	3 703.9
2019	1 315.1	3 902
2020	1 576	3 953.5
2021	2 294.4	5 199.3
2022	2 337	5 542.4
2023	2 356.1	5 765.7

数据来源：The EU Industrial R&D Investment Scoreboard。

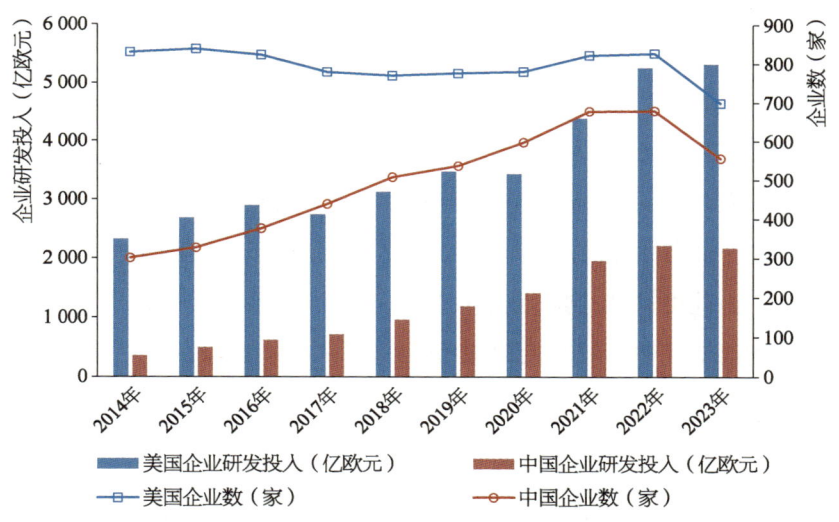

图 8.2 2014—2023 年中美进入全球研发 2 500 强的企业数量及研发投入总规模比较

(数据来源：The EU Industrial R&D Investment Scoreboard)

（三）企业层次结构

中美两国科技企业发展皆呈现显著的金字塔结构，中国科技企业发展与美国的差距集中体现在"塔尖"部分。为了清晰展现中美两国科技企业发展的层次差异，本报告将进入全球研发 2 500 强前 20 强的企业界定为全球科技创新第一阵营企业；将位于全球第 21～50 位的企业界定为全球科技创新第二阵营企业；将位于全球第 51～100 位的企业界定为全球科技创新第三阵营企业；将位于全球第 101～500 位的企业界定为全球科技创新第四阵营企业；将位于全球第 501～1 000 位的企业界定为全球科技创新第五阵营企业；将位于全球第 1 001～2 500 位的企业界定为全球科技创新第六阵营企业。从全球研发 2 500 强不同阵营中中美两国企业数量及其变化态势可以看出，近年来，中国进入全球第一和第二阵营的企业分别维持在 2～3

家;进入第三和第四阵营的企业分别维持在 12~13 家和 75~80 家;进入第五和第六阵营的企业分别维持在 120 家和 400 家左右。反观美国,其进入全球第三、第四和第五阵营的企业基本维持在 17 家、135 家和 180 家左右,分别约为中国的 1.4 倍、1.8 倍和 1.5 倍;进入全球第六阵营的企业数量基本与中国一致;而进入全球第一和第二阵营的企业分别维持在 10~12 家,约为中国的 5~6 倍(表 8.3 和表 8.4)。由此可见,中国科技企业发展与美国的差距集中体现在第一阵营和第二阵营,即"塔尖"差距巨大。

表 8.3　2014—2023 年全球研发 2 500 强中国企业排名分布结构变化

(单位:家)

年份	第一阵营	第二阵营	第三阵营	第四阵营	第五阵营	第六阵营
2014	1	0	3	31	46	221
2015	1	0	5	37	46	238
2016	1	0	6	38	56	276
2017	1	0	7	46	67	318
2018	1	1	7	52	86	358
2019	1	2	7	58	100	368
2020	2	2	9	73	108	403
2021	3	1	12	81	120	461
2022	2	2	13	76	124	462
2023	2	3	13	75	123	340

数据来源:The EU Industrial R&D Investment Scoreboard。

表 8.4　2014—2023 年全球研发 2 500 强美国企业排名分布结构变化

(单位:家)

年份	第一阵营	第二阵营	第三阵营	第四阵营	第五阵营	第六阵营
2014	10	11	16	134	161	494
2015	12	11	12	137	179	488

(续 表)

年份	第一阵营	第二阵营	第三阵营	第四阵营	第五阵营	第六阵营
2016	12	10	15	142	167	477
2017	10	12	13	125	159	459
2018	10	12	14	129	155	450
2019	10	11	14	130	153	457
2020	9	10	18	126	158	458
2021	10	12	16	132	172	480
2022	11	12	16	140	184	464
2023	12	10	17	132	178	350

数据来源：The EU Industrial R&D Investment Scoreboard。

这一特征不仅体现在中美两国进入全球第一阵营和第二阵营的企业数量上，更体现在企业研发投入总规模上。同上所述，中国进入全球第三、第四、第五和第六阵营的企业的研发投入总规模与美国对应阵营的企业差距不大，但中国进入第一阵营和第二阵营的企业的研发投入规模与美国相比，差距甚大。2023年，美国进入全球第一阵营的企业的研发投入总规模达到2 284亿美元，是中国第一阵营企业研发总投入303.6亿美元的7.5倍；美国进入全球第二阵营的企业的研发总投入为668.8亿美元，是中国第二阵营企业研发总投入185.9亿美元的3.6倍（表8.5和表8.6）。特别是在第一阵营企业研发投入上，美国自2014年以来呈现出持续增长态势，尤其是2020年以来，虽然美国进入全球第一阵营的企业每年仅增加1家企业，但第一阵营企业研发投入总规模的年均增长率高达20.3%，其2023年的研发总投入较之2020年增长了74.2%。而中国第一阵营企业研发总投入自2021年以来持续下降，年均跌幅达13.2%。

表 8.5　2014—2023 年全球研发 2 500 强不同阵营中
中国企业的研发投入总额变化　　（单位：亿美元）

	第一阵营	第二阵营	第三阵营	第四阵营	第五阵营	第六阵营
2014	70.4	0	57.6	177.6	73.4	99.8
2015	91.7	0	87.1	202.7	63.5	105.3
2016	113.4	0	111.7	231.8	87.9	136.4
2017	126.6	0	147.3	265.4	103	164.3
2018	147.8	55.4	158.2	367.3	158.6	229.9
2019	185.5	103.9	162.9	408.9	195	258.9
2020	276.4	95.8	212.9	481	226.4	283.7
2021	403.1	64.5	362.5	702.7	320.9	440.6
2022	307.3	151.5	387.2	704.3	334	452.7
2023	303.6	185.9	419.3	726.1	342.7	378.4

数据来源：The EU Industrial R&D Investment Scoreboard。

表 8.6　2014—2023 年全球研发 2 500 强不同阵营中
美国企业研发投入总额变化　　（单位：亿美元）

	第一阵营	第二阵营	第三阵营	第四阵营	第五阵营	第六阵营
2014	921.3	499.2	342.1	801.7	231.7	248.7
2015	1 019	463.3	231	787.4	257.5	240.7
2016	1 122.1	485.1	306.7	822.7	254.8	251.4
2017	1 004.8	561.1	269.3	759.8	270	253.1
2018	1 237.1	613.1	361.4	897.5	290.3	304.6
2019	1 284.3	604.4	370.8	1 001.8	309.4	331.1
2020	1 311.2	550.7	481.1	925.5	332.2	352.8
2021	1 805.7	765.1	438.1	1 236.6	462.7	491.1
2022	2 072	732.7	449	1 333.8	489.8	465.1
2023	2 284	668.8	548.6	1 332	517.2	415.1

数据来源：The EU Industrial R&D Investment Scoreboard。

（四）企业行业分布

中国进入全球研发 2 500 强的企业行业分布相对均衡，技术硬件与设备、软件和计算机服务、建筑与材料、汽车及零部件、电子与电气设备等行业较为突出；美国企业行业分布相对集中，软件和计算机服务、生物医药和技术硬件与设备是其三大研发投入最大行业。 2023 年，全球研发 2 500 强企业的行业分布主要集中于软件与计算机服务、生物医药、技术硬件与设备、汽车及零部件、电子与电气设备、建筑与材料、医疗保健设备与服务、化工、工业工程和航空航天与国防这十大行业。其中，软件与计算机服务行业和生物医药行业进入全球 2 500 强的研发总投入分别达到 2 616.4 亿美元和 2 526.4 亿美元（图 8.3）。从企业数量来看，2023 年全球企业数量排名前 10 的行业分别是生物医药、软件和计算机服务、电子与电气设备、技术硬件与设备、汽车及零部件、工业工程、化工、医疗保健设备与服务、建筑与材料和一般工业。其中，生物医药、软件和计算机服务行业 2023 年进入全球 2 500 强的企业数量分别为 442 家和 323 家（图 8.3）。对比中美两国企业行业分布情况发现，中国进入全球研发 2 500 强的企业行业分布较为均衡，美国则相对集中。2023 年，中国研发投入规模最高的行业是技术硬件与设备，为 390.8 亿美元，此外软件与计算及服务、建筑与材料、汽车及零部件、电子与电气设备等行业研发投入也较高，分别为 332.5 亿美元、307.4 亿美元、278.7 亿美元和 228.4 亿美元。从企业数量上看，2023 年中国进入全球研发 2 500 强的 556 家企业中，来自电子与电气设备产业、生物医药产业、软件与计算机服务产业、技术硬件与设备产业分别为 83 家、60 家、59 家和 46 家（图 8.4）。

美国跻入全球研发 2 500 强的 699 家企业中，有 201 家企业来自生物医药产业，占比接近 30%，来自软件和计算机服务产业、技术硬

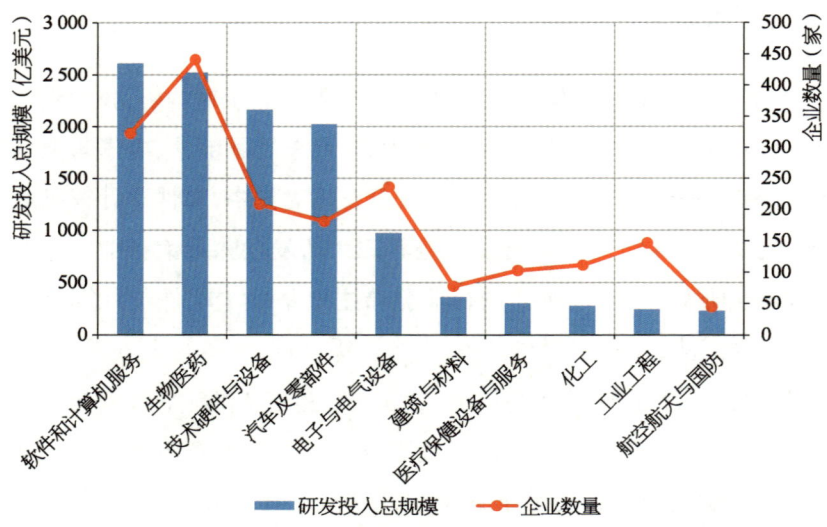

图 8.3 2023 年全球研发 2 500 强企业的主要行业分布情况

(数据来源：The EU Industrial R&D Investment Scoreboard)

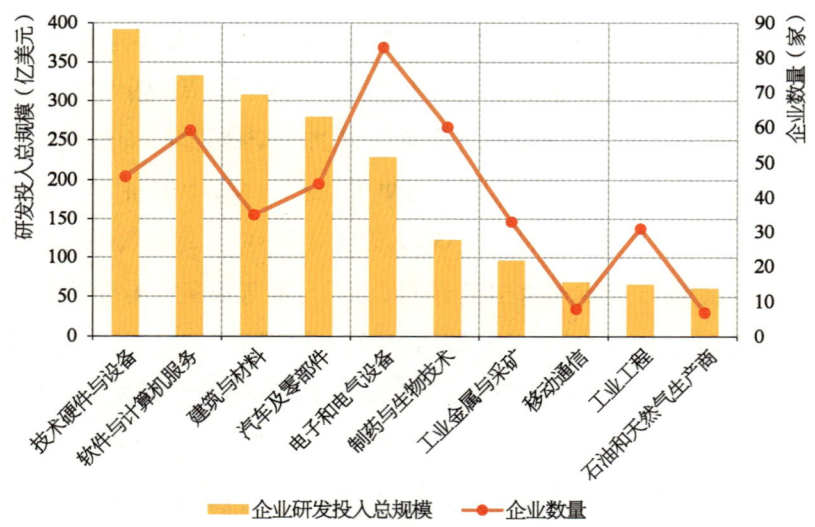

图 8.4 2023 年中国进入全球研发 2 500 强企业的主要行业分布情况

(数据来源：The EU Industrial R&D Investment Scoreboard)

件和设备产业的企业也分别达 161 家和 68 家,这三个产业领域的企业数量占比超 60%。从投入规模上看,软件与计算及服务行业是美国企业研发投入规模最大的行业,达到 1 948.3 亿美元,生物医药和技术硬件与设备行业紧随其后,分别达到 1 308.6 亿美元和 1 218.9 亿美元(图 8.5)。

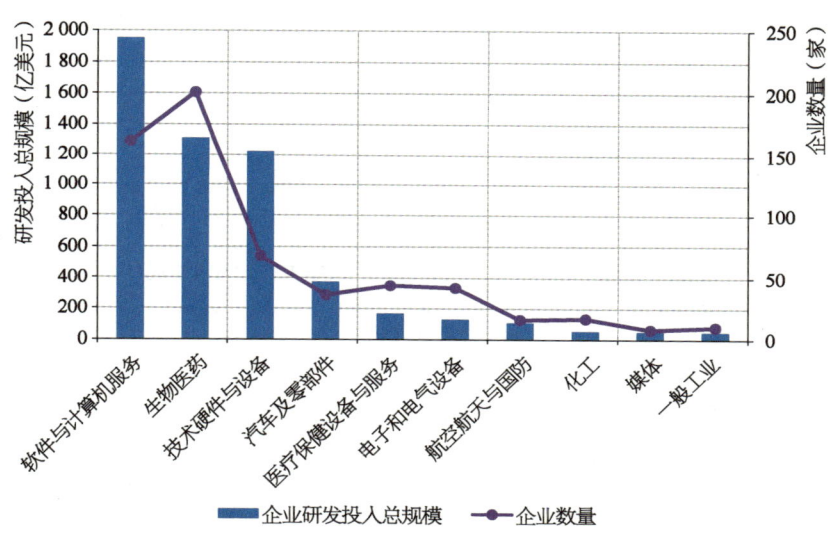

图 8.5　2023 年美国进入全球研发 2 500 强企业的主要行业分布情况

(数据来源:The EU Industrial R&D Investment Scoreboard)

(五) 企业销售额

中国进入全球研发 2 500 强企业的平均销售额高于美国企业。 2014—2023 年,进入榜单的美国企业平均销售额从 69.4 亿美元波动增长至 97.4 亿美元,而进入榜单的中国企业平均销售额从 83.7 亿美元波动增长至 108 亿美元,年均增长率 2.9%(图 8.6)。在 2014—2023 年,受到各种经济、政策和市场因素的影响,中国企业的销售额从初期高于美国,在经历下降后迎来快速增长,尤其是 2020 年以来大幅上升,已领先美国企业一定优势。

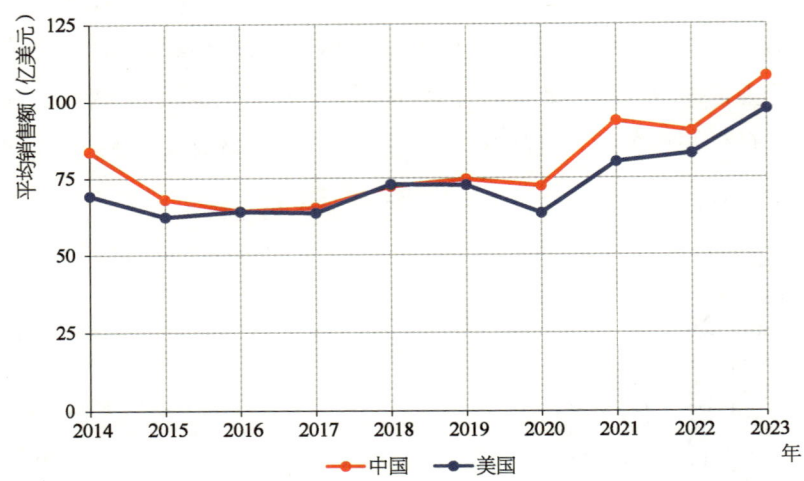

图 8.6　2014—2023 年全球研发投入 2 500 强中中美企业平均销售额比较
（数据来源：The 2020 EU Industrial R&D Investment Scoreboard）

（六）企业 PCT 专利申请量

中国企业 PCT 专利申请量远超美国。 2014—2023 年，全球 PCT 专利申请量大于 10 件的机构数量由 2 260 家波动增长至 2 936 家，对应的，这些机构申请的 PCT 专利数量也由 133 607 件波动增长至 174 473 件。其中，来自中国的机构数量由 143 家增长至 756 家，申请的 PCT 专利也由 2014 年的 12 660 件快速增长至 2023 年的 48 076 件；而美国的机构数量则从 763 家下降至 700 家，申请的 PCT 专利申请量由 39 729 件波动下降至 34 265 件（图 8.7）。从企业视角来看，在全球 PCT 专利申请量前 20 强企业中，中国从 2014 年的 3 家增长至 2023 年的 7 家，申请的 PCT 专利也由 6 707 件增长至 17 019 件；美国则从 4 家下降至 2 家，申请的 PCT 专利申请量也由 6 298 件波动下降至 4 760 件，中国的领先优势逐渐扩大（图 8.8）。2023 年，中美 PCT 专利申请量排行第一的企业分别为华为和高通，

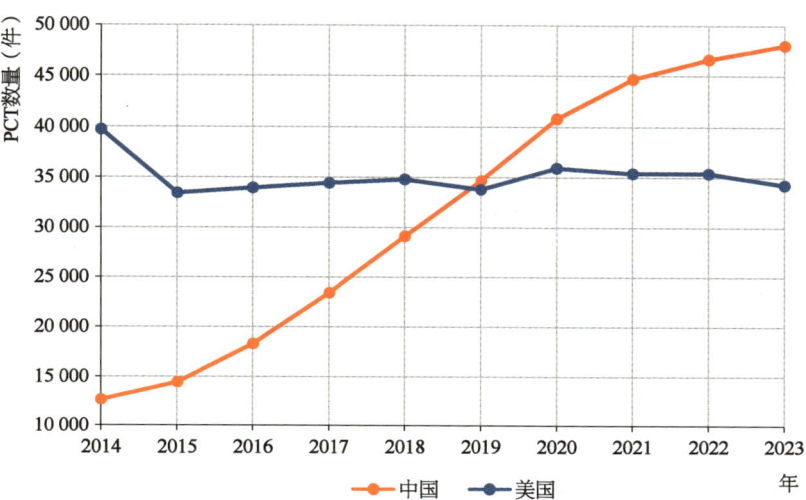

图 8.7　2014—2023 年中美两国 PCT 专利申请量大于 10 件的机构的 PCT 专利申请总量比较

（数据来源：WIPO）

图 8.8　2014—2023 年 PCT 产出前 20 强中美企业申请总量比较

（数据来源：WIPO）

华为 PCT 专利申请量达 6 494 件，而高通 PCT 专利申请量为 3 414 件（表 8.7）。从发展趋势上看，2014—2023 年，华为除 2016 年外，其 PCT 申请量均位居全球第一，这充分反映了其作为科技领军企业的重要地位及其长远的战略布局。

表 8.7　2023 年 PCT 专利产出前 20 强企业

排名	企　　业	国家	PCT 申请数量(件)
1	华为(Huawei Technologies)	中国	6 494
2	三星电子(Samsung Electronics)	韩国	3 924
3	高通(Qualcomm Incorporated)	美国	3 410
4	三菱电机(Mitsubishi Electric)	日本	2 152
5	京东方科技(Boe Technology)	中国	1 988
6	乐喜金星电子(LG Electronic)	韩国	1 887
7	爱立信(Telefonaktiebolaget LM Ericsson)	瑞典	1 863
8	宁德时代(Contemporary Amperex Technology)	中国	1 799
9	Oppo(Guangdong Oppo Mobile Telecommunications)	中国	1 766
10	日本电信(Nippon Telegraph and Telephone)	日本	1 760
11	中兴(Zte Corporation)	中国	1 738
12	松下(Panasonic Intellectual Propert Management)	日本	1 722
13	Vivo(Vivo Mobile Communication)	中国	1 631
14	小米(Beijing Xiaomi Mobile Software)	中国	1 603
15	日本电气(Nec)	日本	1 592
16	索尼(Sony)	日本	1 433
17	LG 新能源(LG Energy Solution)	韩国	1 423
18	微软(Microsoft)	美国	1 350
19	博世(Robert Bosch)	德国	1 307
20	村田制作所(Murata Manufacturing)	日本	1 051

数据来源：WIPO。

二、高研发投入企业发展态势

2023年全球研发投入2 500强企业数据显示：前100强企业研发投入规模占据整体51.5%的份额，前50强占39.6%，前20强占25.3%，前10强占18.2%。这些数据说明，全球科技研发资源高度集中于头部企业。其中，以科技领军企业为代表的创新主体，通过持续高强度研发投入，在全球科技产业布局和创新发展格局中占据主导地位，形成对技术制高点的战略性掌控。基于此背景，本节重点围绕研发投入这一关键指标，对中美两国头部科技企业的发展态势展开对比分析。

（一）研发投入

美国科技头部企业的研发投入增幅明显，中国科技头部企业的研发投入则连年下降。 2023年，全球研发投入前100强中，美国企业有39家，中国有18家；前20强中，美国企业有12家，包括位居前四的字母公司（Alphabet）、元宇宙（Meta）、苹果、微软，以及排名第8的英特尔和第10的强生，中国仅有华为和腾讯两家企业，分别排名第6和第19位（表8.8）。从企业研发投入发展态势上看，前20强企业在研发投入上呈现"你追我赶"的争先态势。其中，字母公司的研发投入连续6年排名世界第一，近10年年均增长率超过17.3%，2023年投入已高达430.7亿美元，逐渐拉大与其他企业的差距；元宇宙近10年的研发投入呈现连年增加的显著上扬趋势，年均增长率更超31.2%，成为增长最快的科技巨头企业，已连续三年排名世界第二。而华为作为中国唯一进入全球前10强的企业，其2023年研发投入（199.4亿欧元）较2022年（209.3亿欧元）减少了近10亿欧元，在该榜单中的排名连续三年下降——由2020年的全球第2、2021年的第4、2022年的第5下降到2023年的第6。此外，位居全球第19位的腾讯,其 2023 年研发投入(811.8 亿欧元)较 2022 年(824.0 亿欧元)也减少了 12 亿欧元(图 8.9)。

表 8.8　2023 年全球研发投入前 20 强企业名单及其研发投入情况

(单位:亿美元)

排名	企业	国家	研发投入
1	字母公司(Alphabet)	美国	430.7
2	元宇宙(Meta)	美国	359.6
3	苹果(Apple)	美国	294.8
4	微软(Microsoft)	美国	290.8
5	大众(Volkswagen)	德国	235.7
6	华为(Huawei)	中国	215.8
7	三星(Samsung Electronics)	韩国	215.2
8	英特尔(Intel)	美国	158.1
9	罗氏(Roche)	瑞士	153.9
10	强生(Johnson & Johnson)	美国	151.2
11	默克(Merck)	美国	126.6
12	奔驰(Mercedes-Benz)	德国	108.0
13	辉瑞(Pfizer)	美国	104.2
14	阿斯利康(AstraZeneca)	英国	102.8
15	通用汽车(General Motors)	美国	97.6
16	礼来(Eli Lilly)	美国	91.8
17	百时美施贵宝(Bristol-Myers Squibb)	美国	90.7
18	甲骨文(Oracle)	美国	87.9
19	腾讯(Tencent)	中国	87.8
20	诺华(Novartis)	瑞士	87.3

数据来源：The EU Industrial R&D Investment Scoreboard。

中国科技头部企业研发投入增长速度高于美国,但研发投入规模落后于美国且差距在扩大。以中美两国研发投入前 20 强企业为比较案例,2014—2023 年,美国研发投入前 20 强企业的研发总投入

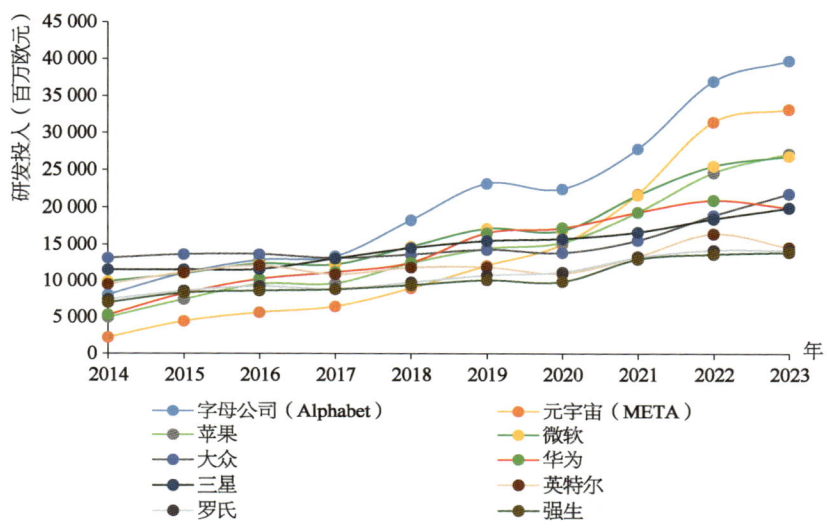

图 8.9 2023 年全球研发投入前 10 强企业其研发投入在 2014—2023 年间的变化情况

（数据来源：The EU Industrial R&D Investment Scoreboard）

由 1 389.4 亿美元增长到 2 852.7 亿美元，年均增长率为 8.3%。同期，虽然中国研发投入前 20 企业的研发总投入的年均增长率达到 15.6%，但其 2023 年的研发总投入也仅有 955.5 亿美元，尚不及美国 2014 年的水平，同时落后于美国的差距还在持续扩大，由 2014 年的落后 1 130.1 亿美元扩大至 2023 年的落后 1 897.2 亿美元（表 8.9）。

表 8.9　2014—2023 年全球研发投入 2 500 强中美前 20 企业研发投入规模比较　　（单位：亿美元）

年　份	中　国	美　国
2014	259.3	1 389.4
2015	309.7	1 384.7
2016	365.1	1 524.0
2017	409.6	1 499.2

(续　表)

年　份	中　国	美　国
2018	511.2	1 772.8
2019	594.0	1 847.7
2020	686.9	1 918.4
2021	908.1	2 473.8
2022	908.6	2 663.1
2023	955.5	2 852.7

数据来源：The EU Industrial R&D Investment Scoreboard。

（二）研发投入强度

中国科技头部企业的研发投入强度显著低于美国，且差距在扩大。 在全球研发投入100强中，中国企业平均研发强度从2014年的7.2%波动下降至2023年的6.9%，而美国企业平均研发强度从2014年的12.1%波动增长至2023年的17.4%，中国企业的平均研发强度显著低于美国（表8.10）。对比中美两国研发投入20强企业的研发投入强度，也发现中国企业显著低于美国。2014—2023年，美国研发投入前20强企业研发投入强度由13.4%增长到17.3%，中国则由6.7%增长到7.3%，尚不及美国2014年的水平，落后于美国的差距由2014年的6.7%扩大至2023年的10%（表8.11）。

表8.10　2014—2023年全球研发投入100强中中国和美国企业平均研发强度比较　　　　（单位：%）

年　份	中　国	美　国
2014	7.2	12.1
2015	8.4	12.4
2016	7.1	12.4

(续　表)

年　份	中　国	美　国
2017	7.8	13.5
2018	6	13.4
2019	7.1	14.5
2020	6.7	18.4
2021	8.2	15.3
2022	7	14.7
2023	6.9	17.4

数据来源：The EU Industrial R&D Investment Scoreboard。

表 8.11　2014—2023 年中国和美国研发前 20 强企业的平均研发投入强度比较　　（单位：%）

年　份	中　国	美　国
2014	6.7	13.4
2015	7.3	16.6
2016	6.6	15
2017	6.1	15.5
2018	6.8	14.9
2019	7.1	16.6
2020	6.4	15.4
2021	7.4	15.6
2022	7.2	16.4
2023	7.3	17.3

数据来源：The EU Industrial R&D Investment Scoreboard。

2023 年，中国研发投入 20 强企业中仅有华为、腾讯、中兴、百度和网易的研发投入强度超过 10%，其中华为以 22.4% 位居首位；而美国研发投入前 20 强企业中有 16 家企业的研发投入强度超过

10%,更是有 8 家企业超过 20%,分别是英特尔(29.6%)、礼来(27.3%)、元宇宙(27.0%)、超威半导体(25.9%)、高通(24.6%)、默克(21.4%)、吉利德(21.0%)和百时美施贵宝(20.5%),只有苹果、通用汽车、福特汽车和国际商用机器公司企业研发强度低于10%(表8.12和表8.13)。

表 8.12　2023 年中国研发投入前 20 强企业的研发强度

企　　业	研发投入(亿美元)	研发投入强度(%)
华为	215.8	22.4
腾讯	87.8	10.5
阿里巴巴	71.6	5.6
中国建筑集团	63.1	2.0
比亚迪	51.2	6.2
中国移动	42.3	3.1
中国铁路	40.8	2.4
中国交通建设集团	37.4	3.5
中国铁道建筑集团	36.7	2.4
中兴	33.9	19.9
百度	33.2	18.0
中国电力建设集团	31.8	3.8
上汽集团	28.6	2.8
美团	28.2	7.4
中国石油	28.1	0.7
中冶集团	26.9	3.1
宝山钢铁	26.5	5.6
宁德时代	24.8	4.5
小米	24.0	6.5
网易	22.6	15.9

数据来源：The EU Industrial R&D Investment Scoreboard。

表 8.13　2023 年美国研发投入前 20 强企业的研发强度

企　　业	研发投入(亿美元)	研发投入强度(%)
字母公司(Alphabet)	430.7	14.2
元宇宙(Meta)	359.6	27.0
苹果(Apple)	294.8	7.8
微软(Microsoft)	290.8	12.0
英特尔(Intel)	158.1	29.6
强生(Johnson & Johnson)	151.2	17.8
默克(Merck)	126.6	21.4
辉瑞(Pfizer)	104.2	18.1
通用汽车(General Motors)	97.6	5.8
礼来(Eli Lilly)	91.8	27.3
百时美施贵宝(Bristol-Myers Squibb)	90.7	20.5
甲骨文(Oracle)	87.9	17.8
高通(Qualcomm)	86.9	24.6
英伟达(Nvidia)	85.5	14.2
福特汽车(Ford Motor)	80.8	4.7
思科(Cisco Systems)	74.4	13.2
艾伯维(Abbvie)	69.4	13.0
超威半导体(Amd)	57.9	25.9
国际商用机器公司(Ibm)	57.7	9.8
吉利德(Gilead Sciences)	56.1	21.0

数据来源：The EU Industrial R&D Investment Scoreboard。

此外，若将全球研发投入100强企业按照其研发投入强度进行重新排序得到研发投入强度100强，则在2023年前20强高研发强度企业数量上(表8.14)，美国独占13家，且前10强中仅1家企业为非美国企业，即来自中国台湾的联发科(MEDIATEK)以25.7%的研发投入强度位居第9位。中国(大陆)仅有华为这一家企业跻身前20强,位居第15位。

表 8.14　2023 年全球研发投入 100 强企业按照其研发投入强度进行重新排序的前 20 强企业

企　业	国　家	研发投入（亿美元）	研发投入强度(%)
莫德纳(Moderna)	美国	46.0	68.2
工作日(Workday)	美国	24.3	33.9
再生元(Regeneron Pharmaceuticals)	美国	43.7	33.8
福泰制药(Vertex Pharmaceuticals)	美国	31.2	32.0
英特尔(Intel)	美国	158.1	29.6
礼来(Eli Lilly)	美国	91.8	27.3
元宇宙(Meta)	美国	359.6	27.0
超威半导体(Advanced Micro Devices)	美国	57.9	25.9
联发科(Mediatek)	中国台湾	35.5	25.7
高通(Qualcomm)	美国	86.9	24.6
海力士(Sk Hynix)	韩国	57.4	23.1
阿斯利康(AstraZeneca)	英国	102.8	22.8
勃林格殷格翰(Boehringer Sohn)	德国	62.4	22.5
罗氏(Roche)	瑞士	153.9	22.5
华为(Huawei)	中国	215.8	22.4
默沙东(Merck Us)	美国	126.6	21.4
吉利德(Gilead Sciences)	美国	56.1	21.0
百时美施贵宝(Bristol-Myers Squibb)	美国	90.7	20.5
思爱普(Sap)	德国	68.0	20.1
美光科技(Micron Technology)	美国	30.7	20.0

数据来源:The EU Industrial R&D Investment Scoreboard。

(三) 行业分布

中国科技头部企业主要来自建筑与材料和软件与计算机服务行

业,美国科技头部企业则主要来自生物医药、软件与计算机服务和技术硬件与设备产业。2023年,全球研发投入100强企业集中于生物医药、汽车及零部件、技术硬件与设备、软件与计算机服务四个行业,这四个行业的企业数量分别为22家、21家、18家和16家,占比达到77%(图8.10)。特别是全球研发投入前20强企业,有8家企业来自生物医药行业,5家企业来自软件与计算机服务行业。对比中美两国进入全球研发100强企业的行业分布情况发现,中国高研发投入企业主要来自建筑与材料和软件与计算机服务行业,特别是2023年中国进入全球100强的18家企业中有5家来自建筑与材料行业;而美国高研发投入企业则主要来自生物医药、软件与计算机服务和技术硬件与设备产业,特别是生物医药,一直是美国高研发企业的主导产业。近年来,作为AI产业的基础行业,美国软件与计算机服务、技术硬件与设备行业的高研发投入企业发展迅速(表8.15和表8.16)。

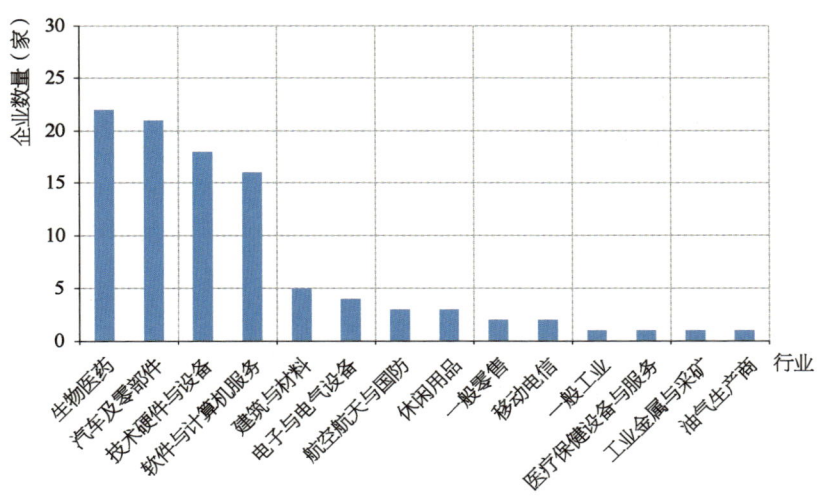

图8.10　2023年全球研发100强企业的主要行业分布情况

(数据来源:The EU Industrial R&D Investment Scoreboard)

表 8.15　2014—2023 年中国进入全球研发 100 强的企业的行业分布结构变化　（单位：家）

行　业	2014	2015	2016	2017	2018	2019	2020	2021	2022	2023
建筑与材料	1	1	2	2	3	3	5	5	5	5
软件与计算机服务	0	1	1	3	3	3	4	4	3	3
技术硬件与设备	2	2	2	2	1	2	2	2	2	2
汽车及零部件	0	1	0	0	1	1	2	1	2	2
电子与电气设备	0	0	0	0	0	0	0	0	0	1
一般工业	0	0	0	0	0	0	0	1	1	1
一般零售	0	0	1	0	0	0	0	1	1	1
工业金属与采矿	0	0	0	0	0	0	0	0	1	1
移动电信	0	0	0	0	0	0	0	0	0	0
油气生产商	1	1	1	1	1	1	1	1	1	1
媒体	0	0	0	0	0	0	0	1	0	0

数据来源：The EU Industrial R&D Investment Scoreboard。

表 8.16　2014—2023 年美国进入全球研发 100 强的企业的行业分布结构变化　（单位：家）

行　业	2014	2015	2016	2017	2018	2019	2020	2021	2022	2023
生物医药	10	10	10	11	11	10	11	12	12	12
软件与计算机服务	5	5	5	5	6	8	8	9	10	11
技术硬件与设备	8	8	10	10	10	11	11	11	10	10
汽车及零部件	4	3	3	3	3	2	2	3	3	3
航空航天与国防	2	2	2	2	2	2	2	1	2	2
媒体	0	0	0	0	0	1	1	1	1	1
固网电信	1	1	1	0	1	0	0	0	0	0
化工	3	3	3	1	1	0	0	0	0	0
家庭用品和房屋建筑	1	1	1	1	1	0	0	0	0	0

(续　表)

行　业	2014	2015	2016	2017	2018	2019	2020	2021	2022	2023
旅游与休闲	0	0	0	0	0	0	1	0	0	0
通用工业	2	2	2	2	2	1	1	1	1	0
一般零售	1	0	0	0	0	0	0	0	0	0

数据来源：The EU Industrial R&D Investment Scoreboard。

三、案例比较：字母公司和华为

在市场表现方面，字母公司的市场销售额持续增长，而华为的销售额波动下降。2014—2023年，字母公司的销售额由2014年的722亿美元增长至2023年的3 029亿美元，年平均增长率为17.3%。同期，华为的销售额由2014年的501亿美元持续增长至2021年的1 283亿美元，并于2022年下降至932亿美元，随后在2023年略有回升，上升至965亿美元，10年内年平均增长率为7.5%。2014年，华为与字母公司销售额差额221亿美元，到2023年，差距扩大至2 064亿美元(图8.11)。字母公司的销售额高于华为，这主要归因于其广告业务的全球领先地位、多样化的盈利模式和较少的市场准入障碍。作为谷歌的母公司，字母公司不仅在广告市场实现了强劲的盈利，还通过云计算、人工智能和其他高科技服务拓展了收入来源。当然，高利润的服务得益于字母公司在科技创新和数据分析方面的领先，这使其能够开发出新产品并迅速占领市场。相比之下，华为虽然在通信设备和智能手机领域技术领先，且在5G、物联网等技术创新上不断突破，但其主要市场和产品线较为集中，加之在一些关键国际市场面临政治和贸易壁垒，限制了其全球扩展和收入增长的潜力。

在研发强度方面，华为呈现波动上升，在2014—2019年与字母

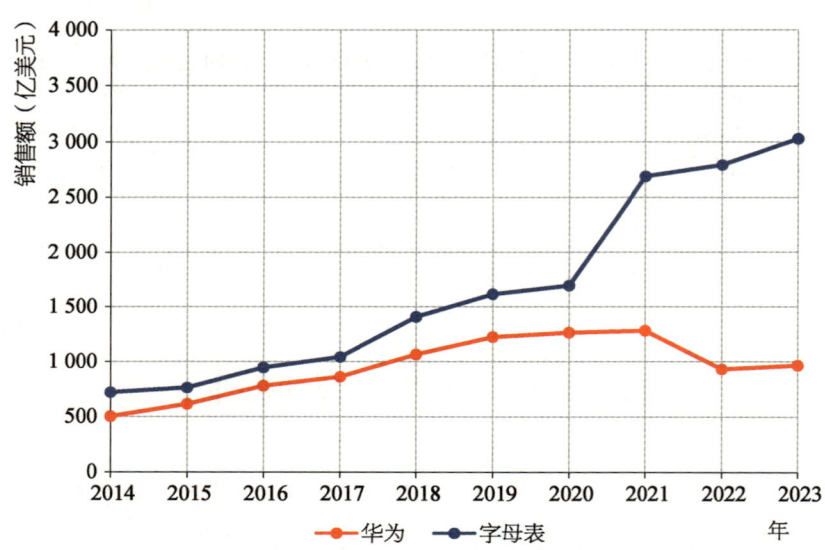

图 8.11 2014—2023 年华为与字母表销售额比较
(数据来源：The EU Industrial R&D Investment Scoreboard)

公司互有胜负，但在 **2020 年后扩大了领先优势**。2014 年，华为研发强度在 14% 左右，并于 2022 年提升至 24.3%，但在 2023 年又下降至 22.4%。2014—2023 年，字母公司的研发强度在这 10 年内缓慢波动下降，2014 年研发强度为 14.9%，2023 年下降至 14.2%。而同期华为的研发强度呈波动上升态势，由 14.0% 波动上升至 2023 年的 22.4%（2022 年曾达到 24.3%）（图 8.12）。作为全球领先的通信设备和智能手机制造商，华为在 5G 技术、AI 和云计算等领域的重大研发投入是其维持技术领先地位的关键。

在 PCT 专利申请量方面，华为始终高于字母公司，且差距不断扩大。2014 年，华为 PCT 专利数量为 3 442 件，而字母公司仅有 917 件，两家企业相差 2 525 件。2014 年之后，华为的 PCT 数量波动上升，从 2014 年的 3 442 件提高至 2022 年的 7 689 件，2023 年有所下降，至 6 494 件，年均增长率为 7.3%。而字母公司的 PCT 数量一直

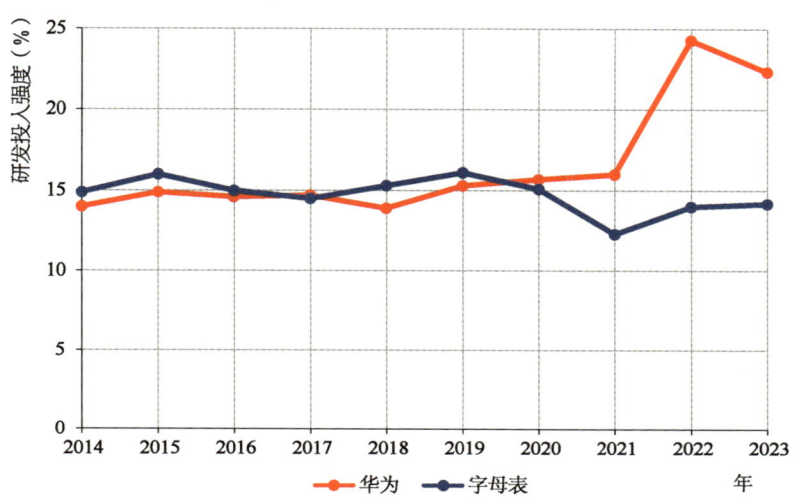

图 8.12　2014—2023 年华为与字母公司研发强度比较

（数据来源：The EU Industrial R&D Investment Scoreboard）

稳定在 1 000 件以内,年均增长率为－0.1%,2023 年 PCT 产出仅有 901 件,与华为的差距扩大至 5 593 件(图 8.13)。

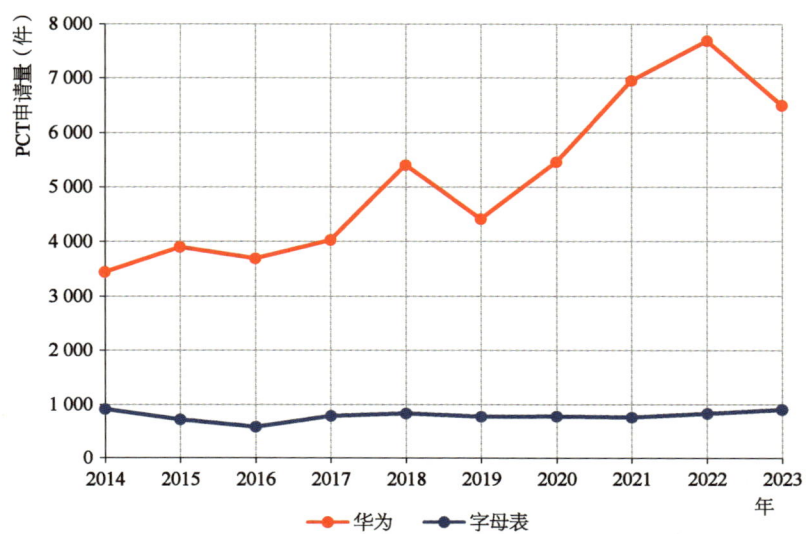

图 8.13　2014—2023 年华为与字母公司的 PCT 专利申请数量比较

（数据来源：WIPO）

四、本章小结

本章以欧盟产业研发投资记分牌发布的历年全球研发2 500强企业名单和世界知识产权组织发布的历年主要申请人名单为数据源,对中美两国科技企业发展态势进行了比较,主要结论如下:

(1) 中国进入全球研发2 500强的企业数量快速增加,与美国的差距快速缩小,全球科技企业发展版图已呈现以美国和中国为首的"两超多强"的格局,但在研发投入上,中国企业落后于美国且差距在持续扩大。中美两国科技企业发展差距主要体现在"塔尖"部分,即中美两国头部科技企业发展间的差距。

(2) 中国进入全球研发2 500强的企业行业分布相对均衡,技术硬件与设备、软件与计算机服务、建筑与材料、汽车及零部件、电子与电气设备等行业较为突出,美国企业行业分布相对集中,软件与计算机服务、生物医药和技术硬件与设备是其三大研发投入行业。此外,中国进入全球研发2 500强企业的平均销售额高于美国企业。

(3) 美国科技头部企业研发投入保持强劲增长态势,中国科技头部企业研发投入遭遇连续三年下滑。其中,字母公司(Alphabet)的研发投入连续六年蝉联全球榜首,近十年年均增长率超过17.3%;而中国唯一进入全球研发前10强的华为,2023年研发投入较2022年的209.3亿欧元减少了近10亿欧元。在研发投入强度上,中国科技头部企业的研发投入强度显著低于美国,且差距持续扩大。在行业分布上,中国科技头部企业主要来自建筑与材料和软件与计算机服务领域,美国科技头部企业则主要来自生物医药、软件与计算机服务和技术硬件和设备产业。

（4）从美国研发投入最高的字母公司和中国研发投入最高的华为两家企业来看，华为在研发投入强度、PCT专利申请量上处于领先地位，但在表征市场竞争力的销售额上，华为与字母公司的差距依然显著。

第九章

中美全球科技创新中心发展比较

当前,积极谋划建设全球科技创新中心成为各国应对新一轮科技革命挑战和增强国家竞争力的重要举措。统筹推进国际科技创新中心、区域科技创新中心建设是党的二十大报告提出完善科技创新体系,强化国家战略科技力量,优化配置创新资源,形成具有全球竞争力的开放创新生态的关键任务。对比中美两国全球科技创新中心发展差异,能够为中国统筹推进国际科技创新中心、区域科技创新中心建设提供更好的参照和启示。

一、全球科技创新中心的内涵与评价

全球科技创新中心是全球创新网络中的枢纽性节点城市,代表所在国家在世界分工体系中所能达到的最大高度。本节从梳理和辨析全球科技创新中心的内涵出发,从创新要素全球集聚力、科学研究全球引领力、技术创新全球策源力、产业变革全球驱动力和创新环境全球支撑力五个维度建构了国际科技创新中心发展水平评价的"五力模型",以此评估中美两国全球科技创新中心发展水平差异及其在全球科创版图中的地位差异。

(一)全球科技创新中心的内涵界定

"全球科技创新中心"作为近 10 年才兴起的新生概念,其内涵缘起最早可追溯至 1959 年英国学者贝尔纳在《历史上的科学》中首次提出了"世界科学活动中心"。之后在日本学者汤浅光朝 1962 年提出的"世界科学中心"、美国《连线》(Wired)杂志 2000 年提出的"全球技术创新中心"等概念的辅助演化下,国际研发中心或国际产业研发中心、科技创新城市或科技创新中心、国际科技创新枢纽等诸多相关相近的概念被先后提出和使用,引起了学界的广泛讨论。

2014 年,杜德斌率先在业界提出了"全球科技创新中心"的完整概念,将其定义为全球科技创新中心是全球科技创新资源密集、科技创新活动集中、科技创新实力雄厚、科技成果辐射范围广大,从而在全球价值网格中发挥显著增值功能并占据领导和支配地位的城市或地区;并在此基础上,杜德斌等建构了全球科技创新中心发展的"三(层次)四(功能)三(维度)"理论框架,即全球科技创新中心是由创新人才、创新主体和创新环境 3 个层次要素构成的顶级城市或区域创新生态系统。科学研究、技术创新是全球科技创新中心的两大基本功能,产业驱动、文化引领是两大派生功能。此外,全球科技创新中心的发展路径可从驱动力、创新机构来源和产业结构 3 个维度来解析。从全球科技创新中心的构成要素和核心功能来看,全球科技创新中心具有以下 5 个本质特征。

(1) 全球科技创新中心是创新资源的配置中枢,具有创新要素全球集聚力。配置全球创新资源是全球科技创新中心的基础优势,也是体现全球科技创新中心影响力和控制力的基本面。全球科技创新中心作为全球创新网络的核心枢纽,其典型特征就是具有强大的全球创新资源配置能力,各类型高层次科技创新人才、多渠道大规模创新投资和风险资本在此汇聚。

(2) 全球科技创新中心是基础研究的前沿阵地,具有科学研究全球引领力。科学研究是全球科技创新中心的基本功能。全球科技创新中心作为世界科学研究的主阵地,其典型特征就是拥有一批聚焦开展前沿科学基础研究的世界一流大学和科研机构,从而引领当代科技或学科的发展,并不断衍生新的学科领域或方向。

(3) 全球科技创新中心是前沿科技的生产源地,具有技术创新全球策源力。技术创新是全球科技创新中心成长的关键动力。全球科技创新中心集聚了大量世界顶级的科技企业和企业研发中心,持续涌现大批具有全球影响力的科技成果,是世界新技术、新产品的发源地。

(4) 全球科技创新中心是产业创新的战略高地,具有产业变革全球驱动力。全球科技创新中心的技术先进性决定了其产业形态"高端化"和产业结构"高新化"的特征。全球科技创新中心作为世界产业变革的主导地,其典型特征就是不断涌现新的企业、新兴产业和新型业态,以及传统产业的产品结构、技术结构、组织结构等不断转型升级;其既是世界新产业的发源地,也是世界传统产业转型升级的样本地。

(5) 全球科技创新中心是创新生态的示范中心,具有创新环境全球支撑力。完善的创新环境支撑是全球科技创新中心形成的基础条件。作为时代先进生产范式的代表,全球科技创新中心对世界创新生态的形成有着引领、示范和塑造的作用,其成长基础要求城市获取与具有雄厚的经济实力基础、优越创新文化环境和高端科学交流平台等。

(二) 全球科技创新中心发展水平评价体系建构

除了全球科技创新中心内涵在学界引起广泛讨论外,全球科技创新中心发展水平测度或城市科技创新能力评价也掀起一波研究热浪。众多科研机构或咨询公司投入大量人力、物力、财力,通过建构评价指标体系,对全球,或某一区域,或某一国家内部城市创新能力进行测度,从而对全球创新体系、区域创新体系、国家创新体系进行解析(表9.1)。但这些评价体系均存在一定缺陷,指标设计未能充分反映全球科技创新中心的内涵和功能特征。

表9.1 全球科技创新中心评价指标体系

序号	机构	报告名称	评价维度及指标	指标不足
1	澳大利亚2thinknow智库	创新城市指数(Innovation City™ Index)	文化资产、人力基础设施、网络市场3个维度及162个指标	评价主要关注创新城市环境,缺乏对科技创新与产业转型的关注,指标体系过于复杂难以获取且不适应中国实际
2	日本森纪念财团	全球城市实力指数(Global Power City Index)	经济、研发、文化互动、宜居性、环境、可访问性6个维度及90个指标	评价仅体现在"研发"这一个功能,而"研发"这一功能下仅包含8个评价指标,重在评估城市科学研究和技术创新产出能力

(续表)

序号	机构	报告名称	评价维度及指标	指标不足
3	世界知识产权组织	全球创新指数（Global Innovation Index）	创新输入、创新输出、创新生产效率、机构环境、人力与市场5个维度及20余个指标	评价对象为国家或地区等经济体，没有落实到城市层面
4	世界知识产权组织（WIPO）	2023年GII科技集群排名（GII2023 S&T Cluster Ranking）	专利申请活动、科学论文发表情况	仅依据两个指标，并不能真实反映城市科技创新能力，尤其是无法反映城市间产业差异
5	清华大学产业发展与环境治理研究中心、施普林格自然科研	国际科技创新中心指数	科学中心、创新高地、创新生态3个维度及31个指标	缺乏对实体经济支撑的产业创新维度的考量，尤其是缺乏有关科技创新引领传统产业转型升级的评价指标

对此，本节基于上述国际科技创新中心的5个本质特征，从创新要素全球集聚力、科学研究全球引领力、技术创新全球策源力、产业变革全球驱动力和创新环境全球支撑力5个维度构建了一套覆盖33个指标的全球科技创新中心评价指标体系（以下简称"五力模型"），以确保监测结果全面、客观、准确反映全球科技创新中心发展的真实现状和未来趋势（表9.2）。

表9.2 全球科技创新中心评价的"五力模型"及其具体测度指标

一级指标	二级指标	三级指标
创新要素全球集聚力	顶尖创新人才	顶尖科技奖获得者人数 高被引科学家人数 研发人员规模

(续　表)

一级指标	二级指标	三级指标
创新要素全球集聚力	全球创新资金	研发投入规模 外商研发投资 全球风险资本吸收量
科学研究全球引领力	顶尖科研主体	世界一流高校数量 世界一流研究机构数量
	权威科研产出	国际权威论文发表量 高被引论文发表量 国际权威论文引用量
	国际科学合作	科学论文国际合作量 高被引论文国际引用量
技术创新全球策源力	创新引擎企业	全球知名研发企业数量 最具创新性企业数量 PCT专利公布量
	前沿科技产出	技术出口规模 知识产权贸易额 科技企业销售额
	国际技术合作	PCT专利国际合作量
产业变革全球驱动力	前沿产业发展	前沿领域百强企业数量 前沿领域百强企业销售额
	传统产业转型	传统领域百强企业数量 传统领域百强企业销售额
	创新创业活力	全球最具潜力初创公司数量
创新环境全球支撑力	经济实力基础	地区生产总值 对外研发投资
	社会文化环境	国际航空客运量 宽带连接速度 国际化程度
	学术交流平台	全球顶尖科技期刊数量 国际科学组织总部数量 国际权威学术会议举办数

二、综合评估结果

基于"五力模型"及各城市历年数据,本节以来自美国、中国、德国、英国、日本、韩国等 45 个国家的 140 个城市为评价对象,采用德尔菲法确定各指标权重;在对各指标数据标准化处理的基础上,通过层次分析法对上述 140 个城市在 2022—2024 年间的科技创新发展水平进行评估。评价结果显示,旧金山-圣何塞是全球最为顶尖的科技创新中心,不仅综合排名稳居全球第 1,而且在创新要素全球集聚力、技术创新全球策源力、产业变革全球驱动力 3 个维度上也是稳居全球第 1 位;北京在科学研究全球引领力维度稳居全球第 1 位;在创新环境全球支撑力维度,2022 年纽约位居全球第 1,2023—2024 年,伦敦超越纽约,位居全球第 1。

(一)全球发展态势

全球科技创新中心发展的"北美—欧洲—亚太"大三角格局愈发稳固。无论是综合排名,还是在创新要素全球集聚力、科学研究全球引领力、技术创新全球策源力、产业变革全球驱动力、创新环境全球支撑力 5 个单项排名上,全球科技创新中心高度集聚在欧洲、北美和亚太这三大区域,且这一格局随着时间推移愈发稳固。2022 年,全球科技创新中心 100 强中有 93 个分布于上述三大区域,其中 34 个在欧洲、30 个在北美、29 个在亚太地区;2023 年,有 95 个城市位于上述三大区域,其中 33 个在欧洲、30 个在北美、32 个在亚太;2024 年,则有 99 个位于上述三大区域,其中 33 个在欧洲、31 个在北美、35 个在亚太。

高等级科技创新中心集中分布于北美和亚太地区。2022—2024 年,虽然欧洲进入全球科技创新中心 100 强的城市数量与北美、亚太地区不分伯仲,但进入全球科技创新中心 30 强,甚至 10 强的城市数量显著少于北美和亚太地区。2022年,北美地区分别有13个和4个城市进入全球30强和全球10强;亚太地区分别有9个和4个城市进入全球30强和全球10强;而欧洲仅有7个和2个城市进入全球30强和全球10强。2024年,北美、亚太、欧洲分别有13个、10个和7个城市进入全球30强,也分别有4个、4个和2个城市进入全球10强(表9.3)。

表9.3 2022—2024年全球科技创新中心30强名单

综合排名	2022	2023	2024
1	旧金山-圣何塞	旧金山-圣何塞	旧金山-圣何塞
2	纽约	纽约	纽约
3	东京	伦敦	伦敦
4	伦敦	北京	北京
5	北京	东京	波士顿
6	波士顿	波士顿	东京
7	巴黎	巴黎	巴黎
8	首尔	首尔	洛杉矶
9	洛杉矶	洛杉矶	首尔
10	上海	上海	上海
11	华盛顿	华盛顿	芝加哥
12	深圳	芝加哥	慕尼黑
13	芝加哥	西雅图	深圳
14	大阪	深圳	华盛顿
15	西雅图	慕尼黑	西雅图
16	费城	大阪	新加坡
17	慕尼黑	新加坡	杭州
18	杭州	斯德哥尔摩	斯德哥尔摩
19	斯德哥尔摩	费城	奥斯汀
20	休斯敦	杭州	费城
21	广州	达拉斯-沃思堡	休斯敦
22	圣迭戈	柏林	大阪

（续　表）

综合排名	2022	2023	2024
23	奥斯汀	广州	圣迭戈
24	阿姆斯特丹	奥斯汀	香港
25	马德里	多伦多	多伦多
26	达拉斯-沃思堡	休斯敦	柏林
27	柏林	圣迭戈	巴塞尔
28	亚特兰大	马德里	广州
29	旧金山-圣何塞	都柏林	阿姆斯特丹
30	纽约	阿姆斯特丹	达拉斯-沃思堡

（二）中美发展对比

美国领跑全球科技创新中心建设，中国快速崛起。 从国家分布上看，全球科技创新中心集聚分布在美国和中国。美国作为顶尖科技强国，其全球科技创新中心数量也是遥遥领先。2022—2024年，全球科技创新中心100强，美国占据的席位由26个增加至27个，前30强中，美国占据的席位保持不变，为13个。其中旧金山-圣何塞是全球最为顶尖的科技创新中心，不仅综合排名稳居全球第1，在创新要素全球集聚力、技术创新全球策源力、产业变革全球驱动力这三个单项排名上也是稳居全球第1。在深入实施科教兴国、人才强国、创新驱动发展战略下，中国科技创新水平快速提升，已进入创新型国家行列，这在全球科技创新中心数量上也得到很好印证。2022—2024年，中国进入全球100强的科技创新中心数量由20个增加至21个（2023年有23个城市进入100强），进入前30强的城市数量由5个增加至6个。北京和上海更是进入全球10强，跻身全球科技创新中心第一方阵。中国也是除美国外，另一个在全球科技创新中心第一方阵中拥有2个及以上城市的国家（表9.4）。另外，北京的综合排名

表 9.4 2022—2024 年全球科技创新中心 100 强中的中美城市及其排名

全球科技创新中心层级	中国 2022	中国 2023	中国 2024	美国 2022	美国 2023	美国 2024
第一方阵（第 1～10 位）	北京（5）、上海（10）	北京（4）、上海（10）	北京（4）、上海（10）	旧金山-圣何塞（1）、纽约（2）、波士顿（6）、洛杉矶（9）	旧金山-圣何塞（1）、纽约（2）、波士顿（6）、洛杉矶（9）	旧金山-圣何塞（1）、纽约（2）、波士顿（5）、洛杉矶（8）
第二方阵（第 11～30 位）	深圳（12）、杭州（18）、广州（21）	深圳（14）、杭州（20）、广州（23）	深圳（13）、杭州（17）、香港（24）、广州（28）	华盛顿（11）、芝加哥（13）、西雅图（15）、休斯敦（20）、圣迭戈（22）、奥斯汀（23）、费城（26）、亚特兰大（28）	华盛顿（11）、芝加哥（12）、西雅图（13）、费城（19）、奥斯汀（21）、圣迭戈（24）、休斯顿（26）、圣迭戈（27）	芝加哥（11）、华盛顿（14）、西雅图（15）、奥斯汀（19）、费城（20）、休斯敦（21）、圣迭戈（23）、达拉斯-沃斯堡（30）
第三方阵（第 31～50 位）	南京（32）、台北（41）、香港（47）	香港（34）、南京（36）、台北（40）	南京（37）、台北（50）	匹兹堡（40）、罗利（45）	亚特兰大（33）、匹兹堡（43）	明尼阿波利斯（41）、亚特兰大（43）、匹兹堡（44）
第四方阵（第 51～100 位）	武汉（57）、成都（61）、苏州（62）、新竹（66）、天津（68）、长沙（72）、西安（74）、济南（76）、重庆（78）、西安（82）、合肥（85）、青岛（98）、厦门（99）	武汉（56）、天津（60）、苏州（62）、成都（67）、长沙（68）、西安（69）、合肥（71）、宁波（77）、济南（82）、青岛（85）、重庆（87）、长春（90）、厦门（97）、郑州（98）、（100）	天津（59）、合肥（61）、武汉（62）、成都（64）、西安（68）、长沙（74）、苏州（77）、济南（83）、重庆（86）、青岛（87）、郑州（90）、宁波（91）、厦门（97）	丹佛（51）、明尼阿波利斯（52）、菲尼克斯（58）、底特律（64）、圣路易斯（65）、迈阿密（70）、波特兰（73）、印第阿密（75）、辛辛那提（88）、盐湖城（90）、（95）	丹佛（52）、菲尼克斯（53）、明尼阿波利斯（55）、底特律（58）、罗利（64）、圣路易斯（65）、迈阿密（72）、波特兰（73）、夏洛特（76）、印第安纳波利斯（80）、辛辛那提（81）、盐湖城（83）、（94）	罗利（54）、菲尼克斯（58）、圣路易斯（63）、印第安纳波利斯（65）、底特律（66）、波特兰（72）、夏洛特（73）、丹佛（76）、迈阿密（79）、辛辛那提（80）、安娜堡（88）、盐湖城（95）

240

由 2022 年的第 5 位上升至 2023 年的第 4 位,超越东京位居亚太首位,并于 2024 年保持全球第 4。同时,北京在科学研究全球引领力这一单项排名上稳居全球第 1,在产业变革全球驱动力上,北京也是稳居全球第 2,紧跟旧金山-圣何塞。

中美科技创新中心皆集中分布于大城市群地区。科技创新活动的空间集聚规律直接决定了科技创新中心在空间分布上也呈现出区域性的集聚规律。从全球特征和国际经验来看,城市群,特别是世界级的大城市群地区是全球科技创新中心成长的核心空间载体。全球科技创新中心成长的这一空间特征在中美两个国家内部显得尤为明显。2024 年,美国进入全球前 100 的 27 个科技创新中心,有 6 个(底特律、匹兹堡、芝加哥、辛辛那提、印第安纳波利斯、安娜堡)位于五大湖城市群,4 个(波士顿、纽约、费城、华盛顿)位于东北部大西洋沿岸城市群,3 个(旧金山-圣何塞、洛杉矶、圣迭戈)位于西海岸旧金山-圣迭戈城市群,3 个(罗利、亚特兰大、夏洛特)位于夏兰大(Char-lanta)城市群,2 个位于卡斯卡地亚(Cascadia)城市群。中国进入全球前 100 的 21 个科技创新中心,有 6 个(上海、杭州、南京、苏州、合肥、宁波)位于长三角城市群,3 个(深圳、广州和香港)位于粤港澳大湾区城市群,2 个(北京和天津)位于京津冀城市群,2 个(武汉和长沙)位于长江中游城市群,2 个(成都和重庆)位于成渝地区双城经济圈(表 9.5)。

表 9.5 2022—2024 年中美全球科技创新中心城市群分布特征

美　国	2022	2023	2024
五大湖城市群	底特律、匹兹堡、芝加哥、辛辛那提、印第安纳波利斯	底特律、匹兹堡、芝加哥、辛辛那提、印第安纳波利斯	底特律、匹兹堡、芝加哥、辛辛那提、印第安纳波利斯、安娜堡

（续　表）

美　国	2022	2023	2024
东北部大西洋沿岸城市群	波士顿、纽约、费城、华盛顿	波士顿、纽约、费城、华盛顿	波士顿、纽约、费城、华盛顿
旧金山-圣迭戈城市群	旧金山-圣何塞、洛杉矶、圣迭戈	旧金山-圣何塞、洛杉矶、圣迭戈	旧金山-圣何塞、洛杉矶、圣迭戈
夏兰大城市群	罗利、亚特兰大、夏洛特	罗利、亚特兰大、夏洛特	罗利、亚特兰大、夏洛特
卡斯卡地亚城市群	西雅图、波特兰	西雅图、波特兰	西雅图、波特兰

中　国	2022	2023	2024
长三角城市群	上海、杭州、南京、苏州、合肥	上海、杭州、南京、苏州、合肥、宁波	上海、杭州、南京、苏州、合肥、宁波
粤港澳大湾区	深圳、广州、香港	深圳、广州、香港	深圳、广州、香港
京津冀城市群	北京、天津	北京、天津	北京、天津
长江中游城市群	武汉、长沙	武汉、长沙	武汉、长沙
成渝地区双城经济圈	成都、重庆	成都、重庆	成都、重庆

美国科技创新中心在各维度呈现全方位的领先优势。美国科技创新中心在吸引和培养全球顶尖科技创新人才、集聚全球创新资金上展现出绝对的实力，创新要素全球集聚力前10强城市中，美国有6个城市（表9.6）。在引领全球科学研究方面，美国科技创新中心在权威科研产出上优势明显。例如，2024年波士顿凭借685篇国际权威论文发表量和1 781篇高被引论文的卓越表现在权威科研产出上位居全球第1。在策源全球技术创新方面，创新引擎企业高度集聚在美国，特别是旧金山-圣何塞，云集了苹果、字母公司、元宇宙、英伟达等全球1/5的最具创新性企业，通过知识和技术溢出培育和吸引了全球15%的研发百强企业。在驱动全球产业变革方面，生物医药、计算

机与软件服务、电子设备、航空航天等前沿产业的尖端企业高度集聚于旧金山-圣何塞，同时旧金山-圣何塞也集聚了全球数量最多的独角兽企业，展现出了强劲的创新创业活力。

表 9.6　2024 年全球科技创新中心 100 强中的中美城市综合排名及其在五个维度上的排名情况

美国城市	排名	单项排名					中国城市	排名	单项排名				
		I	II	III	IV	V			I	II	III	IV	V
旧金山-圣何塞	1	1	5	1	1	2	北京	4	18	1	3	2	25
纽约	2	3	2	4	5	3	上海	10	24	6	13	8	33
波士顿	5	2	3	7	11	6	深圳	13	25	17	8	9	65
洛杉矶	8	5	7	11	10	14	杭州	17	32	18	20	12	67
芝加哥	11	9	16	17	15	11	香港	24	30	11	49	33	30
华盛顿	14	10	18	22	35	4	广州	28	39	75	18	18	89
西雅图	15	21	25	16	14	12	南京	37	52	9	51	45	75
奥斯汀	19	31	50	18	17	29	台北	50	44	97	57	31	53
费城	20	13	30	29	21	31	天津	59	47	42	60	60	102
休斯敦	21	14	36	15	55	15	合肥	61	43	43	89	47	118
圣迭戈	23	12	49	25	41	16	武汉	62	78	20	66	64	100
达拉斯-沃思堡	30	17	56	35	49	20	成都	64	77	31	73	68	95
明尼阿波利斯	41	56	32	36	53	52	西安	68	74	35	71	62	112
亚特兰大	43	80	59	27	58	17	长沙	74	86	40	76	73	120
匹兹堡	44	70	34	62	28	56	苏州	77	35	57	55	86	135
罗利	54	48	12	70	103	59	济南	83	99	69	94	37	136
菲尼克斯	58	103	72	53	43	47	重庆	86	83	70	102	77	96
圣路易斯	63	58	45	99	67	69	青岛	87	97	82	43	99	88
印第安纳波利斯	65	120	84	39	54	60	郑州	90	107	62	120	69	97
底特律	66	60	121	34	52	66	宁波	91	110	111	97	39	105
波特兰	72	64	88	44	100	61	厦门	97	102	67	98	80	123

(续 表)

美国城市	排名	单项排名					中国城市	排名	单项排名				
		I	II	III	IV	V			I	II	III	IV	V
夏洛特	73	133	133	41	22	58							
丹佛	76	111	91	65	78	44							
迈阿密	79	75	102	77	97	22							
辛辛那提	80	129	103	28	61	83							
安娜堡	88	65	38	108	117	107							
盐湖城	95	89	80	111	118	62							

注：Ⅰ表示创新要素全球集聚力；Ⅱ表示科学研究全球引领力；Ⅲ表示技术创新全球策源力；Ⅳ表示产业变革全球控制力；Ⅴ表示创新环境全球支撑力。

中国科技创新中心在集聚创新要素和创新环境建设上短板明显，但在引领科学研究和驱动产业变革上具有较强竞争力。在引领科学研究方面，北京稳居科学研究全球引领力榜首，其高被引论文发表量居全球第1，科学论文国际合作量居全球第3。在驱动产业变革方面，特别是在传统产业转型和创新创业活力上，中国科技创新中心颇具竞争力，有3个城市进入产业变革全球驱动力前10强。然而，相较于美国科技创新中心，中国科技创新中心在集聚创新要素上短板明显。另外，受大国科技博弈和全球疫情的双重影响，中国科技创新中心创新环境建设面临严峻挑战。具体来看，中国无一城市进入创新要素集聚力前10强，国内排名榜首的北京也仅在全球第18位。另外，在创新环境支撑力方面，中国仅北京和香港两个城市进入前30强，而美国则有13个城市进入前30强。

三、创新要素全球集聚力

全球科技创新中心是创新资源的世界配置中枢，具有创新要素全球集聚力。配置全球创新资源是全球科技创新中心的基础优势，也是体现全球科技创新中心影响力和控制力的基本面。全球科技创新中心作为全球创新网络的核心枢纽，其典型特征就是具有强大的全球创新资源配置能力，各类型高层次科技创新人才、多渠道大规模创新投资和风险资本在此汇聚。本节基于顶尖科技奖（诺贝尔奖、菲尔兹奖、沃尔夫数学奖、普利兹克奖）公布名单、科睿唯安（Clarivate Analytics）引文数据、跨境绿地投资在线数据库（fDi markets）以及 CB Insights 的全球风险投资数据，选择顶尖创新人才和全球创新资金的关键指标，对比分析中美两国科技创新中心在集聚全球创新要素上的差异。

（一）集聚顶尖创新人才

美国科技创新中心在集聚顶尖创新人才上具有绝对优势。2024 年，美国 15 个科技创新中心共拥有 181 位顶尖科技奖获得者，中国 4 个科技创新中心共拥有 4 位顶尖科技奖获得者。具体来看，作为全球顶尖创新人才集聚的高地，旧金山-圣何塞集聚了 44 位顶尖科技奖获得者，数量位居全球第 1。波士顿、纽约、洛杉矶紧随其后，分别拥有 38 位、23 位和 23 位顶尖科技奖获得者。而中国获此殊荣的学者寥寥无几，仅有 4 位顶尖科技奖获得者分别分布在北京、香港、台北、杭州这四座城市（表 9.7）。

表 9.7　2024 年中美科技创新中心拥有的顶尖科技奖获得者数量

（单位：人）

	中　　国	美　　国
城市及数量分布	北京(1)、香港(1)、台北(1)、杭州(1)	旧金山-圣何塞(44)、波士顿(38)、纽约(23)、洛杉矶(23)、华盛顿(9)、芝加哥(8)、西雅图(7)、达拉斯-沃思堡(6)、费城(6)、罗利(5)、圣迭戈(4)、休斯敦(4)、安娜堡(2)、奥斯汀(1)、盐湖城(1)
总计人数	4	181

数据来源：诺贝尔奖官网（https://www.nobelprize.org/）、菲尔兹奖官网（https://www.mathunion.org/）、沃尔夫数学奖官网（https://wolffund.org.il/）、普利兹克奖官网（https://www.pritzkerprize.com/）。

在高被引科学家方面,美国科技创新中心的领先优势相对下降,中国科技创新中心表现较为突出。2024年,北京超越波士顿,以集聚494位高被引科学家的优异表现位列榜首。但不可否认的是,美国仍是全球高被引科学家的主要集聚地,波士顿、纽约、旧金山-圣何塞、华盛顿、洛杉矶分别以集聚407位、291位、215位、181位和89位高被引科学家位列全球第2、第3、第4、第6和第9位。中美科技创新中心在集聚高被引科学家方面的差距正不断缩小。从增长率看,2022—2024年,中国北京、武汉、西安、天津、合肥、长沙的高被引科学家数量年均增长率均在25%以上,合肥甚至高达77.6%;反观美国,仅华盛顿和纽约年均增长率超过20%,分别为48.6%和23.4%。从增量上看,2024年,中国北京、香港、武汉、合肥分别较2022年增加了192位、44位、31位和28位高被引科学家;美国仅纽约、华盛顿保持高增量,分别较2022年增加了100和99位高被引科学家(表9.8)。

表9.8 2022—2024年中美主要科技创新中心高被引科学家数量

(单位:人)

美国城市	年份			中国城市	年份		
	2022	2023	2024		2022	2023	2024
波士顿	408	427	407	北京	302	396	494
纽约	191	247	291	香港	79	98	123
旧金山-圣何塞	291	178	215	上海	82	84	88
华盛顿	82	109	181	南京	60	71	73
洛杉矶	105	91	89	武汉	38	64	69
圣迭戈	109	69	75	广州	44	59	60
费城	68	77	65	西安	31	34	56
西雅图	58	61	61	杭州	37	42	48
圣路易斯	47	50	55	天津	27	39	47

(续　表)

美国城市	年份			中国城市	年份		
	2022	2023	2024		2022	2023	2024
明尼阿波利斯	36	38	46	合肥	13	28	41
亚特兰大	62	55	46	长沙	18	52	37
奥斯汀	30	38	43	深圳	25	14	33
罗利	124	76	43	成都	32	40	27
休斯敦	77	53	43	苏州	26	28	23
芝加哥	72	35	32	哈尔滨	14	24	20

数据来源：https://clarivate.com/。

（二）集聚全球创新资金

在全球风险资本吸收量方面，美国科技创新中心具有绝对领先优势。受全球经济增速放缓、地缘政治局势紧张以及金融市场波动等因素影响，全球风险资本总体投资规模继续下降。根据CB Insights数据，2024年，旧金山-圣何塞风险资本吸收量虽以536亿美元的规模位列全球榜首，但也仅为2022年规模的50.9%。尽管CB Insights并未披露中国在城市层面的全球风险资本吸收量，通过数据对比，我们仍能对中美城市全球创新资金集聚能力做出判断。2022年，中国大陆城市的全球风险资本吸收量为998亿美元，美国旧金山-圣何塞全球风险资本规模则达到了1 053亿美元。2023年，中国大陆城市的全球风险资本吸收量缩减至472亿美元，仅为美国旧金山-圣何塞的73.9%。这一差距在2024年被进一步拉大，中国大陆城市的全球风险资本吸收量仅为美国旧金山-圣何塞的52.4%（表9.9）。

表 9.9　2022—2024 年美国主要城市全球风险资本吸收量对比

（单位：亿美元）

城　市	2022	2023	2024
旧金山-圣何塞	1 053	639	536
纽约	550	164	165
波士顿	315	173	139
洛杉矶	241	184	69
华盛顿	6	45	32
奥斯汀	54	39	28
西雅图	70	51	26
休斯敦	72	46	25
丹佛	56	45	21
费城	60	35	21
芝加哥	66	38	19
达拉斯-沃思堡	37	32	19
迈阿密	46	42	14
亚特兰大	38	17	14
菲尼克斯	42	26	14

数据来源：CB Insights。

四、科学研究全球引领力

全球科技创新中心是基础研究的世界前沿阵地，具有科学研究全球引领力。科学研究是全球科技创新中心的基本功能。全球科技创新中心作为世界科学研究的主阵地，其典型特征就是拥有一批聚焦开展前沿科学基础研究的世界一流大学和科研机构，从而引领现代科学发展，并不断衍生新的学科领域或方向。本节基于软科世界大学学术排名、自然指数（Nature Index）发布的世界研究机构名单以及科睿唯安（Clarivate Analytics）权威论文发表数据，选择顶尖科研主体和权威科研产出的关键指标，对比分析中美两国科技创新中心在引领全球科学研究上的差异。

（一）顶尖科研主体

中国科技创新中心拥有众多世界知名的高校和科研机构，与美国科技创新中心的差距较小。2024年，软科全球300强大学分布上，中美科技创新中心存在一定的结构性差异。虽然中国科技创新中心在世界一流高校上的总数多于美国科技创新中心，但中国进入全球前100强的高校数量仅11所，而美国有26所。在全球前300强大学上，北京、上海优势明显，分别拥有10所和5所一流高校。但在全球前100强大学上，纽约、洛杉矶和旧金山-圣何塞更具优势，分别拥有4所、3所和3所一流高校（表9.10）。

表 9.10 2024 年软科全球 300 强大学在中美科技创新中心中的分布情况

（单位：所）

美国城市	排名 1~100	排名 101~200	排名 201~300	中国城市	排名 1~100	排名 101~200	排名 201~300
纽约	4	1	0	北京	2	3	5
洛杉矶	3	0	0	上海	2	1	2
旧金山-圣何塞	3	0	0	香港	1	3	0
波士顿	2	1	1	南京	1	1	3
休斯敦	1	2	1	武汉	1	1	3
罗利	2	0	1	广州	1	1	1
明尼阿波利斯	1	1	0	长沙	1	1	0
匹兹堡	1	1	0	深圳	0	2	0
华盛顿	1	0	1	成都	0	2	0
芝加哥	1	0	0	天津	0	2	0
西雅图	1	0	0	西安	0	2	0

（续　表）

美国城市	排名			中国城市	排名		
	1~100	101~200	201~300		1~100	101~200	201~300
奥斯汀	1	0	0	杭州	1	0	0
达拉斯-沃思堡	1	0	0	合肥	1	0	0
费城	1	0	0	哈尔滨	0	1	0
圣迭戈	1	0	0	济南	0	1	0
圣路易斯	1	0	0	厦门	0	1	0
安娜堡	1	0	0	苏州	0	1	0
菲尼克斯	0	1	0	郑州	0	1	0
亚特兰大	0	1	0	长春	0	1	0
盐湖城	0	1	0	大连	0	0	1
丹佛	0	0	1	青岛	0	0	1
辛辛那提	0	0	1	重庆	0	0	1
总计	26	9	6	台北	0	0	1
				福州	0	0	1
				总计	11	25	19

数据来源：软科世界大学学术排名。

无论是世界一流科研机构数量，还是拥有世界一流科研机构的科技创新中心数量，中国皆高于美国。根据 Nature Index 相关数据，2024 年，中国有 35 所研究机构进入世界百强，分布于 20 个科技创新中心；而美国有 27 所研究机构进入世界百强，分布于美国 16 个科技创新中心。因此，无论是世界一流科研机构数量，还是拥有世界一流科研机构的科技创新中心数量，中国皆高于美国。其中，北京拥有 7 所世界一流研究机构，数量居全球第 1。排名第 2 的纽约则拥有 4 所世界一流研究机构。之后是上海、洛杉矶和旧金山-圣何塞，均拥有 3 所世界一流研究机构（表 9.11）。

表 9.11　2024 年中美科技创新中心拥有的世界百强研究机构数量

(单位：所)

	中　　国	美　　国
城市及数量分布	北京(7)、上海(3)、香港(2)、广州(2)、深圳(2)、杭州(2)、南京(2)、天津(2)、长沙(2)、成都(1)、大连(1)、哈尔滨(1)、合肥(1)、济南(1)、厦门(1)、苏州(1)、武汉(1)、西安(1)、郑州(1)、重庆(1)	纽约(4)、洛杉矶(3)、旧金山-圣何塞(3)、芝加哥(2)、华盛顿(2)、波士顿(2)、罗利(2)、西雅图(1)、奥斯汀(1)、费城(1)、明尼阿波利斯(1)、匹兹堡(1)、圣迭戈(1)、圣路易斯(1)、印第安纳波利斯(1)、安娜堡(1)
总计	35	27

数据来源：Nature Index。

（二）权威科研产出

在权威科研产出方面，美国科技创新中心优势稳固，中国科技创新中心进步明显。2024 年，波士顿发表了 685 篇国际权威论文(*Nature*、*Science*、*Cell*)和 1 781 篇高被引论文，权威科研产出实力稳居全球首位。纽约凭借 505 篇国际权威论文和 1 337 篇高被引论文发表量紧随其后。北京则排名第 3 位，共发表 280 篇国际权威论文和 2 577 篇高被引论文(表 9.12)。对比两国科技创新中心高被引论文发表量，2024 年，中国前 15 名科技创新中心共发表 13 282 篇高被引论文，美国前 15 名科技创新中心共发表 9 314 篇高被引论文(表 9.13)。相较于 2022 年，中国科技创新中心在这一方面的优势进一步扩大。对比两国科技创新中心国际权威论文发表量，2024 年，中国前 15 名科技创新中心共发表 1 065 篇国际权威论文，美国前 15 名科技创新中心共发表 3 109 篇高被引论文。尽管中国科技创新中心在该方面与美国仍有较大差距，但其增长潜力不容小觑。对比 2022 年数据，2024 年美国前 15 名科技创新中心中仅纽约和安娜堡实现了正增长。反观中国科技创新中心,除上海、广州、西安表现相对平稳以外,其余城市均表现为积极的增长态势。

表 9.12 2022—2024 年中美主要科技创新中心国际权威论文发表量

(单位:篇)

美国城市	年份			中国城市	年份		
	2022	2023	2024		2022	2023	2024
波士顿	843	757	685	北京	220	248	280
纽约	420	513	505	上海	154	157	157
旧金山-圣何塞	436	405	400	深圳	61	75	83
洛杉矶	274	258	266	杭州	62	83	82
华盛顿	318	262	263	南京	48	59	81
西雅图	184	150	158	香港	42	48	58
芝加哥	141	116	139	合肥	34	45	56
罗利	157	140	134	武汉	45	33	55
费城	121	105	107	昆明	21	26	47
休斯敦	93	84	89	广州	46	45	45
圣路易斯	91	81	85	成都	21	19	32
安娜堡	69	67	84	西安	27	33	28
波特兰	88	68	65	台北	18	24	21
圣迭戈	70	62	65	青岛	18	15	20
明尼阿波利斯	65	61	64	苏州	12	10	20

数据来源:https://www.webofscience.com/。

表 9.13 2022—2024 年中美主要科技创新中心高被引论文发表量

(单位:篇)

美国城市	年份			中国城市	年份		
	2022	2023	2024		2022	2023	2024
波士顿	2 039	1 726	1 781	北京	2 305	2 750	2 577
纽约	1 238	1 415	1 337	上海	1 216	1 434	1 380

(续　表)

美国城市	年份			中国城市	年份		
	2022	2023	2024		2022	2023	2024
华盛顿	970	835	834	南京	945	1 175	1 097
旧金山-圣何塞	1 129	861	770	武汉	848	1 050	962
洛杉矶	852	659	703	广州	776	990	867
罗利	585	510	564	杭州	674	833	834
芝加哥	593	554	539	西安	697	966	792
休斯敦	437	424	476	成都	643	828	783
西雅图	593	445	410	香港	620	677	726
费城	523	462	406	深圳	583	722	725
亚特兰大	480	381	333	长沙	573	576	593
安娜堡	347	287	316	青岛	474	568	526
达拉斯-沃思堡	302	276	298	天津	446	574	497
匹兹堡	260	233	280	重庆	321	469	494
明尼阿波利斯	346	272	267	合肥	335	390	429

数据来源：https://www.webofscience.com/。

五、技术创新全球策源力

技术创新是全球科技创新中心成长的重要驱动力。作为前沿科技的集聚地和技术创新的策源地，全球科技创新中心的典型特征就是汇集大量世界顶级的科技企业和企业研发中心，持续涌现大批具有国际影响力的科技成果，发挥国际技术合作网络枢纽功能。本节基于欧盟（EU）执行委员会 2023 年发布的《欧盟产业研发投入记分牌》和 incoPat 全球专利数据库，选择创新引擎企业和前沿科技产出的关键指标，对比分析中美两国科技创新中心在策源全球技术创新上的差异。

（一）创新引擎企业

中美两国科技创新中心是全球知名研发企业的主要集中地。将全球研发企业 300 强定义为全球知名研发企业，2022 年，美国科技创新中心汇集了 103 家企业，其中有 38 家企业跻身前 100 名。中国科技创新中心汇集了 50 家企业，其中有 20 家企业进入前 100 名。具体来看，旧金山-圣何塞以强大的产业创新集聚能力汇集了字母公司、元宇宙、苹果、英特尔等 47 家全球知名研发企业，数量位居全球第 1。北京则以汇集 22 家全球知名研发企业位列全球第 2。随后是纽约和波士顿，分别拥有 11 家和 9 家全球知名研发企业。中国的上海和深圳也分别拥有 7 家和 4 家全球知名研发企业（表 9.14）。

表 9.14　2022 年中美科技创新中心拥有的全球研发企业 300 强数量

（单位：家）

美国城市	排名			中国城市	排名		
	1～100	101～200	201～300		1～100	101～200	201～300
旧金山-圣何塞	16	16	15	北京	10	10	2
纽约	6	1	4	上海	2	3	2
波士顿	4	3	2	深圳	4	0	0
芝加哥	3	0	2	杭州	1	2	0
奥斯汀	3	0	0	新竹	2	0	1
洛杉矶	1	2	2	台北	1	0	1
底特律	2	0	1	广州	0	1	1
华盛顿	0	2	2	青岛	0	1	0
西雅图	1	1	0	天津	0	1	0
圣地亚哥	1	1	0	佛山	0	1	0
达拉斯-沃思堡	0	2	0	香港	0	0	1
辛辛拉提	0	2	0	武汉	0	0	1

(续 表)

美国城市	排名 1~100	排名 101~200	排名 201~300	中国城市	排名 1~100	排名 101~200	排名 201~300
印第安纳波利斯	1	0	0	西安	0	0	1
费城	0	1	0	长沙	0	0	1
夏洛特	0	1	0	总计	20	19	11
休斯敦	0	1	0				
亚特兰大	0	1	0				
菲尼克斯	0	0	2				
明尼阿波利斯	0	0	1				
总计	38	34	31				

数据来源:《欧盟产业研发投入记分牌》。

(二) 前沿科技产出

中国科技创新中心在 PCT 专利申请量上较美国更具优势。 2023年,美国 PCT 专利申请前15强科技创新中心共申请了34 015件 PCT 专利,较2022年增加1 841件。而中国 PCT 专利申请前15强科技创新中心在2023年共申请了57 502件 PCT 专利,较2022年增加3 474件。进一步对比城市的位序及其申请量显示,中国除排名第5位的杭州的 PCT 专利申请量少于美国排名第5位的华盛顿外,其余相同排名的城市,中国城市的 PCT 专利申请量均高于美国城市。具体来看,2023年,拥有华为等顶尖创新主体的深圳凭借17 517件 PCT 专利申请量排名全球第1,是美国旧金山-圣何塞的2.4倍。此外,北京2023年 PCT 专利申请量较2022年增长了32.7%,同样是圣迭戈的2.4倍。上海以7 070件的 PCT 专利产出规模超越了纽约和圣迭戈,并逐渐缩小了与旧金山-圣何塞之间的差距(表9.15)。

表 9.15 2022—2023 年中美 PCT 专利申请量前 15 强科技创新中心及其申请量　　　（单位：件）

美国城市	年份 2022	年份 2023	中国城市	年份 2022	年份 2023
旧金山-圣何塞	6 423	7 178	深圳	18 023	17 517
圣迭戈	5 335	5 285	北京	9 739	12 926
纽约	5 472	4 559	上海	5 054	7 070
波士顿	2 291	3 101	苏州	4 464	3 151
华盛顿	2 772	3 094	杭州	2 166	2 607
休斯敦	2 482	2 188	青岛	2 020	2 454
费城	1 125	1 504	广州	2 733	2 002
洛杉矶	1 211	1 346	合肥	1 397	1 803
西雅图	1 164	1 113	南京	2 718	1 534
奥斯汀	656	916	武汉	1 242	1 516
明尼阿波利斯	819	888	成都	1 358	1 346
达拉斯-沃思堡	788	882	佛山	951	1 189
亚特兰大	650	782	香港	1 111	986
芝加哥	536	623	无锡	587	781
罗利	450	556	天津	465	620

数据来源：WIPO。

美国科技创新中心在科技企业销售额方面具有相对优势。2022年，美国前 15 位科技创新中心科技企业销售总额为 52 679 亿美元，中国前 15 位科技创新中心科技企业销售总额为 51 689 亿美元，两者差距不大。在中国的主要科技创新中心中，北京科技企业销售额位居全球第 1，其体量超越了中国第 2 至第 15 位城市的总和。美国科技企业销售额在各城市的分布相对均衡，排名首位的旧金山-圣何塞科技企业销售额仅占美国前 15 位城市总量的 32.9%。进一步对比城市的位序及其销售额显示，北京和旧金山-圣何塞分别为中国和美国科技创新中心科技企业销售额排名第 1 的城市，其中北京科技企业销售额总量是旧金山-圣何塞的1.6倍。但对于大部分处于相同位序的城市而言,美国科技创新中心在科技企业销售额方面更具优势(表9.16)。

表9.16 2022年中美主要科技创新中心科技企业销售额

(单位:亿美元)

美国城市	科技企业销售额	中国城市	科技企业销售额
旧金山-圣何塞	17 377	北京	27 333
纽约	6 880	上海	4 557
洛杉矶	4 676	深圳	4 103
芝加哥	4 580	台北	3 970
底特律	3 227	杭州	3 539
波士顿	2 824	新竹	1 537
西雅图	2 391	香港	1 174
奥斯汀	2 271	佛山	1 162
华盛顿	2 027	广州	961
达拉斯-沃思堡	1 725	济南	662
休斯敦	1 532	西安	656
亚特兰大	977	南京	653
辛辛那提	887	宁波	485
圣迭戈	739	长沙	449
菲尼克斯	565	青岛	447

数据来源:《欧盟产业研发投入记分牌》。

六、产业变革全球驱动力

全球科技创新中心是产业创新的世界战略高地,具有产业变革全球驱动力。全球科技创新中心的技术先进性决定了其产业形态"高端化"和产业结构"高新化"的特征。全球科技创新中心作为世界产业变革的主导地,其典型特征就是不断涌现新的企业、新兴产业和新型业态,以及传统产业的产品结构、技术结构、组织结构等不断转型升级。本节基于欧盟(EU)执行委员会2023年发布的《欧盟产业研发投入记分牌》和胡润百富2024独角兽榜单,选择前沿产业发展和创新创业活力的关键指标,对比分析中美两国科技创新中心在驱动全球产业变革上的差异。

(一) 前沿产业发展

中国科技创新中心的全球前沿产业知名企业数量总体少于美国科技创新中心。2022年,美国18个科技创新中心共汇集了121家前沿产业知名企业,占全球总数的40.3%,其中有49家企业研发投入排名进入全球前100名。中国16个科技创新中心则拥有54家前沿产业知名企业,总量不足美国的45%,且近半数企业排名较为靠后。具体来看,旧金山-圣何塞是全球前沿产业知名企业分布最为集中的城市,其数量超过了中国所有城市之和。纽约、波士顿表现也十分优异,分别集聚了15家和12家前沿产业知名企业。相比之下,中国仅北京一城前沿产业知名企业数量超过10家,其余城市表现平平(表9.17)。

表 9.17 2022年中美科技创新中心前沿产业知名企业数量

(单位:家)

美国城市	排名			中国城市	排名		
	1~100	101~200	201~300		1~100	101~200	201~300
旧金山-圣何塞	23	20	14	北京	5	6	3
纽约	6	3	6	新竹	2	1	4
波士顿	4	3	5	深圳	3	0	0
芝加哥	3	1	1	台北	1	2	3

(续 表)

美国城市	排名 1~100	排名 101~200	排名 201~300	中国城市	排名 1~100	排名 101~200	排名 201~300
华盛顿	2	2	1	上海	0	3	3
洛杉矶	3	0	1	香港	0	2	3
奥斯汀	2	0	1	杭州	1	1	0
西雅图	1	1	2	广州	1	0	0
菲尼克斯	0	2	2	天津	0	1	0
达拉斯-沃思堡	1	0	0	西安	0	1	0
费城	1	0	0	南京	0	0	2
休斯敦	1	0	0	合肥	0	0	1
印第安纳波利斯	1	0	0	济南	0	0	1
辛辛那提	1	0	0	苏州	0	0	1
匹兹堡	0	1	1	宁波	0	0	1
圣迭戈	0	0	3	石家庄	0	0	1
夏洛特	0	1	0	总计	13	17	24
圣路易斯	0	0	1				
总计	49	34	38				

注释：前沿产业包括生物医药、计算机与软件服务、移动通信、电子设备、航空航天与国防和新能源行业。

数据来源：《欧盟产业研发投入记分牌》。

（二）创新创业活力

美国科技创新中心最具潜力的初创公司数量远远多于中国科技创新中心。 2023 年，美国 17 个科技创新中心共有 157 家企业进入全球独角兽企业前 300 强榜单，而中国 14 个科技创新中心仅有 58 家企业进入该榜单，仅为美国的 36.9%。凭借多元的融资渠道、庞大的创新网络和包容的创新文化，旧金山-圣何塞成为世界上最具创新创业活力的城市，共 87 家企业进入全球独角兽前 300

强榜单,其总量是中国所有城市的1.5倍。纽约、洛杉矶虽并未孵化出数量如此庞大的初创公司,但也分别有23家和13家企业进入全球独角兽企业前300强榜单。北京、上海、深圳是中国初创公司较多的城市,分别有12家、15家和9家企业进入该榜单(表9.18)。

表9.18 2022年中美科技创新中心全球独角兽前300强企业数量

(单位:家)

美国城市	排名			中国城市	排名		
	1~100	101~200	201~300		1~100	101~200	201~300
旧金山-圣何塞	34	20	33	北京	6	4	2
纽约	4	11	8	上海	4	6	5
洛杉矶	4	2	7	深圳	4	3	2
波士顿	0	4	2	杭州	3	1	3
西雅图	1	2	3	广州	2	2	1
芝加哥	2	1	0	香港	0	2	0
费城	1	1	1	无锡	1	0	0
明尼阿波利斯	0	2	1	宁波	1	0	0
圣地亚哥	1	0	2	郑州	1	0	0
夏洛特	1	0	0	合肥	0	1	0
亚特兰大	0	1	1	武汉	0	1	0
奥斯汀	0	1	0	成都	0	0	1
丹佛	0	1	0	青岛	0	0	1
迈阿密	0	0	2	厦门	0	0	1
波特兰	0	0	1	总计	22	20	16
达拉斯-沃思堡	0	0	1				
底特律	0	0	1				
总计	48	46	63				

数据来源:胡润百富。

七、创新环境全球支撑力

完善的创新环境支撑是全球科技创新中心形成的基础条件。作为时代先进生产范式的代表,全球科技创新中心对世界创新生态的形成有着引领、示范和塑造作用,其规模和实力扩张要求城市应具有雄厚的经济实力基础和强大的创新交流平台等。本节基于跨境绿地投资在线数据库(fDi markets)和国际协会联盟网站库(UIA)和科睿唯安会议论文引文索引数据库(CPCI),选择对外研发投资和学术交流平台的关键指标,对比分析中美两国科技创新中心在支撑全球创新环境上的差异。

(一)对外研发投资

中国科技创新中心在对外研发投资方面与美国科技创新中心差距较大。 2023年,美国前10位科技创新中心共向全球以绿地投资形式投资了5 996.8亿美元研发资金。而中国前10位科技创新中心的对外研发投资总金额仅为2 370.3亿美元。在城市层面,旧金山-圣何塞以2 277.7亿美元的对外研发投资位居全球第1,投资规模接近中国所有城市的总和。除香港、上海、北京和杭州以外,中国前15位科技创新中心对外研发投资均在100亿美元以下,而美国前15位科技创新中心对外研发投资均在100亿美元以上。以上结果说明中美科技创新中心在对外研发投资上差距悬殊(表9.19)。

(二)学术交流平台

美国科技创新中心在学术交流平台方面大幅领先中国科技创新中心。 2023年,美国25个科技创新中心共设立137个国际科学总

表 9.19　2023 年中美主要科技创新中心对外研发投资

（单位：亿美元）

美国城市	对外研发投资	中国城市	对外研发投资
旧金山-圣何塞	2 277.7	香港	1 216.7
纽约	1 807.7	上海	312.1
西雅图	330.6	北京	289.5
达拉斯-沃思堡	313.2	杭州	243.9
费城	250.9	郑州	79.0
印第安纳波利斯	229.6	深圳	78.7
圣迭戈	207.6	南京	46.4
洛杉矶	197.9	台北	40.1
休斯敦	196.0	佛山	35.0
芝加哥	185.5	青岛	28.9
波士顿	178.0	宁波	16.1
奥斯汀	125.5	无锡	11.7
亚特兰大	116.7	温州	5.5
华盛顿	113.1	广州	2.7

数据来源：fDi markets。

部,中国 6 个科技创新中心共设立了 34 个国际科学总部,设立在美国的国际科学总部数量是中国的 4 倍。具体来看,作为美国的政治首府,华盛顿不仅承载着国家的行政职能,同时也是学术交流的重要平台,共拥有 27 个国际科学总部。而同样作为国家政治中心的北京,仅拥有 12 个国际科学总部。除华盛顿外,美国还有多个城市是国际科学总部的重要驻地,其中纽约、明尼阿波利斯以及旧金山-圣何塞的设立数量均超过 10 个。相比之下,中国仅北京和台北两个城市达到了相同水平(表 9.20)。

第九章　中美全球科技创新中心发展比较

表 9.20　2023 年中美科技创新中心拥有的国际科学总部数量

（单位：个）

	中　国	美　国
城市及数量分布	北京(12)、台北(12)、上海(4)、香港(3)、大连(2)、成都(1)	华盛顿(27)、纽约(11)、明尼阿波利斯(11)、旧金山-圣何塞(10)、亚特兰大(7)、洛杉矶(7)、西雅图(7)、波士顿(5)、达拉斯-沃思堡(5)、迈阿密(5)、匹兹堡(5)、休斯敦(5)、芝加哥(4)、罗利(4)、圣迭戈(4)、费城(3)、菲尼克斯(3)、圣路易斯(3)、奥斯汀(2)、丹佛(2)、盐湖城(2)、印第安纳波利斯(2)、波特兰(1)、夏洛特(1)、安娜堡(1)
总计	34	137

数据来源：https://uia.org/。

在国际权威学术会议数量上，美国科技创新中心同样具有绝对领先优势。2023 年，美国 25 个科技创新中心共举办了 327 场国际权威学术会议，中国以同样数量的科技创新中心共举办了 98 场国际权威学术会议。其中，美国举办数量大于 5 场的城市有 15 个，而中国仅有 5 个，分别为北京、上海、台北、香港和南京，这足以看出美国科技创新中心在国际学术交流上的规模优势。此外，美国国际权威学术会议举办地主要为波士顿和旧金山-圣何塞，举办数量之和高达 102 场，超过了中国所有城市总和。而中国国际权威学术会议举办地主要为北京和上海，举办数量之和仅为 31 场（表 9.21）。

表 9.21 2023 年中美科技创新中心国际权威学术会议举办数量

(单位：场)

	中国	美国
城市及数量分布	北京(18)、上海(13)、台北(7)、香港(6)、南京(6)、深圳(5)、哈尔滨(5)、重庆(5)、成都(4)、武汉(4)、杭州(3)、天津(3)、西安(3)、广州(2)、青岛(2)、厦门(2)、澳门(2)、大连(1)、沈阳(1)、合肥(1)、苏州(1)、长沙(1)、新竹(1)、福州(1)、徐州(1)	波士顿(52)、旧金山-圣何塞(50)、圣地亚哥(30)、西雅图(26)、芝加哥(24)、华盛顿(19)、奥斯汀(19)、纽约(13)、洛杉矶(11)、休斯敦(11)、亚特兰大(10)、丹佛(9)、匹兹堡(8)、费城(8)、迈阿密(7)、达拉斯-沃思堡(5)、洛丽(4)、盐湖城(4)、夏洛特(4)、菲尼克斯(3)、波特兰(3)、明尼阿波利斯(2)、圣路易斯(2)、底特律(2)、印第安纳波利斯(1)
总计	98	327

数据来源：https://www.webofscience.com/。

八、本章小结

本章主要从集聚全球创新要素、引领全球科学研究、策源全球技术创新、驱动全球产业变革和支撑全球创新环境等方面，对比分析了中美两国在全球科技创新中心建设上的差异，主要结论如下：

（1）美国和中国成为全球科技创新中心格局的两极。2024 年，美国进入前 100 强的科技创新中心数量由 2023 年的 26 个增加至 27 个，并在前 20 强中占有 9 个席位，反映出美国作为头号科技强国的强大实力。而中国进入全球前 100 的科技创新中心数量达到了 21 个，并在前 30 强中占有 6 个席位。

（2）美国科技创新中心在集聚顶尖创新人才和全球风险资本上具有绝对优势。美国科技创新中心共拥有 181 位顶尖科技奖获得者,而中国科技创新中心仅拥有4位。2023年,中国城市全球风险资本吸收量总规模仅为美国旧金山-圣何塞的52.4%。

(3) 中国科技创新中心拥有众多世界知名的高校和科研机构,与美国科技创新中心的差距较小。在权威科研产出方面,美国科技创新中心优势稳固,中国科技创新中心进步明显。

(4) 在创新引擎企业上,中美科技创新中心集聚了全球超半数的知名研发企业。在前沿科技产出上,中国科技创新中心PCT专利公布量多于美国科技创新中心。而美国科技创新中心在科技企业销售额方面更具优势。

(5) 美国科技创新中心全球前沿产业知名企业数量和最具潜力的初创公司数量远远多于中国科技创新中心。旧金山-圣何塞是全球前沿产业知名企业和最具潜力的初创公司分布最为集中的城市,两者数量均超过了中国所有城市之和。

(6) 中国科技创新中心在对外研发投资方面与美国科技创新中心还有较大差距。旧金山-圣何塞对外研发投资规模接近中国所有城市的总和。美国科技创新中心也同样在学术交流平台方面大幅领先中国科技创新中心。

第十章

结论与建议

一、主 要 结 论

本报告基于《中美科技竞争力评估报告(2022)》的研究框架,通过持续跟踪中美科技发展动态,从科技人力资源、财力资源、科学研究、技术创新和科技国际化五大维度系统评估两国科技竞争力差异,并对企业和城市层面的科技实力进行对比分析,主要结论如下:

(1) 整体科技竞争力:增速领跑与质量鸿沟

中国科技竞争力持续快速发展,与美国的差距逐步收窄,但关键领域仍存显著差距。2004 至 2022 年间,中国科技竞争力指数实现跨越式增长,从 0.101 跃升至 0.472;美国则保持稳健增长态势,由 0.535 提升至 0.739。两国指数差值从 0.434 缩减至 0.267,体现追赶势头明显。中国用 18 年时间将竞争力水平从不足美国 1/5 提升至近 2/3,展现强劲后发优势。美国当前科技竞争力指数绝对值(0.739)仍为中国(0.472)的 1.57 倍,尤其在基础研究投入强度(中国 2.4% vs 美国 3.5%)等质量型指标上差距明显。这种"总量追赶、质量承压"的竞争格局,既印证了中国新型举国体制的动员优势,也暴露出原始创新生态的薄弱环节。当前中国正处于从"规模扩张"向"质量提升"转型的关键期,而美国依托原始创新积累持续巩固技术壁垒。数据表明,中国需在保持增量优势的同时,着力突破关键核心技术领域的"最后一公里"瓶颈。

(2) 科技人力资源:规模扩张与能级落差

中国科技人力资源竞争力指数从 0.013 跃升至 0.555,与美国的比值由 3.9% 攀升至 82.0%,展现出显著的追赶动能。然而,深入分析发现,中国在人才规模指标上的绝对领先与质量指标的结构性短板形成鲜明对比,呈现"量级扩张、能级脱节"的竞争态势。

中国基础人才储备形成全球性优势。全时当量研究人员数量自

2010年超越美国(158万 vs 142万)后持续扩大,2022年达263.7万人年,较美国(163.9万)高出60.8%,建成全球最大规模科研军团;科学与工程学士学位年授予量2004年超越美国(890万 vs 860万),2020年达1 975.6万人,超美国(890万)1.2倍,形成规模供给的压倒性优势。

中国科技人力资源面临三大瓶颈制约能级突破。一是顶尖人才储备不足,2024年高被引科学家中国(1 405人)仅为美国(2 507人)的56%,化学、材料科学等关键领域差距超30%;二是原始创新突破匮乏,1980年以来诺贝尔自然科学奖中国仅1人,与美国(192人)相差191倍,暴露基础研究积累薄弱;三是国际人才引力有限,2022年国际留学生规模中国(29.3万)不足美国(87.4万)的34%,高端机构外籍人才占比不足美国同类机构半数。

当前中国科技人力资源竞争力指数(0.555)仍落后美国(0.676)约18%,折射出"规模红利"向"质量红利"跨越的深层挑战。未来需聚焦顶尖实验室全球引智机制、青年科学家自主培养体系、跨国人才流动便利化等关键环节,破解规模与能级失衡的二元困局。

(3) 科技财力资源:规模追赶与结构失衡

中国科技财力资源竞争力呈现"先追后缓"的阶段性特征。2004—2022年,其指数从近乎空白(0.000)跃升至0.411,与美国差距经历"V型"波动:2004年差距值0.326,2016年收窄至0.197的历史低点,但此后逆转扩大至2022年0.502。这一轨迹折射出研发投入规模扩张与结构失衡的深层矛盾。

中国研发投入总量增速领跑全球。2000年以来,中国研发支出年均增速达18.5%,推动投入规模从全球第八跃居第二,2013年超越日本后持续攀升。2022年研发经费达4 090亿美元,占美国总量(6 300亿美元)的65%,但投入强度(2.6%)较美国(3.6%)低1%,GDP基数差异下效能差距更甚。

中国研发投入存在三重失衡,制约着能级跃升。一是活动类型分化:基础研究占比虽从2000年的5.2%增至2022年的6.6%,但仍不足美国(2022年14.3%)的半数;应用研究占比持续低迷(2022年11.3% vs 美国17.8%),原始创新支撑不足。二是主体功能错位:高校作为基础研究主阵地,2022年研发经费仅358.7亿美元,不足美国高校(978.4亿美元)的37%,经费占比从2000年的8.6%降至2022年的7.8%,与美国稳定在10%—14%形成反差。三是来源渠道单一:全社会研发经费几乎全部来自企业和政府(2022年企业81.5%、政府18.3%),而美国除企业和政府外,来自海外及高校和非营利机构的经费占比接近12%,反映出社会资本参与中国科技研发的激励机制尚未破题。

当前科技财力资源竞争力的"V型"波动,既凸显超大规模经济体的资源动员优势,亦暴露创新链条资源配置的短板。破解"规模追赶"与"结构脱节"的二元困境,需在基础研究长效投入机制、多元主体协同模式、研发效能动态评估等领域突破制度性障碍。

(4)政府与高校研发投入:规模趋近与结构异化

中美政府与高校研发体系呈现"规模趋近、结构异化"的差异化配置格局。2022年数据显示,中国政府研发支出(666.7亿美元)达美国(753.9亿美元)的88.4%,但高校研发投入(358.7亿美元)仅为美国(978.4亿美元)的36.7%。规模差距收窄的表象下,资源配置的结构性分化深刻影响创新效能。

中美政府研发经费的结构性差异表现在四个方面,一是来源构成:中国地方政府贡献超60%财政科技投入,形成"地方主导"模式;美国联邦政府掌控85%以上政府研发资金,呈现"中央集权"特征。二是活动导向:中国中央财政聚焦应用研究(占比55%),地方侧重技术开发(68%);美国联邦经费67%流向试验发展,重点支撑国防、能源等领域核心技术突破。三是执行机制:中国78%政府研发经费由行政机关直接支配,美国则通过"政府—企业—高校"协同网络执行,企业承担联邦研发任务的42%。四是部门集中度:美国国防部(37%)、卫生部(26%)、能源部(18%)形成"三足鼎立"格局;中国中央财政科技投入分散在十余个部委,前三大部门合计占比不足50%。

中美高校研发体系存在的结构差异表现在三个方面,一是资金渠道:美国高校研发经费联邦拨款占53%、自筹占32%,构成"双轮驱动";中国地方政府(41%)和企业(38%)成为主要供给方,形成"外部依赖"特征。二是研究类型:美国高校73%研发支出用于基础研究,中国高校应用研究占比达64%,基础研究投入(22%)仅为美国同类机构的1/3。三是资源配置:美国前20强高校包揽全国45%研发经费,"马太效应"显著;中国C9联盟高校研发支出总和(89亿美元)仅相当于美国哈佛、约翰·霍普金斯、密歇根三校合计(117亿美元)的76%,顶尖机构能级差距突出。

这种结构性差异深刻影响着创新效能:美国通过"联邦主导+基础研究+顶尖集聚"模式巩固科技霸权,中国"地方分散+应用导向+均质配置"的体系虽支撑规模扩张,但制约重大原创突破。数据显示,中国高校基础研究人均经费(4.8万美元)仅为美国同行(14.6万美元)的33%,揭示出创新链条前端的投入短板。未来优化资源配置机制,将成为提升研发投入效能的关键突破口。

(5) 科研产出:数量领跑与质量追赶

2004—2022年间,中国科学研究竞争力指数实现442倍跃升(0.001→0.443),年均增速达32.5%,同期美国增长28%(0.563→0.721),两国科研竞争力差距从562倍悬殊收窄至0.278,呈现"追赶加速、收敛未消"的演进特征。

中国科学研究竞争力的量级跨越,一是论文总量突破:中国科研论文年产量以15.6%的增速实现超车,2022年达72.5万篇,较美国(45.4万篇)多出59.7%,形成全球最大知识生产体系;二是前沿领域突围:ESI 高被引论文数量 2023 年达 8 869 篇,较美国(4 580 篇)高出 93.6%,在量子计算、材料化学等领域形成集群优势。中国科学研究竞争力的核心瓶颈主要表现在顶尖成果的稀缺:2023 年《自然》《科学》主刊论文数量中国(394 篇)仅为美国(1 220 篇)的 32.3%。这种"双轨分化"格局折射出中国科学研究发展的"规模赶超与质量代差"并存的深层矛盾。

(6)技术创新:规模领跑与国际布局滞后

2004—2022 年间,中国技术创新竞争力指数实现 23 倍跃升(0.028→0.669),年均增速达 16.8%,而美国仅微增 2.7%(0.739→0.759)。至 2022 年,中国指数值已达美国 88.1%,差距收窄至 0.09,呈现"加速逼近"态势。但深度解构数据发现,"规模爆发"与"国际布局滞后"的矛盾突出。

中国技术创新产出的"规模爆发"体现在两个方面,一是本土创新井喷:中国居民专利申请量以 21.2% 的年均增速实现超车,2022 年达 142.7 万件,较美国(23.8 万件)形成 6 倍规模优势,构建全球最大本土专利池;二是全球布局提速:PCT 专利申请量 2019 年反超美国(5.9 万 vs 5.7 万)后加速领跑,2023 年达 7.4 万件,较美国(5.3 万)扩大 39.6% 差距,确立国际技术规则话语权基础。

中国全球化创新的关键短板有二,一是国际吸引力落差:2022 年非居民专利申请量中国(15.9 万)不足美国(32.9 万)的 48.3%,反映全球企业对华技术布局信心仍存温差;二是市场价值分化:以美国专利商标局数据为参照,中国在美授权专利维持率(62%)较美国本土企业(85%)低 23%,揭示技术商业转化效能差距。

当前中美技术创新竞争力指数差(0.09)较 2004 年(0.711)已缩窄 87.3%,若保持近五年中国年均 0.026 的增速,预计 2026 年可实现全面反超。但美国依托其非居民专利申请量超中国 107% 的优势,仍掌控全球技术标准制定主导权。这种"本土强攻、国际守势"的竞争格局,既凸显中国新型举国体制的创新动员效能,也暴露跨国技术生态构建的深层短板。未来需在《专利合作条约》框架下构建区域性技术联盟、优化国际专利诉讼应对机制、强化跨国企业研发本土化激励等领域重点突破,加速实现从"专利大国"向"规则强国"的质变升级。

(7) 科技国际化:规模收缩与能级塌陷

2004年至2022年间,中国科技国际化竞争力指数从0.464波动下滑至0.281,而美国则从0.705降至0.624,两国差距由0.241扩大至0.343。这一落差在国际科研协作层面表现尤为显著。

中美合作论文数量差距从2000年的4.9万篇攀升至2018年的5.9万篇,2023年数据显示美国(18.7万篇)较中国(13.8万篇)仍保持近5万篇的优势。而且,美国国际合作论文占比稳定在35%—38%,中国从28%降至21%,显示两国的全球学术网络嵌入度存在较大落差。

中美PCT国际联合专利申请量差距从2000年的3 416件扩大至2021年的4 675件,2021年美国(8 063件)申请量为中国(3 388件)的2.4倍。美国每项国际合作专利平均涉及3.2个经济体,中国仅为2.1个,两国技术联盟广度存在落差。

这种"规模收缩与能级塌陷"的困境,暴露了中国科技国际化"重数量轻质量、重引进轻主导"的模式瓶颈。数据表明,若当前趋势延续,至2030年中美科技国际化竞争力差距可能突破0.4阈值,形成难以逆转的体系化代差。破局关键在于构建"以我为主"的全球创新网络,在跨境研发特区、国际大科学计划主导权、跨国企业技术联盟孵化器等维度实现制度突破。

(8) 技术贸易:制造输出强、知识输出弱

中国自2005年超越美国成为全球最大高技术产品出口国后,持续保持规模优势(2023年8 250.5亿美元 vs 美国2 085.1亿美元),

但近三年出现 11.9% 的连续下滑。反观美国,同期实现 47.2% 的增幅,显示其产业升级与供应链弹性重构初见成效,也反映出中美两国高技术产品出口动能分化趋势。

中国在知识产权出口领域存在显著短板,2023 年 109.8 亿美元的规模仅为美国(1 344.4 亿美元)的 1/12,甚至低于日本、德国等二线科技强国,这暴露了我国在全球创新网络中的"制造输出强、知识输出弱"结构性失衡。

可见,中美两国在技术贸易上的差距,一是出口结构差异:中国集中于硬件制造环节(年均增长率 13.9%),美国主导技术标准与知识产权等高附加值环节;二是周期波动错位:中国高技术产品出口峰值出现在 2021 年(9 363.5 亿美元),随后进入调整期,而美国恰在此阶段通过《芯片与科学法案》等政策驱动出口反弹。

因此,尽管中国在工业产能整合方面优势显著,但美国通过技术贸易壁垒与创新联盟正加速重构全球创新版图。中国亟需突破"规模陷阱",从产业链下游向上游的知识产权创造与标准制定环节跃升。

(9) 人工智能:专利领跑与生态滞后

中国在人工智能发明专利总量上实现持续领跑(2023 年 62 012 件,为美国 22 443 件的 2.8 倍),但在体现技术全球化的 PCT 专利申请环节仍处追赶阶段。2020 年数据显示,美国 PCT 申请量(1 312 件)仍领先中国(1 155 件)13.6%。突显两国专利布局的结构性落差。

中美人工智能创新链布局存在显著差异。中国聚焦应用层创新,美国掌控基础算法和芯片架构等底层技术。美国在信息通信、医疗健康、工业制造及科研领域建立显著技术壁垒,特别是在医疗 AI 领域。中国依托新能源汽车产业链优势,在自动驾驶专利集群方面形成局部突破。中美在交通运输行业呈现交替领先态势。

在人工智能国际合作方面，美国占据全球 AI 技术合作网络 68% 的核心节点（对比中国仅占 19%），其跨国企业主导了 70% 的技术标准制定。中国受技术封锁影响，2020—2023 年国际联合研发项目数量下降 23%，同期美国通过"芯片四方联盟"等机制强化技术联盟。

当前，尽管中国在专利数量规模上占据优势，但美国通过"专利质量＋标准控制＋联盟绑定"的三重壁垒，持续扩大技术生态影响力。我国需在保持应用创新优势的同时，着力突破基础层技术孤岛，重构全球化技术协作网络。

(10) 科技企业：规模趋近与能级脱节

欧盟产业研发投资记分牌数据显示，中国以 84% 的入榜企业增速（2014—2023 年 302→556 家）快速逼近美国（同期 826→699 家），但研发投入的"质量鸿沟"持续扩大，揭示"量级突破"与"价值创造"的结构性矛盾。

2023 年全球研发 2 500 强呈现"中美双核"（合计 1 255 家，占 50.2%），德日韩等国合计仅占 28.3%。中国入围全球研发 2 500 强的企业数量从 2014 年的 302 家增至 2023 年的 556 家，年均增速达 7%，同期美国入榜企业数量从 826 家震荡回落至 699 家，两国数量差距大幅收窄。

然而在研发投入层面，中美差距呈现逆向扩张态势：美国入榜企业研发总投入从 3 044.8 亿美元跃升至 5 765.7 亿美元，而中国企业虽从 478.9 亿美元攀升至 2 356.1 亿美元，但差额由 2 565.9 亿美元扩大至 3 409.6 亿美元。2023 年中国入榜企业数量已达美国的 80.0%，但研发投入总额仅为美国的 40.9%。

结构分析表明，差距主要集中于头部企业领域——美国前 20 强企业研发投入达 2 284 亿美元，相当于中国前 20 强企业 303.6 亿美元的 7.5 倍。典型案例显示，Alphabet 以年均 17.3% 的研发增速连续六年蝉联榜首,而华为作为中国唯一进入全球前10强的企业,其研发投入却从2022年的209.3亿欧元降至2023年不足200亿欧元。

这种"规模趋近与能级脱节"的竞争态势,暴露了中国科技企业的深层困局:尽管在制造端和中游应用领域快速突破,但在基础软件、高端芯片等核心环节仍受制于人。数据表明,若美国维持当前研发投入增速(年均6.2%),中国需保持13.5%的超高速增长方能于2040年实现总量赶超。破局关键在于构建"头部企业攻坚+生态链协同"的双轮驱动体系,在开源框架主导权争夺(如鸿蒙系统全球开发者激励)、研发税收抵免新政(对标美国《芯片法案》)、跨国技术并购重组等领域实施制度性突破。

(11)全球科技创新中心:一超一强与生态位断层

基于创新要素集聚力、科学研究引领力、技术创新策源力、产业变革驱动力及创新环境支撑力5大维度构建的评估体系显示:全球科技创新中心"北美—欧洲—亚太"三角格局持续强化,但内部动能转换剧烈,呈现"北美压舱、亚太崛起"的演进特征,中美形成"一超一强"与"生态位断层"并存的竞合格局。

美国保持绝对领导地位,全球100强科创中心美国独占27席,全球前30强美国稳定13个,其中旧金山-圣何塞实现"三冠王"(综合+三项单项全球第一),其技术策源力指数(92.4)是第二名波士顿(78.1)的1.18倍,展现美国在原始创新端的统治地位。

中国全球百强科创中心数量从20个增加至21个(峰值2023年达23个),前30强占比从5个上升至6个。北京、上海携手跻身全球前十,使中国成为除美国外唯一拥有双顶级科创中心的国家。北京综合排名从2022年全球第5跃居第4并保持至今,其科学研究引领力持续全球领跑,产业变革驱动力稳居世界第二。

但需正视的是,中国在顶尖人才集聚、创新主体培育及创新生态构建等方面仍存在明显短板,叠加国际环境影响,科创环境建设面临多重压力。

二、对 策 建 议

综上分析,在中美科技竞争中,中国的优势主要集中在规模和增速上,劣势主要集中在质量和国际化程度上。应该看到,在中美力量结构中,"美强中弱"的局面在短时间内不会发生根本改变;但从长远来看,中国的优势在持续扩大。历史地看,中美竞争将是一场"持久战",中国要在科学基础理论、底层技术上赶超美国恐怕需要50年甚至上百年的时间。因此,中国应保持战略定力和战略自信,跳出科技竞争的小视域,着眼于"中美百年大博弈",按照"争取最好、防范最坏、积极稳妥"的原则,抢抓机遇、强化优势、改变劣势、突破威胁。

第一,充分发挥新型举国体制优势,尽快组织实施"新赛道"战略。抢抓新一轮科技革命机会窗口,聚焦人工智能、量子通信、先进通信、集成电路等超快迭代技术领域,面向国家重大战略需求,尽快组织实施"新赛道"战略,组织实施未来产业孵化与加速计划,打造未来技术应用场景,谋划布局一批未来产业,在战略必争领域快速抢占科技制高点,有效打破重大关键核心技术受制于人的局面。

第二,加快培育一批顶尖科技创新主体,强化国家战略科技力量。聚焦人工智能、量子信息、先进通信、集成电路等前沿科技领域,加快培育一批具有全球影响力的科技领军企业,全面提升对创新链价值链产业链的掌控能力。以"双一流"建设为战略依托,稳步推进世界一流大学建设,加大对基础研究投入力度,着力提升原始创新水平。加快推进国家实验室和大科学设施布局建设,着力解决影响制约国家发展全局和长远利益的重大科技问题,尽快突破关键核心技术。

第三,瞄准战略必争领域,强化顶尖科技人才自主培养。紧扣国家战略需要,瞄准人工智能、量子通信、先进通信、集成电路等战略必争领域,坚持把全面提升顶尖科技人才自主培养能力作为重点,加强交叉学科建设,强化基础学科培养能力,突破一批"卡脖子"核心技术。深化科技评价体制机制改革,营造宽松包容的学术氛围,推进科学研究的"去功利化",建立让科研人员把主要精力放在科研上的保障机制,保障科研人员的工作时间。

第四,大幅增加研发投入,强化科技快速发展的资金保障。大幅增加研发投入,确立"保3争4"目标,尽快将国家研发投入强度提高到3%,力争达到4%的水平。充分发挥新型举国体制的制度优势,聚焦前沿科学、交叉科学和关键技术领域,形成高效、精准的研发投资机制,优化研发投入结构与类型,在大幅增加基础研究投入的同时,提高研发投入的质量和效益,避免重复投入和资金浪费,快速将我国的制度优势、资金优势转化为人才优势,进而转化为科技优势。

第五,深耕"一带一路",坚定推进更高水平科技对外开放。以"一带一路"为重点,以海外华人科学家为重点引进人才,聚焦气候变化、人类健康等问题,尽快主动设计和牵头发起面向人类可持续发展的国际大科学计划和大科学工程,设立面向全球的科学研究基金,积极参与、协办或主办有较大影响的国际科技会议。充分发挥我国超大规模市场优势,稳步扩大规则、规制、管理、标准等制度型开放,以国内大循环吸引全球资源要素,拓宽吸引外国资本渠道,创新利用外国资本方式。

第六,深化科技投融资体制机制改革,做强做大风险资本市场。聚焦人工智能、量子信息、先进通信、集成电路等前沿科技领域,紧盯需求,突出"投早、投小、投新",100%投向具备核心技术、科技含量高、创新能力强、商业模式新的种子期、初创期科技型企业和创业团队,推动企业在资本市场成长壮大。实施合格境外有限合伙人

(QFLP)境内投资试点,建立健全 QFLP 外汇管理便利化制度,支持以所募的境外人民币直接开展境内相关投资。

第七,大力培育塑造科学文化,更好激发科技创新发展的内生动力。在全社会大力倡导追求真理、严谨求实、尊重规律的科学精神;积极营造崇尚科学、尊重科学的文化氛围和价值理念;大力讴歌新时代最美科技人物,讲好科技工作者故事,推动科学家先进事迹进校园、进课堂、进教材;加强对青少年的科学知识、科学思想、科学方法的教育和批判性思维的培养,让科学文化教育在培养青少年科学素质和创新意识中发挥更大作用,努力提高全民科学素质和科学文化水平。

主要参考文献

[1] Debin Du, Dezhong Duan. China-U. S. Science and Technology Competitiveness Assessment Report (2020) [M]. World Scientific Publishing Company,2021.

[2] 杜德斌,刘承良,段德忠,等.中美科技竞争力评估报告(2019)[M].上海:华东师范大学出版社,2019.

[3] 杜德斌,段德忠.中美科技竞争力评估报告(2022)[M].上海:上海科学技术出版社,2022.

[4] 杜德斌,段德忠,张强,等.全球科技创新中心发展态势[J].中国科学院院刊,2024,39(9):1647-1659.

[5] 杜德斌,段德忠,于英杰,等.中国科技创新发展的区域格局[J].中国科学院院刊,2024,39(9):1660-1672.

[6] 李祺祥,杜德斌,刘承良,等.1790—2022年美国科技创新中心效能的时空演化及驱动机理[J].地理学报,2024,79(08):2062-2082.

[7] 杜德斌,祝影.全球科技创新中心:内涵特征与评价体系[J].科学,2022,74(04):1-5+69.

[8] 杜德斌,祝影.全球科技创新中心:构成要素与创新生态系统[J].科学,2022,74(04):6-10+4.

[9] 杜德斌,祝影.全球科技创新中心:发展模式与中国实践[J].科学,2022,74(04):11-15+4.

[10] 杜德斌,段德忠,夏启繁.中美科技竞争力比较研究[J].世界地

理研究,2019,28(04):1-11.

[11] 许佳琪,梁滨,刘承良,等.中美城际科技创新合作网络的空间演化[J].世界地理研究,2019,28(04):12-23.

[12] 段德忠,杜德斌,张杨.中美产业技术创新能力比较研究——以装备制造业和信息通信产业为例[J].世界地理研究,2019,28(04):24-34.

[13] 胡曙虹,黄丽,杜德斌.全球科技创新中心建构的实践——基于三螺旋和创新生态系统视角的分析:以硅谷为例[J].上海经济研究,2016(03):21-28.

[14] 杜德斌,何舜辉.全球科技创新中心的内涵、功能与组织结构[J].国科技论坛,2016(02):10-15.DOI:10.13580/j.cnki.fstc.2016.02.003.

[15] 杜德斌.上海建科创中心需处理好五个关系[J].竞争情报,2015,11(06):17-19.

[16] 杜德斌.上海建设全球科技创新中心的战略思考[J].上海城市规划,2015(02):17-20+59.

[17] 杜德斌,段德忠.全球科技创新中心的空间分布、发展类型及演化趋势[J].上海城市规划,2015(01):73-81.

[18] 杜德斌.上海建设全球科技创新中心的战略路径[J].科学发展,2015(01):93-97.

附录 1　主要指标解释

全时当量研究人员【researchers(FTE)】：根据联合国教科文组织(UNESCO)统计研究所的定义，研究人员是指参与新知识、新产品、新流程、新方法或新系统的概念形成或创造，以及相关项目管理的专业人员。研究人员统计数据有两种方式，一种是按研究人员人头数，另一种按全时当量(FTE)来计算。在国际比较时，一般采用全时当量研究人员作为比较，以揭示各国实际投入科技创新的人力。

高被引科学家(highly cited scientists)：是由科睿唯安(Clarivate Analytics)文献计量学专家利用科研绩效分析数据库 Essential Science Indicators(ESI)以及学术研究平台 Web of Science Core Collection 收录的论文数量和引文数据，精选过去 10 年间在相应学科领域发表的高被引论文(即在同年度同学科领域中引文影响力排在前 1%以内的论文)数量最多的科研人员。

科学与工程领域(natural sciences and engineering)：科学与工程领域涉及农业科学、生物科学、计算机科学、大气和海洋科学、数学等学科门类。由于 2011 年国际教育分类标准产生变化，新的国际教育分类标准更为综合，而各国的教育分类标准不一，为了使数据具有可比性，本研究所选择的样本国家均采用国际教育最新分类标准。

国际留学生(international students)：联合国教科文组织将留学生或国际流动学生定义为跨越两国边界进行学习的学生，这些学生不是正在学习国的公民。本研究所采用的数据仅包括正规的学历教育学生，不包括那些短期学习和交换计划的学生。

研究与试验发展(研发)：指在科学技术领域，为增加知识总量以及运用这些知识去创造新的应用而进行的系统的、创造性的活动，包括基础研究、应用研究、试验发展三类活动。

基础研究：指为获得关于现象和可观察事实的基本原理的新知识(揭示客观事物的本质、运动规律，获得新发展、新学说)而进行的实验性或理论性研究，它不以任何专门或特定的应用或使用为目的。

应用研究：指为获得新知识而进行的创造性研究，主要针对某一特定的目的或目标。它是为了确定基础研究成果可能的用途，或是为达到预定的目标探索应采取的新方法(原理性)或新途径。

试验发展：指利用从基础研究、应用研究和实际经验所获得的现有知识，为产生新的产品、材料和装置建立新的工艺、系统和服务，以及对已产生和建立的上述各项作实质性的改进而进行的系统性工作。

ESI 学科：ESI(Essential Science Indicators)学科分类模式基于期刊分类，每一本期刊只被划分至 ESI 学科中的一个，Web of Science 核心合集收录的期刊论文共分为 22 个学科，包括计算机科学、工程科学、材料科学、生物学与生物化学、环境/生态学、微生物学、分子生物与遗传学、化学、地球科学、数学、物理学、空间科学、农业科学、植物与动物科学、临床医学、免疫学、神经科学与行为科学、药理学与毒物学、精神病学/心理学、综合交叉学科 20 个自然科学学科和一般社会科学、经济与商学 2 个社会科学学科。由于本报告侧重中美科技竞争力比较，故文中的 ESI 学科只包括 20 个自然科学学科。

论文数量：指被 Web of Science 核心合集 SCI‑E 引文数据库收录、属于 20 个 ESI 自然科学学科，且文献类型为论文的论文数量。

国际合作论文：指由两个或两个以上国家/地区作者合作发表的 SCI 论文。

国际合作论文比例：指该国国际合作论文占该国所有论文的比重。

学科规范化的引文影响力：是通过对论文实际被引次数除以同文献类型、同出版年、同学科领域文献的期望被引次数获得的。该指标实际测量的是国家发表论文的篇均被引频次与全球论文的篇均被引频次之比（category normalized citation impact，CNCI），其计算公式如下：

$$\text{CNCI}_i = \frac{\sum_j^N \frac{C_{ij}/P_{ij}}{WC_j/WP_j}}{N}$$

式中，C_{ij} 表示国家 i 在学科 j 的论文被引次数；P_{ij} 表示国家 i 在学科 j 论文数量；WC_j 表示全球在学科 j 的论文被引次数；WP_j 表示全球在学科 j 的论文数量；N 表示学科数。CNCI 是一个十分有价值且无偏的影响力指标，它排除了出版年、学科领域与文献类型的影响。如果 CNCI 的值等于 1，说明该组论文的被引表现与全球平均水平相当，CNCI 大于 1 表明该组论文的被引表现高于全球平均水平；小于 1，则低于全球平均水平。CNCI 等于 2，表明该组论文的平均被引表现为全球平均水平的 2 倍。

ESI 高被引论文：指 20 个自然学科近 10 年内发表、被引次数排在全球前 1% 以内，且文献类型为论文的 SCI 论文。该类论文代表了学科领域的高水平科学研究，经常被用于衡量和评价国家/地区的科研水平。

N－S 期刊论文：指 20 个自然学科在 *Nature* 和 *Science* 期刊上出版，且文献类型为论文的 SCI 论文。*Nature* 和 *Science* 作为世界级的顶级期刊，报道各学科领域最新的和突破性的研究进展，代表了当今科学的最高水准。

自然指数（Nature Index）：指由施普林格·自然（Springer

Nature)旗下自然科研(Nature Research)编制,通过追踪高质量自然科学期刊所发表的科研论文的作者信息,为科研共同体提供有关全球科研状况和出版趋势的信息。自然指数目前采用两种计算论文产出的方法,其中论文计数(AC)指不论一篇文章有一个还是多个作者,每位作者所在的国家或机构都获得 1 个 AC 分值;分数式计量(FC)则考虑了每位论文作者的相对贡献。

学科论文国际占比:指某国某学科的论文数量在全球该学科论文总量中的比例。

学科国际合作相对活跃度:指某学科在某国国际科研合作中的相对活跃程度。其计算公式如下:

$$\mathrm{PAI}_{ij} = \frac{P_{ij}/P_{wj}}{P_i/P_w}$$

式中 P_{ij} 表示国家 i 在学科 j 的国际合作论文数量;P_{wj} 表示世界在学科 j 的国际合作论文数量;P_i 表示国家 i 的国际合作论文总数;P_w 表示世界的国际合作论文总数。学科国际合作相对活跃度消除了学科间国际合作论文总量差异带来的影响,使得同一国家不同学科之间具有可比性。PAI>1 意味着该学科在该国的国际合作中相对活跃。

居民和非居民专利申请量(patent applications by resident and non-resident):专利中的"居民(resident)"指与专利申请受理国知识产权局同属一国的申请者。这里的知识产权局可以为国家知识产权局,也可以是区域知识产权局。"非居民(non-resident)"指与专利申请受理国知识产权局不属于同一国的申请者。非居民专利申请的活跃程度反映了一国的技术保护程度和技术市场被国际认可的程度,反映了技术和技术产品潜在市场的国际竞争水平。

每百万居民专利申请量(resident applications per million population):指每百万人口基数的居民专利申请数量,描述的是专利申请的人力资本成本。

每千亿美元 GDP 居民专利申请量（resident applications per 100 billion USD GDP）：指每千亿美元 GDP 的居民专利申请数量，描述的是专利申请的货币资本成本。

按申请人国籍分的专利申请与授权（patent applications and grants, total count by applicant's origin）：按申请人国籍分的专利申请与授权量不仅识别该国申请人在其国内申请和授权的专利，还包括该国申请人在他国、其他国际性机构（如 WIPO）申请和授权的专利。

有效专利（patents in force）：指专利申请获得授权后，在法定保护期限内，且按规定缴纳年费的有效专利。它对所设计的技术具有约束力。

按申请人国籍分的有效专利拥有量（patents in force, total count by applicant's origin）：按申请人国籍分的有效发明专利不仅识别该国申请人在其国内的有效专利，还包括该国申请人在他国、其他国际性机构（如 WIPO）的有效专利。

专利合作协定（patent cooperation treaty, PCT）：指专利领域的一项国际合作条约，其主要目的在于简化以前确立的在多个国家专利局申请发明专利保护的方法，代之以更为有效经济的对用户有益且能行使管理职权的专利局的体系。

专利申请国际合作：指由两个或两个以上国家/地区申请人合作申请的专利。

国际专利分类标准（international patent classification, IPC）：1971 年《巴黎公约》成员国在法国斯特拉斯堡签订了著名的《国际专利分类斯特拉斯保协定》（Strasbourg Agreement, SA）。这一协定的普遍价值一方面在于促进了世界知识产权组织（WIPO）这一专业联盟的建立；另一方面在于制订了国际通行的专利分类标准（IPC）为各工业体开展密切的技术合作,保护发明人的知识产权起到了重要的推进作用。IPC 至今已经更新 8 个版本,且 IPC 委员会每年都会对其进行修订。IPC 将发明专利和实用新型专利类型划分为 8 个部门、22 个分部、120 个大类、631 个小类。

高科技产品出口额(high-technology exports):指一国向国外出口具有高研发强度产品获取的收入,例如航空航天、计算机、医药、科学仪器、电气机械。数据按现价美元计,来源于联合国商品贸易统计数据库。

高科技产品出口额占制成品出口比重(high-technology exports as a share of manufactured exports):指一国高科技产品出口收入占其制成品出口收入的比重。数据按现价美元计,来源于联合国商品贸易统计数据库。

联合国商品贸易数据库(UN comtrade database):是联合国官方国际贸易统计和相关分析表的储存库。

国际服务贸易统计手册(EBOPS):指服务于国际贸易统计,由联合国、欧共体、国际货币基金组织、经济合作与发展组织、联合国贸易和发展会议、世界贸易组织六大国际组织于 2002 年共同编写的国际服务贸易统计手册。

特许权使用费和许可费(royalties and license fee):是国际服务贸易统计手册(EBOPS2002)中的一种服务贸易分类,指居民和非居民之间为在授权的情况下使用无形、不可再生的非金融资产和专有权利(例如专利、版权、商标、工业流程和特许权)以许可的形式使用原创产品的复制真品(例如电影和手稿)而进行的付款和收款。数据按现价美元计,来源于联合国商品贸易统计数据库。

知识产权进口额(charges for the use of intellectual property, payments):指一国授权他国使用其无形、不可再生的非金融资产和专有权利(例如专利、版权、商标、工业流程和特许权)以及以许可的形式允许他国使用其原创产品的复制真品(例如电影和手稿)而进行收款。数据按现价美元计,来源于世界银行数据库。

知识产权出口额(charges for the use of intellectual property, receipts):指一国得到他国授权,使用其无形、不可再生的非金融资产和专有权利(例如专利、版权、商标、工业流程和特许权)以及得到他国许可,使用其原创产品的复制真品(例如电影和手稿)而进行付款。数据按现价美元计,来源于世界银行数据库。

附录2 人工智能技术专利检索代码

参考 WIPO 发布的 *Technology Trends 2019: Artificial Intelligence* 文件的分类代码和关键词,将关键词与 IPC 和 CPC 代码相结合,以更加全面系统的检索方式,挖掘全球人工智能专利数据(附表 2.1 和附表 2.2)。

附表 2.1 人工智能专利检索代码第一部分

	CPC 号	IPC 号
Segment 1	A61B5/7264,A61B5/7267,A63F13/67,B23K31/006,B25J9/161,B29C2945/76979,B29C66/965,B60G2600/1876,B60G2600/1878,B60G2600/1879,B60W30/06,B60W30/10,B60W30/14,B62D15/0285,B64G2001/247,E21B2041/0028,F02D41/1405,F03D7/046,F05B2270/707,F05B2270/709,F05D2270/709,F16H2061/0081,F16H2061/0084,G01N2201/1296,G01N29/4481,G01N33/0034,G01R31/2846,G01R31/3651,G01S7/417,G05B13/027,G05B13/0275,G05B13/028,G05B13/0285,G05B13/029,G05B13/0295,G05B2219/33002,G05D1/00,G05D1/0088,G06F11/1476,G06F11/2257,G06F11/2263,G06F15/18,G06F17/16,G06F17/2282,G06F17/27,G06F17/28,G06F17/30029,G06F17/30247,G06F17/30401,G06F17/3043,G06F17/30522,G06F17/30654,G06F17/30663,G06F17/30666,G06F17/30669,G06F17/30672,G06F17/30684,G06F17/30687,G06F17/3069,G06F17/30702,G06F17/30705,G06F17/30731,G06F17/30743,G06F17/30784,G06F19/24,	/

(续 表)

	CPC 号	IPC 号
Segment 1	G06F19/707，G06F2207/4824，G06K7/1482，G06K9/00，G06N3/00，G06N3/004，G06N5/003，G06N7/005，G06N7/046，G06N99/005，G06T2207/20081，G06T2207/20084，G06T2207/20084，G06T2207/30236，G06T2207/30248，G06T3/4046，G06T9/002，G08B29/186，G10H2250/151，G10H2250/311，G10K2210/3024，G10K2210/3038，G10L15/00，G10L17/00，G10L25/30，G11B20/10518，H01J2237/30427，H01M8/04992，H02H1/0092，H02P21/0014，H02P23/0018，H03H2017/0208，H03H2222/04，H04L2012/5686，H04L2025/03464，H04L2025/03554，H04L25/0254，H04L25/03165，H04L41/16，H04L45/08，H04N21/4662，H04N21/4666，H04Q2213/054，H04Q2213/13343，H04Q2213/343，H04R25/507，Y10S128/924，Y10S128/925，Y10S706/00	/

数据来源：WIPO 发布的《Technology Trends 2019：Artificial Intelligence》。

附表 2.2　人工智能专利检索代码第二部分

	关　键　词	CPC 号	IPC 号
Segment 2	artific intelligen, computation intelligen, neural network, neuralnetwork, bayes network, bayesiannetwork, chatbot, data mining, decision model, deep learning, deeplearning, genetic algorithm, inductive logic programm, machine learning, machinelearning, natural language generation, natural language processing, reinforcement learning, supervised learning, supervised training, supervisedlearning, swarm intelligen, swarmintelligen, unsupervised learning, unsupervised training,	G10L13/00，G10L25/00，G10L99/00，G06F17/14，G06F17/153，G10H2250/005，G06F17/30，G06F17/50，G06Q，G06Q30/02，G06T7/00，G06T1/20	A61B5/00，A63F13/67，B23K31/00，B25J9/16，B29C65/00，B60W30/06，B60W30/10，B60W30/14，B62D15/02，B64G1/24，E21B41/00，F02D41/14，F03D7/04，F16H61/00，G01N29/44，G01N33/00，G01R31/28，

附录2　人工智能技术专利检索代码

(续　表)

关　键　词		CPC号	IPC号
Segment 2	unsupervisedlearning, semi-supervised learning, semi-supervised training, semisupervised learning, semisupervised training, semi supervisedlearning, semisupervisedlearning, connectionis, expert system, transfer learning, transferlearning, learning algorithm, learning model, support vector machine, random forest, decision tree, gradient tree boosting, xgboost, adaboost, rankboost, logistic regression, stochastic gradient descent, multilayer perceptron, latent semantic analysis, latent dirichlet allocation, multi-agent system, hidden markov model, clustering, combinatorial explosion, comput creativity, deep blue, descriptive model, inductive reasoning, overfitting, predictive analytics, predictive model, target function, test data set, training data set, validation data set, backpropagation, self learning, selflearning, objective function, feature selection, embedding, active learning, regression model, stochastic approach, stochastic technique, stochastic method, stochastic algorithm, probabilist technique, probabilist approach, probabilist method, probabilist algorithm, recommend systemrobot, autonomous system, medical imag, healthcare, virtual assist, personali medic, precision medic,		G01R31/36, G01S7/41, G05B13/02, G05D1/00, G06E1/00, G06E3/00, G06F9/44, G06F11/14, G06F11/22, G06F15/00, G06F17/00, G06F19/00, G06G7/00, G06J1/00, G06K7/14, G06K9/00, G06N3/00, G06N5/00, G06N7/00, G06N99/00, G06T1/20, G06T1/40, G06T3/40, G06T7/00, G06T9/00, G08B29/18, G10L13/00, G10L15/00, G10L17/00, G10L25/00, G10L99/00, G11B20/10, G16H50/20, H01M8/04992, H02H1/00, H02P21/00, H02P23/00, H03H17/02, H04L12/24, H04L12/70, H04L12/751,

(续　表)

关　键　词	CPC 号	IPC 号
Segment 2	genomic screening, drug discover, medical diagnos, drug creation, medication manag, autonomous vehicle, transportation, driverless, smart car, smart cars, smart city, smart grid, automotive, agriculture, irrigation system, fintech, banking, finance, economics, text analysis, speech analysis, hand writing analysis, handwriting analysis, facial analysis, face, text analytic, speech analytic, hand writing analytic, handwriting analytic, facial analytic, face analytic, text recognition, speech recognition, hand writing recognition, handwriting recognition, facial recognition, face recognition, cybersecurity, predictive analysis, predictive analytic, predictive purchas, marketing analytic, video game		H04L25/02, H04L25/03, H04N21/466, H04R25/00

数据来源：WIPO 发布的《Technology Trends 2019：Artificial Intelligenc》。

附录3 表目录

表 1.1　国家科技竞争力评价指标体系 ·· 3
表 1.2　2004—2022 年中美两国科技竞争力指数比较 ···························· 5
表 1.3　2004—2022 年中美两国科技人力资源竞争力指数比较 ··············· 7
表 1.4　2004—2022 年中美两国科技财力资源竞争力指数比较 ··············· 8
表 1.5　2004—2022 年中美两国科学研究竞争力指数比较 ···················· 10
表 1.6　2004—2022 年中美两国技术创新竞争力指数比较 ···················· 12
表 1.7　2004—2022 年中美两国科技国际化竞争力指数比较 ················· 14
表 2.1　2010—2022 年中美两国全时当量研究人员数量比较(单位：万人年) ··· 18
表 2.2　2000—2022 年中美两国每百万居民全时当量研究人员数量比较(单位：人) ·· 20
表 2.3　2014—2024 年中美两国高被引科学家数量比较(单位：人) ········· 22
表 2.4　2014—2024 年中美两国高被引科学家数量全球占比比较 ·········· 24
表 2.5　2024 年中美两国及其他主要发达国家不同学科领域高被引科学家数量比较(单位：人) ·· 25
表 2.6　1980—2024 年中美两国及其他主要发达国家诺贝尔三大自然科学奖新增及累计人数比较(单位：人) ·· 27
表 2.7　1980—2024 年中美两国及其他主要发达国家分领域诺贝尔奖获得者数量比较(单位：人) ··· 29
表 2.8　2000—2020 年中美两国科学与工程领域学士学位授予数比较(单位：千人) ·· 30
表 2.9　2000—2020 年中美两国科学与工程领域博士学位授予数比较(单位：千人) ·· 33
表 2.10　2000—2022 年中美两国招收国际留学生规模比较(单位：万人) ·· 35
表 2.11　2000—2022 年中美两国派遣国际留学生规模比较(单位：万人) ·· 37

表 3.1　2000—2022 年中美两国研发经费投入总额比较（单位：亿美元）…… 45
表 3.2　2000—2022 年中美两国研发经费投入强度比较（单位：%） ……… 47
表 3.3　2000—2022 年中美两国研发经费来源比较（单位：亿美元）……… 49
表 3.4　2000—2022 年中美两国研发经费来源占比比较（单位：%）……… 50
表 3.5　2000—2022 年中美两国研发经费支出部门占比（单位：%）……… 52
表 3.6　2000—2022 年中美两国企业研发经费支出规模比较（单位：亿美元）……………………………………………………………………… 53
表 3.7　2000—2022 年中美两国研发经费活动类型占比比较（单位：%）…… 55
表 3.8　2000—2022 年中美两国基础研究研发经费比较（单位：亿美元）…… 57
表 3.9　2000—2022 年中美两国应用研究研发经费比较（单位：亿美元）…… 59
表 3.10　2000—2022 年中美两国试验发展研发经费比较（单位：亿美元）………………………………………………………………………… 60
表 3.11　2000—2022 年中美两国政府研发经费支出规模比较（单位：亿美元）……………………………………………………………………… 63
表 3.12　2003—2022 年中美两国政府研发经费支出结构比较（%）………… 71
表 3.13　2000—2022 年中美两国政府研发经费中政府支出规模比较（单位：亿美元）………………………………………………………… 72
表 3.14　2000—2022 年中美两国政府研发经费企业执行规模比较（单位：亿美元）……………………………………………………………… 74
表 3.15　2000—2022 年中美两国政府研发经费高校执行规模比较（单位：亿美元）……………………………………………………………… 76
表 3.16　2024 年中国中央主要部门预算中关于科技支出预算的比较 …… 78
表 3.17　2023—2024 财年美国联邦研发预算在部门间的分配情况………… 80
表 3.18　2022 年中美两国大学研发经费（科技经费）支出前 30 强 ……… 88
表 4.1　2000—2023 年中美两国科研论文数量比较（单位：篇）…………… 92
表 4.2　2000—2023 年中美科研论文影响力比较 …………………………… 95
表 4.3　2008—2023 年中美两国 ESI 高被引论文数量比较（单位：篇）…… 97
表 4.4　2000—2023 年中美两国 N-S 期刊论文数量比较（单位：篇）…… 98
表 4.5　2015—2023 年中美两国自然指数比较………………………………… 100
表 4.6　2000—2023 年中美两国国际科研合作论文数量比较（单位：篇）………………………………………………………………………… 102
表 4.7　2000—2023 年中美两国国际科研合作论文影响力比较…………… 104
表 4.8　2023 年中美各学科论文数量与国际排名 …………………………… 106
表 4.9　ESI 学科领域与 WOS 学科类别映射表 ……………………………… 123
表 4.10　2000 年和 2023 年中美比较优势学科的新增和退出……………… 131

表 5.1　2000—2021 年中美两国本国受理的居民和非居民专利申请量（单位：件） ··········· 137
表 5.2　2000—2023 年中美两国每百万居民专利申请量比较（单位：件） ··········· 139
表 5.3　2000—2023 年中美两国每千亿美元 GDP 居民专利申请量比较（单位：件） ··········· 141
表 5.4　2000—2023 年中美两国申请人为本国国籍的专利申请量、授权量及比值比较（单位：件） ··········· 143
表 5.5　2007—2023 年中美两国申请人为本国国籍的有效专利拥有量比较（单位：件） ··········· 146
表 5.6　2000—2023 年中美两国 PCT 专利申请量比较（单位：件） ··········· 147
表 5.7　专利技术领域分类 ··········· 149
表 5.8　2000—2023 年中美两国三大技术领域的 PCT 专利申请量比较（单位：件） ··········· 150
表 5.9　2000—2021 年中美两国 PCT 专利申请国际合作量比较（单位：件） ··········· 156
表 5.10　2000—2021 年中美两国 PCT 专利合作率比较（%） ··········· 157
表 5.11　2000—2021 年中美两国与其他国家 PCT 专利合作量比较（单位：件） ··········· 159
表 6.1　2000—2023 年中美两国高技术产品出口额比较（单位：亿美元） ··········· 165
表 6.2　2000—2023 年中美两国高技术产品出口占制成品出口比重比较（单位：%） ··········· 167
表 6.3　2000—2023 年中美两国知识产权贸易总额比较（单位：亿美元） ··········· 169
表 6.4　世界主要国家知识产权贸易额及增长情况 ··········· 171
表 6.5　2000—2023 年中美两国知识产权进口额比较（单位：亿美元） ··········· 172
表 6.6　世界主要国家知识产权进口额及增长情况 ··········· 174
表 6.7　2000—2023 年中美两国知识产权出口额比较（单位：亿美元） ··········· 175
表 6.8　世界主要国家知识产权出口额及增长情况 ··········· 176
表 7.1　2000—2022 年中美两国人工智能发明专利申请量比较（单位：件） ··········· 181
表 7.2　2000—2020 年中美两国人工智能 PCT 专利申请量比较（单位：件） ··········· 182
表 7.3　2000—2022 年世界主要国家人工智能发明专利国际合作申请量

	比较（单位：件）	184
表7.4	2000—2022年中美两国人工智能技术相关领域专利国际合作强度（单位：%）	186
表8.1	2014—2023年全球研发2 500强中的中美企业数量比较（单位：家）	203
表8.2	2014—2023年全球研发投入2 500强中中美企业研发投入总规模比较（单位：亿美元）	204
表8.3	2014—2023年全球研发2 500强中国企业排名分布结构变化（单位：家）	206
表8.4	2014—2023年全球研发2 500强美国企业排名分布结构变化（单位：家）	206
表8.5	2014—2023年全球研发2 500强不同阵营中中国企业的研发投入总额变化（单位：亿美元）	208
表8.6	2014—2023年全球研发2 500强不同阵营中美国企业研发投入总额变化（单位：亿美元）	208
表8.7	2023年PCT专利产出前20强企业	214
表8.8	2023年全球研发投入前20强企业名单及其研发投入情况（单位：亿美元）	216
表8.9	2014—2023年全球研发投入2 500强中美前20企业研发投入规模比较（单位：亿美元）	217
表8.10	2014—2023年全球研发投入100强中中国和美国企业平均研发强度比较（单位：%）	218
表8.11	2014—2023年中国和美国研发前20强企业的平均研发投入强度比较（单位：%）	219
表8.12	2023年中国研发投入前20强企业的研发强度	220
表8.13	2023年美国研发投入前20强企业的研发强度	221
表8.14	2023年全球研发投入100强企业按照其研发投入强度进行重新排序的前20强企业	222
表8.15	2014—2023年中国进入全球研发100强的企业的行业分布结构变化（单位：家）	224
表8.16	2014—2023年美国进入全球研发100强的企业的行业分布结构变化（单位：家）	224
表9.1	全球科技创新中心评价指标体系	234
表9.2	全球科技创新中心评价的"五力模型"及其具体测度指标	235
表9.3	2022—2024年全球科技创新中心30强名单	238

附录3　表目录

表 9.4　2022—2024 年全球科技创新中心 100 强中的中美城市及其排名 ·· 240

表 9.5　2022—2024 年中美全球科技创新中心城市群分布特征············· 241

表 9.6　2024 年全球科技创新中心 100 强中的中美城市综合排名及其在五个维度上的排名情况 ··· 243

表 9.7　2024 年中美科技创新中心拥有的顶尖科技奖获得者数量（单位：人） ·· 245

表 9.8　2022—2024 年中美主要科技创新中心高被引科学家数量（单位：人） ·· 246

表 9.9　2022—2024 年美国主要城市全球风险资本吸收量对比（单位：亿美元） ··· 248

表 9.10　2024 年软科全球 300 强大学在中美科技创新中心中的分布情况（单位：所） ·· 249

表 9.11　2024 年中美科技创新中心拥有的世界百强研究机构数量（单位：所） ··· 251

表 9.12　2022—2024 年中美主要科技创新中心国际权威论文发表量（单位：篇） ··· 252

表 9.13　2022—2024 年中美主要科技创新中心高被引论文发表量（单位：篇） ··· 252

表 9.14　2022 年中美科技创新中心拥有的全球研发企业 300 强数量（单位：家） ··· 254

表 9.15　2022—2023 年中美 PCT 专利申请量前 15 强科技创新中心及其申请量（单位：件） ·· 256

表 9.16　2022 年中美主要科技创新中心科技企业销售额（单位：亿美元） ··· 257

表 9.17　2022 年中美科技创新中心前沿产业知名企业数量（单位：家） ··· 258

表 9.18　2022 年中美科技创新中心全球独角兽前 300 强企业数量（单位：家） ··· 260

表 9.19　2023 年中美主要科技创新中心对外研发投资（单位：亿美元） ··· 262

表 9.20　2023 年中美科技创新中心拥有的国际科学总部数量（单位：个） ··· 263

表 9.21　2023 年中美科技创新中心国际权威学术会议举办数量（单位：场） ··· 264

297

附录4 图 目 录

图 1.1 2004—2022年中美两国科技竞争力指数比较 …………… 6
图 1.2 2004—2022年中美两国科技人力资源竞争力指数比较 …… 8
图 1.3 2004—2022年中美两国科技财力资源竞争力指数比较 …… 9
图 1.4 2004—2022年中美两国科学研究竞争力指数比较 ………… 11
图 1.5 2004—2022年中美两国技术创新竞争力指数比较 ………… 13
图 1.6 2004—2022年中美两国科技国际化竞争力指数比较 ……… 14
图 2.1 2010—2022年中美两国及其他主要发达国家全时当量研究人员数量比较 ………… 19
图 2.2 2000—2022年中美两国及其他主要发达国家每百万居民全时当量研究人员数量比较 ………… 21
图 2.3 2014—2024年中美两国及其他主要发达国家高被引科学家数量比较 ………… 23
图 2.4 中美两国及其他主要发达国家高被引科学家全球占比比较 ……… 24
图 2.5 2000—2020年中美两国及其他主要发达国家科学与工程领域学士学位数授予数比较 ………… 31
图 2.6 2000—2020年中国科学与工程领域各专业学士学位授予数 ……… 32
图 2.7 2000—2020年美国科学与工程领域各专业学士学位授予数 ……… 32
图 2.8 2000—2020年中美两国科学与工程领域博士学位授予数比较 …… 34
图 2.9 2000—2022年中美两国招收国际留学生规模比较 ………… 36
图 2.10 2000—2022年中美两国派遣国际留学生规模比较 ………… 38
图 2.11 2002—2022年美国招收留学生不同学历占比 ………… 39
图 2.12 2003—2022年来华留学生不同学历占比 ………… 40
图 3.1 2000—2022中美两国及其他主要发达国家的研发经费投入总额比较 ………… 46
图 3.2 2000—2022年中美两国及其他主要发达国家的研发经费投入强度比较 ………… 48
图 3.3 2000—2022年中美两国及其他主要发达国家企业研发经费支出规

	模比较 ··	54
图3.4	2000—2022年中美两国研发经费活动类型占比比较 ·············	56
图3.5	2000—2022年中美两国及其他主要发达国家的基础研究研发经费比较 ··	58
图3.6	2000—2022年中美两国及其他主要发达国家的应用研究研发经费比较 ··	60
图3.7	2000—2022年中美两国及其他主要发达国家的试验发展研发经费比较 ··	61
图3.8	2000—2022年中美两国及其他主要发达国家政府研发经费支出规模比较 ··	64
图3.9	1985年以来中国财政科技支出规模及占财政总支出比重的年度变化态势 ··	65
图3.10	1990年以来中国财政科技支出中中央和地方占比的年度变化态势 ··	65
图3.11	1953年以来美国政府研发投入总额及其占美国全部研发投入的比重 ··	66
图3.12	1953年以来美国联邦政府研发投入及其占美国政府全部研发投入的比重 ··	67
图3.13	2008年以来中央财政科技支出结构 ··································	69
图3.14	2012年以来地方财政科技支出结构 ··································	69
图3.15	1956年以来美国联邦研发资金在不同研发活动上的支出情况 ·····	70
图3.16	2003—2022年中美两国政府研发经费的支出结构比较············	72
图3.17	2000—2022年中美两国及其他主要发达国家政府研发经费政府执行规模比较 ··	73
图3.18	2000—2022年中美两国及其他主要发达国家政府研发经费企业执行规模比较 ··	75
图3.19	2000—2022年中美两国及其他主要发达国家政府研发经费高校执行规模比较 ··	77
图3.20	2002年以来美国联邦研发资金在各部门间的分配情况 ·············	79
图3.21	1995—2022年中美两国大学研发经费变化情况及比较············	81
图3.22	2005—2022年中美两国政府对大学的研发投入情况及比较········	83
图3.23	2010—2022年中国部委大学及地方大学分别从上级主管部门和其他政府部门获取科技经费的情况 ··································	84
图3.24	2010—2022年美国大学基础研究支出情况················	86
图4.1	2000—2023年中美两国及其他主要发达国家科研论文数量的变化	

	趋势比较 ……	94
图 4.2	2000—2023 年中美两国及其他主要发达国家科研论文影响力比较 ……	96
图 4.3	2008—2023 年中美两国及其他主要发达国家 ESI 高被引论文数量比较 ……	98
图 4.4	2000—2023 年中美两国及其他主要发达国家顶级期刊论文数量比较 ……	100
图 4.5	2015—2023 年中美两国及其他主要发达国家文章分值(FC)自然指数规模变化比较 ……	101
图 4.6	2015—2023 年中美两国及其他主要发达国家论文总数(AC)自然指数规模变化比较 ……	101
图 4.7	2000—2023 年中美两国及其他主要发达国家的国际科研合作论文数量比较 ……	103
图 4.8	2000—2023 年中美两国及其他主要发达国家国际科研合作论文影响力的变化趋势比较 ……	105
图 4.9	2023 年中美两国各学科科研论文发文量(篇)对比 ……	108
图 4.10	2023 年中美两国各学科科研论文发文量国际占比比较 ……	109
图 4.11	中美两国各学科科研论文 2023 年发表量较 2000 年增长对比分析 ……	110
图 4.12	2000—2023 年中美两国各学科科研论文发文量年均增长率比较 ……	111
图 4.13	2023 年中美两国各学科国际科研合作论文发文量(篇)比较 ……	112
图 4.14	中美两国各学科国际科研合作论文 2023 年发文量较 2000 年增长情况比较 ……	113
图 4.15	2000—2023 年中美两国各学科国际科研合作论文发表量年均增长率比较 ……	114
图 4.16	2023 年中美两国各学科国际合作相对活跃度比较 ……	115
图 4.17	2023 年中美两国各学科 ESI 论文数量(篇)比较 ……	116
图 4.18	中美两国各学科 ESI 论文 2023 年发表量较 2000 年增长情况比较 ……	117
图 4.19	2000—2023 年中美两国各学科 ESI 论文发文量年均增长率比较 ……	118
图 4.20	2023 年中美两国各学科顶级期刊论文数量(篇)比较 ……	119
图 4.21	中美两国各学科顶级论文 2023 年发表量较 2000 年增长情况比较 ……	120

图 4.22　2023 年中美两国各学科科研论文影响力比较 ·············· 121
图 4.23　2000—2023 年中美两国各学科论文影响力增量比较 ········ 122
图 4.24　2000—2023 年中美两国各学科论文影响力年均增长率比较 ····· 123
图 4.25　中国 2000 年和 2023 年优势学科数量 ···················· 130
图 4.26　美国 2000 年和 2023 年优势学科数量 ···················· 131
图 5.1　2000—2021 年中美两国本国受理的居民专利申请量比较········ 138
图 5.2　2000—2021 年中美两国本国受理的非居民专利申请量比较······· 138
图 5.3　2000—2023 年中美两国及其他主要发达国家每百万居民专利申请量 ··· 140
图 5.4　2000—2023 年中美两国及其他主要发达国家每千亿美元 GDP 居民专利申请量比较 ··· 142
图 5.5　2000—2023 年中美两国及其他主要发达国家申请人为本国国籍的专利申请量比较 ··· 144
图 5.6　2000—2023 年中美两国及其他主要发达国家申请人为本国国籍的专利授权量比较 ··· 145
图 5.7　2007—2023 年中美两国申请人为本国国籍的有效专利拥有量比较 ··· 147
图 5.8　2000—2023 年中美两国及其他主要发达国家 PCT 专利申请量比较 ··· 148
图 5.9　2000—2023 年美国三大技术领域 PCT 专利申请量 ·········· 151
图 5.10　2000—2023 年中国三大技术领域 PCT 专利申请量·········· 151
图 5.11　2023 年中美两国技术领域小类的 PCT 专利申请量 ·········· 153
图 5.12　中国 2000—2002 年和 2021—2023 年技术领域小类的比较优势得分 ·· 154
图 5.13　美国 2000—2002 年和 2021—2023 年技术领域小类的比较优势得分 ·· 154
图 5.14　2000—2021 年中美两国及其他主要发达国家 PCT 专利申请国际合作量比较 ··· 157
图 5.15　2000—2021 年中美两国及其他主要发达国家 PCT 专利申请国际合作率比较 ··· 158
图 5.16　2000—2021 年美国与其他国家 PCT 专利申请合作量············ 160
图 5.17　2000—2021 年中国与其他国家 PCT 专利申请合作量············ 161
图 6.1　2000—2023 年中美两国及其他主要发达国家高技术产品出口额比较 ··· 166
图 6.2　2000—2023 年中美两国及其他主要发达国家高技术产品出口占制

		成品出口比重比较 ··	168
图6.3		2000—2023年中美两国及其他主要发达国家知识产权贸易总额	
		比较 ··	170
图6.4		2000—2023年中美两国及其他主要发达国家知识产权进口额	
		比较 ··	173
图6.5		2000—2023年中美两国及其他主要发达国家知识产权出口额	
		比较 ··	176
图7.1		2000—2022年中美两国人工智能发明专利申请量比较 ·············	182
图7.2		2000—2020年中美两国的人工智能PCT专利比较 ·················	183
图7.3		1981—2023年中美两国的人工智能发明专利国际合作量比较 ······	186
图7.4		1981—2023年中美两国的人工智能技术国际合作强度比较 ········	187
图7.5		2013—2023年中美医疗健康行业人工智能PCT专利申请量比较	
		···	189
图7.6		2013—2023年中美工业和制造业人工智能PCT专利申请量比较	
		···	190
图7.7		2013—2023年中美交通运输行业人工智能PCT专利申请量比较	
		···	191
图7.8		2013—2023年中美农业领域人工智能PCT专利申请量比较 ······	192
图7.9		2013—2023年中美金融行业人工智能PCT专利申请量比较 ······	193
图7.10		2013—2023年中美政府管理行业人工智能PCT专利申请量	
		比较 ··	195
图7.11		2013—2023年中美教育行业人工智能PCT专利申请量比较 ······	196
图7.12		2013—2023年中美能源行业人工智能PCT申请量比较 ············	197
图7.13		2013—2023年中美信息通信行业人工智能PCT专利申请量比较	
		···	198
图7.14		2013—2023年中美两国科学研究行业人工智能PCT专利申请量	
		比较 ··	199
图8.1		2014—2023年全球研发2 500强中的中美企业数量比较 ············	203
图8.2		2014—2023年中美进入全球研发2 500强的企业数量及研发投入	
		总规模比较 ···	205
图8.3		2023年全球研发2 500强企业的主要行业分布情况 ···············	210
图8.4		2023年中国进入全球研发2 500强企业的主要行业分布情况 ······	210
图8.5		2023年美国进入全球研发2 500强企业的主要行业分布情况 ······	211
图8.6		2014—2023年全球研发投入2 500强中美企业平均销售额比较	
		···	212

图 8.7　2014—2023 年中美两国 PCT 专利申请量大于 10 件的机构的
　　　　PCT 专利申请总量比较 ·· 213
图 8.8　2014—2023 年 PCT 产出前 20 强中美企业申请总量比较 ············ 213
图 8.9　2023 年全球研发投入前 10 强企业其研发投入在 2014—2023 年间
　　　　的变化情况 ·· 217
图 8.10　2023 年全球研发 100 强企业的主要行业分布情况 ··················· 223
图 8.11　2014—2023 年华为与字母表销售额比较 ································ 226
图 8.12　2014—2023 年华为与字母公司研发强度比较 ························· 227
图 8.13　2014—2023 年华为与字母公司的 PCT 专利申请数量比较 ········· 227